Das Problem der Kurvenanpassung

PHILOSOPHISCHE GRUNDLAGEN DER WISSENSCHAFTEN
UND IHRER ANWENDUNGEN

PHILOSOPHICAL FOUNDATIONS OF THE SCIENCES
AND THEIR APPLICATIONS

Herausgegeben von / Edited by Gerhard Schurz

Bd. / Vol. 1

PETER LANG

Frankfurt am Main · Berlin · Bern · Bruxelles · New York · Oxford · Wien

Jens Paulßen

Das Problem der Kurvenanpassung

Das Balancieren der Ansprüche der Einfachheit und der Genauigkeit

PETER LANG
Internationaler Verlag der Wissenschaften

Bibliografische Information der Deutschen Nationalbibliothek
Die Deutsche Nationalbibliothek verzeichnet diese Publikation
in der Deutschen Nationalbibliografie; detaillierte bibliografische
Daten sind im Internet über http://dnb.d-nb.de abrufbar.

Zugl.: Düsseldorf, Univ., Diss., 2010

Umschlaggestaltung:
© Olaf Gloeckler, Atelier Platen, Friedberg

Gedruckt auf alterungsbeständigem,
säurefreiem Papier.

D 61
ISSN 2191-3706
ISBN 978-3-631-62072-4
© Peter Lang GmbH
Internationaler Verlag der Wissenschaften
Frankfurt am Main 2011
Alle Rechte vorbehalten.

www.peterlang.de

Vorwort

Die vorliegende Arbeit wurde im Wintersemester 2009/2010 von der Philosophischen Fakultät der Heinrich-Heine-Universität Düsseldorf als Dissertation angenommen.

Mein Dank gilt meinem Doktorvater, Herrn Prof. Dr. Gerhard SCHURZ, der die Anregung zu diesem Thema gab und die Anfertigung der Arbeit in vielfältiger Weise gefördert hat. Seine stets freundliche Unterstützung und Bereitschaft zur konstruktiven Diskussion hat zum Erlangen der Resultate der Arbeit sowie zur fortwährenden Freude an der Erarbeitung dieser Resultate in besonderem Maße beigetragen. Bedanken möchte ich mich des weiteren bei Herrn Prof. Dr. Manuel BREMER für seine freundliche Bereitschaft zur Übernahme des Zweitgutachtens.

Besonderer Dank gilt dem Cusanuswerk, dessen Förderung meiner Person und meiner Arbeit im Rahmen eines Promotionsstipendiums zum Erfolg der Arbeiten an der Dissertation im besonderen Maße beigetragen hat.

Auch meinem Freundeskreis bin ich zu Dank verpflichtet. Die vielen fachbezogenen Gespräche mit Freunden und Fachleuten, unter anderem aus den Bereichen der Ingenieur-, Natur- und Geisteswissenschaften, haben den interdisziplinären Charakter dieser Arbeit in besonderem Maße gefördert.

Besonders herzlicher Dank gebührt meiner Familie, insbesondere meinen Eltern Helga und Dieter PAULßEN, denen ich diese Arbeit widme. Ihre uneingeschränkte Förderung meiner Ausbildung und ihre liebevolle Unterstützung sowie ihr Verständnis und ihre endlose Geduld haben mir den notwendigen familiären Rückhalt zur Anfertigung dieser Arbeit gegeben.

Inhaltsverzeichnis

1. Einleitung

Im Frühstadium wissenschaftlicher Forschung, etwa im Bereich der Naturwissenschaften, tritt verhäuft das Problem auf, den präzisen Zusammenhang von verschiedenenen in einem Experiment betrachteten Größen zu ermitteln. Der Nutzen der Kenntnis eines solchen präzisen Zusammenhangs liegt auf der Hand: Einerseits lassen sich nun Veränderungen einzelner Größen durch Veränderungen anderer Größen erklären, andererseits ist es jedoch vor allem möglich, bestimmte Größen vorauszusagen, wenn man nur hinreichende Kenntnis über die übrigen Größen hat. Die Voraussage von Daten aufgrund eines verifizierten Modells hat in der praktischen Forschung wesentliche Vorteile gegenüber der stetigen Neuerhebung von empirischen Datenmengen. Zum einen können anhand eines verifizierten theoretischen Modells präzisere Werte bestimmt werden, als dies mit empirischen Methoden möglich wäre. Des Weiteren sind experimentelle Datenerhebungen zumeist mit einem großen Aufwand und großen Kosten verbunden, die durch die Anwendung verifizierter Modelle vermieden werden können. Hinzu kommt die fundamentale Bedeutung von Voraussagen für praktische Entscheidungen zwischen verschiedenen Handlungsoptionen. Steht für die Überquerung eines eiskalten Flusses lediglich einerseits eine baufällige Brücke und andererseits ein augenscheinlich ebenso baufälliges Floß zu Verfügung, so wird man sich für das Floß entscheiden, sofern die vorausgesagte Gefahr eines Einstürzens der Brücke größer erscheint als die vorausgesagte Gefahr des Untergehens mit dem Floß. Das maßgebliche Bewertungskriterium für eine derartige Entscheidung liegt in der Zukunft. Daher werden Voraussagen auf Basis gewisser Begebenheiten (hier: die vermeintliche bauliche Beschaffenheit der Brücke und des Floßes) herangezogen, um zu einer Entscheidung zu kommen. Ein weiterer Vorteil der modell-basierten Datenbestimmung gegenüber der empirischen Erhebung ist der Zeitfaktor. In aller Regel werden sich bestimmte Größen schneller anhand eines Modells berechnen lassen, als sie sich innerhalb eines Experimentes messen lassen - vor allem auch auf Basis moderner Hochleistungscomputer. Gerade durch den letzten angeführten Punkt ist auch der schon fast explosionsartige Anstieg der Bedeutung von Computersimulationen zu erklären, so wie er beispielsweise in dem von Valentin BRAITENBERG und Inga HOSP herausgegebenen Buch *Simulation - Computer zwischen Experiment und Theorie* [7] beschrieben wird. Ein weiterer Vorteil von Computersimulationen besteht in der besseren Kontrollierbarkeit von Rahmenbedingungen in einer Simulation gegenüber dem entsprechenden Real-Experiment. Dieser Punkt wird in den Kapiteln 5, 7 und 8, in denen nämlich Computersimulationen durchgeführt werden, noch von besonderer Bedeutung sein.

Als einführendes Beispiel diene uns hier das auf Isaac NEWTONs Gravitationsgesetz zurückgehende Fallgesetz: Für die Höhe $h(t)$ eines Körpers zur Zeit t, der in der Höhe h_0 aus einer Ruhelage hinaus fallengelassen wird, gilt:

$$h(t) = h_0 - \frac{1}{2}gt^2.^1 \tag{1.1}$$

Mit g ist hier, wie in der Physik üblich, die Erdbeschleunigung bezeichnet, die typischerweise als Konstante aufgefasst wird. Es gilt: $g = 9,81\frac{m}{s^2}.^2$

Die folgende Wertetabelle ergibt sich aus Formel (1.1), wenn man für die Anfangshöhe $h_0 = 100m$ annimmt und t die Werte von 0 Sekunden bis 4,5 Sekunden mit einer Schrittweite von 0,5 Sekunden durchläuft. Die Werte sind dabei auf zwei Dezimalstellen gerundet:

t	0	0,5	1	1,5	2	2,5	3	3,5	4	4,5
h(t)	100	98,77	95,1	88,96	80,38	69,34	55,86	39,91	21,52	0,67

Tabelle 1

Betrachten wir nun einmal eine Situation, in der sich ein Wissenschaftler befinden könnte, der dieses Fallgesetz noch nicht kennt. Er wird einen Körper aus einer bestimmten Höhe fallen lassen und messen, wie tief der Körper nach bestimmten Zeiten gefallen ist. Aufgrund von Fehlereinflüssen, die auf Basis von Messfehlern und Unschärfen in der Realität zustande kommen und die niemals in Gänze zu vermeiden sind, ist nicht zu erwarten, dass sich exakt die obige Tabelle 1 ergibt. Die gemessenen Werte werden sich - manchmal mehr, manchmal weniger - von den berechneten Werten in Tabelle 1 unterscheiden. Nehmen wir einmal an, die folgende Tabelle hätte sich aus den Messungen des Wissenschaftlers ergeben:

t	0	0,5	1	1,5	2	2,5	3	3,5	4	4,5
h(t)	100	99,35	95	88,5	79,95	70,1	56,5	41	20,5	0,7

Tabelle 2

---

[1] Diese Formel gilt nur unter Vernachlässigung der Luftreibung.

[2] Tatsächlich handelt es sich hier um einen Mittelwert, denn der tatsächliche Wert der Erdbeschleunigung kann aufgrund verschiedener Faktoren, etwa der Zentrifugalkraft oder auch des Höhenprofils, regional um einige Promille variieren.

Der Wert für $t = 0$ aus Tabelle 2 stimmt natürlich exakt mit dem Wert aus Tabelle 1 überein, denn $t = 0$ bedeutet ja gerade, dass sich der Stein noch in der Ausgangsposition befindet, also auf einer Höhe von 100 Metern. Dies resultiert nicht aus einer Messung, sondern folgt unmittelbar aus den Vorgaben des Experiments: Da hier der zu untersuchende Prozess des Fallens noch nicht begonnen hat, können folglich auch noch keine Fehlereinflüsse eingegangen sein. In den anderen Werten sind nun Fehlereinflüsse zu beobachten. Sie entstehen in der tatsächlichen Praxis der empirischen Forschung aufgrund verschiedenster Faktoren, wie etwa:

- Ungenaue Messinstrumente.

- Nachlässigkeit des Wissenschaftlers, beispielsweise bezüglich der Exaktheit des Versuchsaufbaus.

- Ungerechtfertigte Vernachlässigung von das Experiment beeinflussenden Faktoren, beispielsweise da die Wissenschaft bislang noch keine Kenntnis über diese Einflussnahme hatte.

- usw.

Ein Messwert M einer bestimmten Größe setzt sich also aus dem „wahren" Wert W der Größe und einem Fehlereinfluss F zusammen. In einer ersten stark vereinfachten Form kann man dies wie folgt festhalten:

$$M = W + F. \tag{1.2}$$

Der durch Gleichung (1.2) (vereinfacht) beschriebene Zusammenhang wird als SIGNAL-RAUSCHEN-MODELL bezeichnet. Doch darauf werde ich in Kapitel 2.8 noch detailliert zu sprechen kommen.

Der Begriff der Wahrheit ist ein philosophisch sehr wichtiger Begriff. Ihn im Kontext der Kurvenanpassung für den tatsächlichen Zusammenhang zwischen den betrachteten Größen zu verwenden, lässt sich sehrwohl rechtfertigen. So arbeitet Gerhard SCHURZ in seinem Buch *Einführung in die Wissenschaftstheorie* [36] das minimale erkenntnistheoretische Modell heraus, das allen empirischen Wissenschaften mehr oder weniger zugrunde liegt. Die in seiner Darstellung erste erkenntnistheoretische Annahme lautet in seiner Formulierung:

„E1 - Minimaler Realismus: Dieser Annahme zufolge gibt es eine Wirklichkeit bzw. Realität, die unabhängig vom (gegebenen) Erkenntnissubjekt existiert. Es wird nicht unterstellt, dass alle Eigenschaften dieser Realität erkennbar sind. [...] Wissenschaftliche Disziplinen be-zwecken, möglichst wahre und gehaltvolle Aussagen über abgegrenzte Bereiche dieser Realität aufzustellen. Der Begriff der Wahrheit wird dabei im Sinn der *strukturellen Korrespondenztheorie* verstanden, derzufolge die Wahrheit eines Satzes in einer strukturellen Übereinstimmung zwischen dem Satz und dem von ihm beschriebenen Teil der Realität besteht." ([36]: 26)

Der hier erwähnte Satz ist im Bereich der Kurvenanpassung ein mathematisch formalisierter Satz in Form einer Funktionsgleichung.

Für unseren empirischen Wissenschaftler, der auf der Suche nach dem Fallgesetz ist, stellt sich nun die alles entscheidende Frage: Wie kann aus den Messwerten auf den tatsächlichen Zusammenhang der relevanten Größen, der durch Gleichung (1.1) ausgedrückt wird, geschlossen werden?

Hier wird sich der Wissenschaftler nun mathematischer Methoden bedienen. Die entsprechende mathematische Disziplin ist die Stochastik. Sie gliedert sich in die Wahrscheinlichkeitstheorie und die Statistik. In der Wahrscheinlichkeitstheorie werden die mathematischen Modelle für Zufallsexperimente untersucht. Die Statistik wiederum gliedert sich in die deskriptive Statistik und die Inferenz-Statistik.

Die wesentlichen Ziele der Stochastik sind:

- Verständnis von Zusammenhängen.

- Aufzeigen von Gesetzmäßigkeiten für Zufallsexperimente.

- Prognosen aufgrund von Daten.

Die ersten beiden Punkte fanden schon im einführenden Beispiel Erwähnung: Wie hängen bei einem freien Fall eines Körper unter Vernachlässigung der Luftreibung bei einer konstanten Ausgangshöhe die Zeit, die sich der Körper im Fall befindet, und die Höhe, die der Körper nach der abgelaufenen Zeit noch hat, zusammen? Und wie lässt sich die Gefahr von Fehlereinflüssen in diesem Kontext modellieren?

Eine wichtige Methode, mit der man diese Fragen untersucht, ist die Anpassung einer Kurve an eine durch empirische Forschung erhobene Datenmenge, um aus dem zentralen Zusammenhang der experimentellen Daten auf den wahren Zusammenhang der betrachteten Größen zu schließen. Hat man einmal gesicherte Kenntnis über diesen Zusammenhang, so lassen sich hieraus Prognosen für neue Datenwerte ableiten. Bei der Voraussage von neuen Daten unterscheidet man zwei Fälle: Die *Interpolation* und die *Extrapolation*. Zu Unterscheidung dieser beiden Begriffe betrachten wir erneut das Beispiel des Fallgesetzes. Sind wir an einem Wert für die Höhe des frei fallenden Körpers zu einem Zeitpunkt interessiert, der selber nicht untersucht wurde, der aber innerhalb der Spanne der betrachteten Zeitpunkte liegt, so führt dies zu einer Interpolation. Eine Interpolation der Datenwerte in dem Beispiel könnte etwa zu der Höhe des Körpers zum Zeitpunkt $t = 1,2$ führen. Bei einer Extrapolation geht man hingegen über die Spanne der betrachteten Zeitpunkte hinaus; Eine Extrapolation der Beispiel-Datenmenge könnte also zu der Höhe des Körpers zum Zeitpunkt $t = 5$ führen.

Allgemein formuliert ist man also an einer abhängigen Variablen y interessiert, deren Zustandekommen von einer vorgegebenen Variablen x oder auch von mehreren Variablen x_1 bis x_n abhängen kann. So hängt die Höhe eines frei fallenden Körpers bei einer konstanten Ausgangshöhe und der Vernachlässigung der Luftreibung nur von der Zeit, die der Körper fällt, ab. Der Gewinn eines Unternehmens hängt jedoch von mehreren Faktoren wie Umsatz, Eigenkapital usw. ab. Um Informationen über die Art des Zusammenhangs zu erhalten, wird man eine Messreihe durchführen, so wie es unser fiktiver Wissenschaftler bezüglich des Fallgesetzes getan hat. Bei einer solchen Messreihe ist es möglich, dass wir Daten beobachten, die nicht exakt dem tatsächlichen Zusammenhang entsprechen. Wie wir gesehen haben gibt es somit zwei Faktoren, die unsere Beobachtungen beeinflussen:

1. Der tatsächliche Zusammenhang und

2. der Prozess der Beobachtung, der durchaus Fehler enthalten kann.

Das Ziel der Kurvenanpassung besteht also darin, diejenige Funktion zu bestimmen, die den Zusammenhang zwischen der unabhängigen Variablen beziehungsweise den unabhängigen Variablen und der abhängigen Variablen wiedergibt. Eine solche Funktion ist etwa die Fallhöhe $h(t)$ in Abhängigkeit der Zeit aus unserem Beispiel. $h(t)$ ist eine quadratische Funktion in der Variablen t; ihr Graph ist eine Parabel.

Damit eine Anpassung einer Kurve an eine Datenmenge überhaupt möglich ist, müssen gewisse Minimalforderungen erfüllt sein:

M1. Es gibt überhaupt einen erkennbaren funktionalen Zusammenhang zwischen der unabhängigen Variablen beziehungsweise den unabhängigen Variablen und der abhängigen Variablen.

M2. Die Datenmenge enthält alle *Informationen*, die benötigt werden, diesen funktionalen Zusammenhang auch ermitteln zu können.

Die Minimalforderung M1 ist notwendig, da gemäß der in obigen Zitat angeführten erkenntnistheoretischen Annahme E1 eines minimalen Realismus nicht davon ausgegangen werden kann, dass alle Eigenschaften der Realität auch erkennbar sind.

Die Minimalforderung M2 ist wissenschaftstheoretisch ebenfalls sehr interessant. Dies liegt daran, dass man diese Forderung innerhalb der Statistik stets mit der Forderung nach *Repräsentativität* gleichsetzt. Es gibt allerdings keine formale Definition des Begriffs der Repräsentativität, die gleichzeitig auch als Kriterium für die Repräsentativität dienen könnte. Woran dies liegt, wird in Anhang A näher erläutert.
Es sei hier jedoch schon angemerkt, dass es im sogenannten Sampling-Design durchaus Methoden gibt, Stichproben zu generieren, die in dem Sinne repräsentativ sind, dass M2 erfüllt ist.

Befindet sich der Wissenschaftler nun in der Situation, dass die Minimalforderungen M1 und M2 erfüllt sind, so ergibt sich die Frage, auf welche Art und Weise er denn den Daten eine Kurve anpassen möchte. Es gibt nämlich zwei verschiedene Varianten der Kurvenanpassung. Dazu sei eine Datenmenge D gegeben mit

$$D := \{(x_i, y_i) \mid 1 \le i \le N\}. \tag{1.3}$$

Im Beispiel des Fallgesetzes wäre diese Datenmenge also eine Menge von Tupeln der Form $(t, h(t))$ aus der Zeit t (hier: die unabhängige Größe) und der Fallhöhe $h(t)$ (hier: die abhängige Größe). Die Anzahl der Datenpunkte ist die Zahl N; in unserem Beispiel gilt offenbar: $N = 10$. Die beiden Varianten der Kurvenanpassung sind:

1. Die *exakte Kurvenanpassung*:
   Man geht davon aus, dass die gewonnenen Daten durch eine Funktion exakt oder nahezu exakt - also ohne zufällige Fehlerstreuung - beschreibbar sind.

2. Die *stochastische Kurvenanpassung*:
   Man geht davon aus, dass die gewonnenen Daten durch eine Funktion zusammen mit einer Zufallsstreuung beschreibbar sind.

Unter einer exakten Kurvenanpassung versteht man also das Bestimmen einer Funktion f, die folgende Bedingung erfüllt:

$$\forall i \in \{1, \ldots, N\} : y_i = f(x_i).$$

Eine exakte Kurvenanpassung kann wie folgt durchgeführt werden: Man wählt beispielsweise

$$f(x) := \sum_{j=0}^{N-1} a_j x^j.$$

f ist ein Polynom vom Grade $N - 1$. Dann setzt man jeden Punkt aus D in dieses Polynom ein. Man erhält ein lineares Gleichungssystem, das aus N Gleichungen in den Unbestimmten a_j mit $0 \leq j \leq N - 1$ besteht. Man löst dieses lineare Gleichungssystem (beispielsweise mit dem Gauß-Verfahren) und erhält somit die Paramater des exakt angepassten Polynoms f. Damit das entsprechende Gleichungssystem überhaupt eine eindeutige Lösung besitzen kann, müssen mindestens so viele Datenpunkte wie anpassbare Parameter vorliegen. Ein lineares Gleichungssystem, das beispielsweise bei einer Anpassung einer polynomiellen Funktion vierten Grades (also mit fünf anpassbaren Parametern) bezüglich einer Datenmenge mit nur drei Datenpunkten entsteht, ist unterbestimmt.

Auf diese Art und Weise kommt man aber nur zu einer exakt angepassten Kurve. Ist nämlich ein Polynom eines bestimmten Grades exakt an eine Datenmenge angepasst, so existieren Polynome von höherem Grad, die ebenfalls exakt an die Datenmenge angepasst sind.

Man könnte beispielsweise das folgende normierte Polynom vom Grade N wählen:

$$\bar{f}(x) := x^N + \sum_{j=0}^{N-1} a_j x^j.$$

Da das Polynom normiert ist, das heißt für den Koeffizienten a_N gilt $a_N = 1$, sind erneut N Parameter zu bestimmen. Analog zum zuvor beschriebenen Fall berechnet man diese Parameter mit Hilfe eines linearen Gleichungssystems. Hieran wird aber noch ein anderer Punkt deutlich: Man kann jeder Datenmenge eine Kurve exakt anpassen, wenn man den Kurventyp nur komplex genug wählt, etwa hochgradige Polynome.

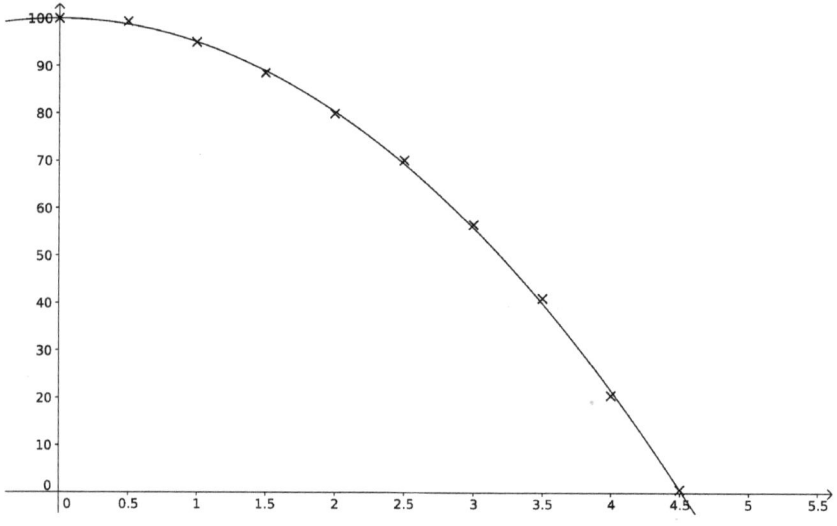

Abbildung 1.1.: Plot der Daten des einführenden Beispiels

Wie die letzten Ausführungen gezeigt haben, kann man zu einer Datenmenge mit N Datenpunkten eine polynomielle Funktion vom Grade $N - 1$ berechnen, die exakt durch alle Datenpunkte verläuft. Wie bereits erläutert wurde, sind empirische Messwerte immer fehlerbehaftet. Daher sind die Datenwerte, die eine empirische Untersuchung ergeben hat, nie exakt die wahren Datenwerte. Eine Kurve, die den Daten exakt angepasst wurde, wird daher fast sicher nicht dem gesuchten wahren funktionalen Zusammenhang entsprechen. Daher spielt die zweite Variante der Kurvenanpassung die weitaus bedeutsamere Rolle innerhalb der Statistik und auch innerhalb der wissenschaftstheoretischen Forschung in diesem Bereich. Die Abbildung 1.1 veranschaulicht diese Zusammenhänge noch einmal graphisch: Die dargestellte Kurve ist ein Teil der nach unten geöffneten Parabel, die den wahren Zusammenhang im Eingangsbeispiel des Fallgesetzes beschreibt. Ihr Funktionsterm findet sich oben in Gleichung (1.1). Die in Tabelle 2 angeführten Messwerte sind ebenfalls in den Plot von Abbildung 1.1 als kleine Kreuze aufgenommen worden. Man kann gut erkennen, dass die Messwerte nicht exakt auf der den wahren Zusammenhang wiedergebenden Kurve liegen. Die Abweichungen kommen aufgrund der Fehlereinflüsse zustande. Hätte unser Wissenschaftler seine Kurve den Messwerten exakt angepasst, so hätte er folglich niemals die wahre Kurve erhalten können.

Wenn der Wissenschaftler den anzupassenden Kurventyp nur komplex genug wählt, kann er die Datenmenge beliebig genau (bis zur Exaktheit) approximieren. Eine Kurvenanpassung sollte jedoch auch nicht zu genau sein, denn dann läuft der Wissenschaftler Gefahr, die Kurve statt dem zentralen Trend hinter den Daten den Zufälligkeiten der Messwertgewinnung, also den Fehlereinflüssen, anzupassen. Das Hauptziel einer Kurvenanpassung lässt sich also wie folgt festhalten:

(H) Passe eine Kurve den Daten derart an, dass die Kurve die Daten hinreichend genau approximiert und dabei möglichst einfach ist.

In dem als Hauptziel der Kurvenanpassung formulierten Forderung (H) finden sich zwei Ansprüche, die in einem Prozess der Kurvenanpassung miteinander konkurrieren: Die Genauigkeit der Approximation und die Einfachheit der Kurven. Die Kurve darf nicht „zu genau" sein, denn sonst werden - wie bereits ausgeführt wurde - die den wahren Datentrend verwischenden Fehlereinflüsse gefittet. Aber natürlich darf die Kurve auch nicht „zu ungenau" sein, denn schließlich stecken die für eine Kurvenanpassung notwendigen Informationen nach der Minimalforderung M2 ja in den Daten.

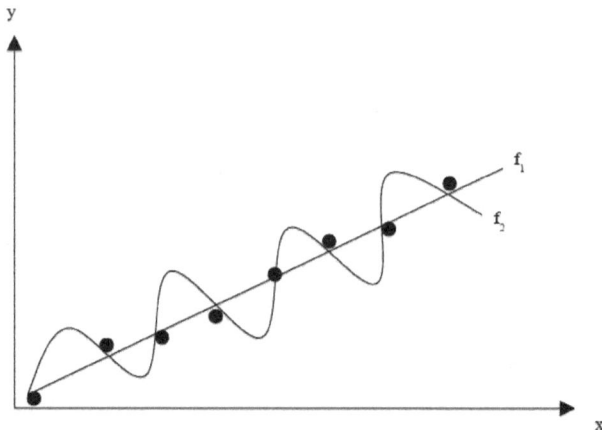

Abbildung 1.2.: Präferenz für einfachere Kurventypen

Auf der anderen Seite soll die Kurve relativ zur Anpassungsgüte möglichst einfach sein. Betrachten wir dazu die Abbildung 1.2: Die in dieser Abbildung durch die schwarzen Punkte dargestellte Datenmenge wird gleichermaßen gut von der Geraden f_1 wie von der hochgradig polynomiellen und in diesem Sinne wesentlich komplexeren Kurve f_2 approximiert. Doch für welche der beiden konkurrierenden Kurven sollte sich ein Wissenschaftler nun entscheiden, wenn er davon ausgeht, dass eine der beiden Kurven die wahre Kurve ist? Eine Großzahl der Wissenschaftler würde sich zweifelsohne für die lineare Funktion f_1, also die Gerade, entscheiden, da sie einfacher ist. Fragt man dann, warum denn wiederum die Einfachheit einer Kurve wünschenswert ist, kommen zumeist Argumente, die sich auf die Möglichkeit eines einfacheren und schnelleren und in diesem Sinne also effektiveren Umgangs mit den einfacheren Kurven im Vergleich zu ihren komplexeren Konkurrenten beziehen. Hierunter werden zumeist Eigenschaften wie der Rechenaufwand, graphische Darstellbarkeit und weitere ähnliche Eigenschaften verstanden. Wenn ein Wissenschaftler versucht, die Präferenz für einfachere Kurven - allgemeiner: einfachere Modelle - mit solchen Eigenschaften zu rechtfertigen, begeht er einen schwerwiegenden Fehler. Die angeführten Eigenschaften sind nämlich alle samt Konsequenzen der Einfachheit, insofern könnte allenfalls abduktiv auf die Einfachheitspräferenz geschlossen werden. Allerdings stellt sich dann weiterhin die Frage, ob es keine rationale Rechtfertigung der Präferenz für einfachere Kurven und eine wissenschaftstheoretische Fundierung des entsprechenden Konzeptes in einem strengen Sinne gibt. In jedem Fall existieren viele Zeugnisse einer Einfachheitspräferenz. In vielen Anwendungsfällen haben sich nach einer gewissen Bewährungszeit einfachere Modelle gegenüber komplexeren Modellen durchgesetzt. Und schon Schulkinder scheinen im Mathematik-Unterricht zu spüren, dass die Einfachheit der Lösung einer Übungsaufgabe irgendeinen Einfluss auf die Richtigkeit der Lösung hat. Nicht selten wird hier argumentiert, dass eine Lösung im Vergleich zu einer alternativen Lösung eines Mitschülers mit deutlich größerer Wahrscheinlichkeit korrekt ist, da sie einfacher ist.

Die Einfachheitspräferenz findet ihre vermutlich berühmteste Formulierung in Form von OCKHAMs Rasiermesser: Dieses Sparsamkeitsprinzip in der Wissenschaft besagt, dass von mehreren Theorien, die das gleiche Erklärungspotential für die selbe Tatsache besitzen, die einfachste zu bevorzugen ist. Zunächst einmal ist OCKHAMs Rasiermesser allerdings ein ontologisches Einfachheitsprinzip. Entitäten sollen nicht über das Notwendige hinaus vermehrt werden. Ein Beispiel: Versetzen wir uns in die Situation, in der die Existenz des Planeten Neptun noch nicht bekannt war. Eine ontologische Verpflichtung auf die Existenz des Planeten Neptun würde gewisse Verhaltensweisen anderer Planeten erklärbar machen, jedoch auf Basis einer niedrigeren ontologischen Einfachheit. Dieses Beispiel zeigt darüber hinaus, dass die Wahl eines Einfachheitsmaßes wesentlich ist. Denn diese Erklärbarkeit würde möglich werden, ohne die Gesetze der Himmelsmechanik komplizierter gestalten zu müssen. Im weiteren Verlauf der vorliegenden Arbeit wird daher noch geklärt werden, wie das OCKHAM'sche Einfachheitskriterium auf den Fall der Anpassung von Kurven anwendbar ist, denn im Bereich der Kurvenanpassung ist das Standardmaß der Einfachheit eines Kurventyps die (kleinste) Anzahl der die Kurven determiniereden Paramater.

Zusammen mit dem Hauptziel (H) der Kurvenanpassung gibt es also zwei Teilprobleme, die zusammen als das **Problem der Kurvenanpassung** bezeichnet werden:

P1. Gibt es ein wissenschaftstheoretisch rechtfertigbares Trade-Off-Kri-terium der im Kontext einer Kurvenanpassung konkurrierenden Ansprüche der Einfachheit und der Genauigkeit?

P2. Gibt es eine rationale Rechtfertigung für die Präferenz für einfachere Kurven gegenüber ihren komplexeren Konkurrenten?

In den vorangegangenen Ausführungen war schon des öfteren die Rede von den beiden Hauptansprüchen bei der der Anpassung einer Kurve: Die *Genauigkeit* einer Kurvenanpassung sowie die *Einfachheit* der anzupassenden Kurven. Bislang war es durchaus möglich, die angestellten Überlegungen mit einem intuitiven Verständnis dieser Begriffe nachzuvollziehen. Für den weiteren Verlauf der vorliegenden Arbeit ist es aber notwendig, einen formaleren Zugang zu diesen Begriffen zu wählen. Dies wird im folgenden Kapitel über die formalen Grundlagen geschehen. Doch kommen wir zunächst wieder zurück zu dem eingangs betrachteten Beispiel um das Fallgesetz. Wir stellen uns nun einen Wissenschaftler vor, der auf Basis der Messwerte aus der Tabelle 2 auf die wahre Kurve schließen möchte. Dazu wird er eine Kurvenanpassung durchführen. Clark GLYMOUR arbeitet in ([17]: 322) heraus, dass die Kurvenanpassung ein Prozess ist, der in zwei Stufen verläuft:

1.) Zunächst wird der Typ der Funktion (lineare Funktionen, höhergradige polynomielle Funktionen, usw.) bestimmt, von dem man vermutet, dass er die zentrale Tendenz hinter den Daten wiedergibt.

2. Dann bestimmt man unter den Funktionen des gewählten Typs diejenige Funktion, welche die Daten am besten approximiert.

Der zweite Schritt, also die Bestimmung der Bestapproximation innerhalb einer zuvor gewählten Funktionenfamilie, ist ein wohlverstandenes statistisches Verfahren. Es basiert auf der sogenannten Kleinste-Quadrate-Methode, die in Kapitel 2.4 detailliert dargestellt wird. Nehmen wir einmal an, wir wüssten bereits, dass der tatsächliche Zusammenhang zwischen der Fallhöhe $h(t)$ und der Zeit t durch eine quadratische Funktion beschreibbar ist, dann kann man diese Erkenntnis nutzen, um die konkrete, den tatsächlichen Zusammenhang beschreibende quadratische Funktion zu berechnen. Der erste Schritt in dem nach GLYMOUR zweistufigen Verfahren der Kurvenanpassung wird hingegen häufig von Intuitionen gelenkt. Die wesentlichen Faktoren bei der Wahl des Kurventyps sind - wie bereits ausgeführt wurde - die Einfachheit der Kurven sowie deren Approximationsgüte. Diese Ansprüche stehen in Konkurrenz zueinander, denn unter einer Verbesserung der Approximationsgüte durch eine Verwendung von immer komplexeren Kurven leidet deren Einfachheit.

Die Praktiken der Kurvenanpassung wären einfach zu erklären, wenn die „intuitiv einfachste" Kurve die einzige Kurve wäre, die den Daten angepasst werden kann. Dies ist aber selbst für die Variante der exakten Kurvenanpassung niemals der Fall, wie GLYMOUR in [17] anhand der folgenden Beispiele zeigt:

Eine Funktion $g(x)$ sei exakt an die Datenmenge D angepasst und $f(x)$ sei eine beliebige Funktion, die an den Stellen der Datenpunkte definiert ist. Dann sind auch die beiden folgenden Funktionen exakt an D angepasst:

$$h_1(x) = g(x) + (x - x_1)(x - x_2) \cdots (x - x_N) f(x)$$

und

$$h_2(x) = g(x) e^{(x - x_1)(x - x_2) \cdots (x - x_N) f(x)}.$$

Setzt man in die Funktion h_1 einen beliebigen Datenpunkt der Datenmenge D ein, so ergibt das Produkt $(x - x_1)(x - x_2) \cdots (x - x_N)$ den Wert Null und somit stimmten h_1 und g in den Datenpunkten der vorliegenden Datenmenge überein, weswegen auch h_1 den Daten exakt angepasst ist. Analog funktioniert dieser Trick bei der Funktion h_2.

Auf diese und ähnliche Weisen lassen sich aus einer den Daten exakt angepassten Kurve stets unendlich viele neue Funktionen konstruieren, die den Daten ebenfalls exakt angepasst sind. Die traditionelle philosophische Meinung, wie sie beispielweise 1974 von George SCHLESINGER in seinem Aufsatz *Induction and other minds* [34] vertreten wurde, lautet: Man wählt die einfachste Familie von Kurven, die konsistent mit den Daten ist. Nach SCHLESINGER ist dies die einzige objektive Regel zur Wahl einer Hypothese. „Objektiv" bedeutet hier, dass diese Regel die bevorzugte Hypothese abhängig macht von den Daten und nicht von irgendwelchen Dingen außerhalb der Daten. SCHLESINGER untermauert seine Auffassung mit folgender Überlegung: Man gehe davon aus, dass eine bestimmte Flugbahn geschlossen sei. Ferner habe man drei Positionsmessungen. Die einfachste Familie von Kurven, die sicher konsistent mit den Daten ist, ist die Familie der Kreise.[3] Es ist plausibel anzunehmen, dass die Familie der Ellipsen die zweit-einfachste Familie von Kurven ist.[4] Die drei Datenpunkte determinieren einen eindeutigen Kreis, jedoch keine eindeutige Ellipse.[5] SCHLESINGER schließt hieraus, dass wir nur dann eine eindeutige Wahl treffen können, wenn wir aus der einfachsten Familie wählen. Eine Regel, die uns vorschreibt, innerhalb der zweit-, dritt- oder n-rangig einfachsten Familie zu wählen, ergibt nach SCHLESINGER kein eindeutiges Ergebnis.

Wie mit eigentlich allen Ideen, die GLYMOUR in seinem Buch [17] zur Lösung des Problems schildert, kritisiert er auch SCHLESINGERs Argument. GLYMOURs Kritik sei nun kurz zusammengefasst: Drei Punkte determinieren einen eindeutigen Kreis, jedoch keine eindeutige Ellipse. GLYMOUR geht jetzt aber von einer Fehlermöglichkeit in den Messungen aus. Wie zuvor bereits dargestellt wurde, wäre eine den Daten exakt angepasste Kurve mit an Sicherheit grenzender Wahrschein-

---

[3] Ein Kreis $K(M;r)$ mit dem Mittelpunkt $M(x_M, y_M)$ und dem Radius r im $\mathbb{R}^2$ ist die folgende Menge: $K(M;r) = \left\{ (x,y) \in \mathbb{R}^2 \mid (x - x_M)^2 + (y - y_M)^2 = r^2 \right\}$. Es werden somit drei Punkte benötigt, um die Werte der drei einen Kreis determinierenden Größen x_M, y_M und r zu bestimmen.

[4] Man kann die Familie der Ellipsen deshalb für die zweit-einfachste Familie halten, da Ellipsen affin transformierte Einheits-Kreise (mit dem Koordinatenursprung als Mittelpunkt) sind.

[5] Eine Ellipse Ell(M) mit dem Mittelpunkt $M(x_M, y_M)$ im $\mathbb{R}^2$ ist die folgende Menge: $Ell(M) = \left\{ (x,y) \in \mathbb{R}^2 \mid \frac{(x - x_M)^2}{a^2} + \frac{(y - y_M)^2}{b^2} = 1 \right\}$. Es werden somit vier Punkte benötigt, um die Werte der vier eine Ellipse determinierenden Größen x_M, y_M, a und b zu bestimmen.

lichkeit nicht die wahre Kurve. Somit vollzieht GLYMOUR quasi einen Übergang von der exakten zur stochastischen Kurvenanpassung. Nach GLYMOUR brauchen wir nichts Genaueres über die Fehlerwahrscheinlichkeitsverteilung zu wissen, um SCHLESINGERS Argument zu entkräften; es reicht aus, davon auszugehen, dass Messungen unsicher, aber zumindest beschränkt sind, das heißt der wahre Wert einer Größe liegt in einer ε-Umgebung des gemessenen Wertes. Wenn nun unsere Daten beispielsweise nicht aus drei Datenpunkten, sondern aus drei Umgebungen von Datenpunkten bestehen, so versagt nach GLYMOUR SCHLESINGERS Argument für den Fall der unsicheren aber beschränkten Fehlermöglichkeit, da unendlich viele Kreise durch diese drei Umgebungen verlaufen.

Ein weiterer Kritikpunkt an SCHLESINGERS Argument ist die Tatsache, dass unklar bleibt, was es für eine Kurve bedeutet, „konsistent" mit den Daten zu sein. Der aktuelle wissenschaftliche Stand der Dinge bietet eine Terminologie an, diesen Konsistenz-Begriff zu präzisieren: Konsistenz im SCHLESINGER'schen Sinne bedeutet nämlich nichts anderes, als der Zustand einer optimalen Balance der Ansprüche der Einfachheit der angepassten Kurve sowie ihrer Anpassungsgüte. Die Frage, was denn ein Kriterium für die Optimalität der Balance dieser Ansprüche ist, wurde zuvor bereits als Teilproblem P1 des Problems der Kurvenanpassung formuliert.

Der vorliegenden Arbeit wird es einerseits um die Darstellung und Analyse der Lösungsansätze von Malcolm FORSTER und Elliott SOBER sowie Peter TURNEY gehen. Dabei werden die Stärken und Schwächen der jeweils zugrunde liegenden Konzepte herausgearbeitet werden. Andererseits wird ein alternativer Ansatz entwickelt werden, der sich sowohl wissenschaftstheoretisch rechtfertigen lässt, als auch ein hohes Maß an praktischer Bewährung im Rahmen von Computersimulationen erfährt. Dabei gliedert sich die vorliegende Arbeit wie folgt:

In Kapitel 2 werde ich die wesentlichen formalen Grundlagen für den weiteren Verlauf dieser Arbeit darstellen.

In Kapitel 3 werde ich dann Peter TURNEYs Vorschlag einer Lösung des Problems der Kurvenanpassung aus dem Jahre 1990 analysieren. Dabei werde ich zeigen, dass TURNEY's Konzept um die Instabillität von Funktionenfamilien keine Lösung des Problems der Kurvenanpassung darstellt. Denn selbst, wenn man die konzeptionellen Schwächen, die ich in Kapitel 3 darstellen werde, vernachlässigt, lässt sich mithilfe des Theorems von TURNEY nur das Teilproblem P2 der Rechtfertigung einer Präferenz für einfachere Kurventypen gegenüber ihren komplexeren Konkurrenten begründen. Dabei werde ich zeigen, dass selbst diese

Begründung nicht unproblematisch ist. Das Teilproblem P1, das die Frage nach einem Trade-Off-Kriterium der konkurrierenden Ansprüche der Einfachheit und der Genauigkeit stellt, lässt sich im Rahmen des TURNEY'schen Konzeptes nicht lösen. Insofern stellt TURNEY's Theorem keine allgemeine Lösung des Problems der Kurvenanpassung dar.

Elliott SOBER und Malcolm FORSTER haben nur vier Jahre nach TURNEY's Arbeit einen alternativen Lösungsvorschlag veröffentlicht. In Kapitel 4 werde ich einen Überblick über diese Arbeit geben. Dabei werde ich zunächst einige konzeptionelle Schwächen anführen, um schließlich zu den beiden wichtigsten Argumenten gegen das SOBER'sche und FORSTER'sche Konzept um das AKAIKE Information Criterion zu kommen: Einerseits werde ich die Ergebnisse umfangreicher Computersimulationen darstellen, die zeigen, dass das AKAIKE Information Criterion (zu) stark zu einem Overfitting neigt, was im Kontext der vorliegenden Arbeit zu einer extrem hohen Fehlerquote und somit zu einem Mangel an Verlässlichkeit des AKAIKE Information Criterion bei einer Verwendung als Kurvenwahlkriterium führt. Andererseits werde ich zeigen, dass das AKAIKE Information Criterion zwar ein Trade-Off-Kriterium für die Ansprüche der Einfachheit und der Genauigkeit darstellt, jedoch ist entgegen SOBERs und FORSTERs Ausführungen eine Präferenz für einfachere Kurventypen nicht allgemein begründbar. Somit löst auch das SOBER'sche und FORSTER'sche Konzept nur eines der Teilprobleme, nämlich P1, und dies aufgrund des dargestellten Mangels an Verlässlichkeit bei einer Verwendung des AKAIKE Information Criterions als Kurvenwahlkriterium nur eingeschränkt. Das Teilproblem P2 bleibt hingegen ungelöst. Daher stellt auch dieser Lösungsvorschlag keine allgemeine Lösung des Problems der Kurvenanpassung dar.

In Kapitel 6 werde ich sodann einen Vergleich der beiden Kriterien anstellen, um gezielt die Schwächen herauszustellen, die es bei einem alternativen Lösungsansatz zu vermeiden gilt.

Dieser alternative Ansatz wird in Kapitel 7 entwickelt werden. In dem Kapitel wird gezeigt werden, dass das BAYES Information Criterion dem AKAIKE-FORSTER-SOBER-Theorem im Kontext der vorliegenden Arbeit überlegen ist. Dabei werde ich zeigen, dass die bereits in Kapitel 4 durchgeführten Computersimulationen für das BAYES Information Criterion eine wesentliche Verbesserung aufweisen. Des Weiteren werde ich zeigen, wie sich mithilfe des BAYES Information Criterion beide Teilprobleme P1 und P1 des Problems der Kurvenanpassung lösen lassen und dass dieser Ansatz eine allgemeine Lösung des Problems der Kurvenanpassung darstellt, sofern sich das Konzept wissenschaftstheoretisch rechtfertigen lässt.

Die wissenschaftstheoretische Rechtfertigung des Konzeptes um das BAYES Information Criterion zur Lösung des Problems der Kurvenanpassung wird in Kapitel 8 herausgearbeitet. Der Lösungshebel für diese Aufgabe besteht in der Verbindung des von Gerhard SCHURZ entwickelten Kriteriums des Voraussageerfolges zu dem BAYES Information Criterion. Der Mittler für die Verbindung ist das Verfahren der Kreuzvalidierung, das ich ebenfalls in diesem Kapitel erläutern werde.

In Kapitel 9 wird sodann gezeigt, wie sich die in der vorliegenden Arbeit betrachteten Modellwahlkriterien verhalten, wenn lediglich kleine Datenmengen vorliegen. Hier kommt es zu interessanten Unterschieden in der Verlässlichkeit der Kriterien, die erneut anhand von Computersimulationen aufgezeigt werden.

2. Grundlagen

2.1. Formale Grundlagen

In diesem Kapitel werden die formalen Grundlagen dargestellt, die im weiteren Verlauf der vorliegenden Arbeit noch von Bedeutung sein werden. Der Ausgangspunkt dabei ist der Begriff der Funktion.

Eine *Funktion* f ordnet jedem Element x einer Definitionsmenge M genau ein Element y einer Zielmenge N zu. In Zeichen:

$$f : M \to N, \quad x \mapsto y.$$

Sind die Definitionsmenge und die Zielmenge im Kontext klar, so ist auch die folgende Schreibweise üblich:

$$y = f(x).$$

Diese Schreibweise verdeutlicht in noch stärkerem Maße die Abhängigkeit des y-Wertes von dem x-Wert. Daher wird x auch die *unabhängige Variable* und y die (von x) *abhängige Variable* genannt. Der Begriff der Funktion kann dabei auch mengentheoretisch definiert werden. So ist eine Funktion f, die die Elemente einer Menge M auf die Elemente einer Menge N abbildet, eine Menge mit folgenden Eigenschaften:

- $f \subseteq M \times N = \{(x,y) \mid x \in M \wedge y \in N\}$, das heißt f ist eine Relation.

- Für jedes Element x aus M existiert genau ein Element y aus N, sodass das Paar (x,y) ein Element der Relation f ist.

Die Menge G_f mit

$$G_f = \{(x,y) \mid (x,y) \in M \times N \text{ und } y = f(x)\}$$

wird als als *Graph* der Funktion f bezeichnet.

Im Kontext der vorliegenden Arbeit spielen vor allem Funktionen eine Rolle, die von den reellen Zahlen beziehungsweise von Teilmengen dieser in die reellen Zahlen abbilden, das heißt

$$f : D \to \mathbb{R}, \quad \text{für } D \subseteq \mathbb{R}$$

beziehungsweise

$$f : D \to \mathbb{R}, \quad \text{für } D \subseteq \mathbb{R}^n, \, n \in \mathbb{N}.$$

Derartige Funktionen werden im ersten Fall einstellige reellwertige Funktionen und im zweiten Fall entsprechend mehrstellige reellwertige Funktionen genannt.

Zur graphischen Veranschaulichung einer Funktion f wird der Graph G_f von f in ein Koordinatensystem eingezeichnet. Im allgemeinen Sprachgebrauch wird eine solche graphische Veranschaulichung eines Graphen ebenfalls als Funktionsgraph bezeichnet. Ein weiteres durchaus übliches Synonym ist *Kurve* (der Funktion). Für den Fall einer einstelligen Funktion ergibt dies ein zweidimensionales Koordinatensystem. Die unabhängige Variable (hier: x) wird dabei auf die horizontale Achse und die abhängige Variable (hier: y) wird auf die vertikale Achse abgetragen.

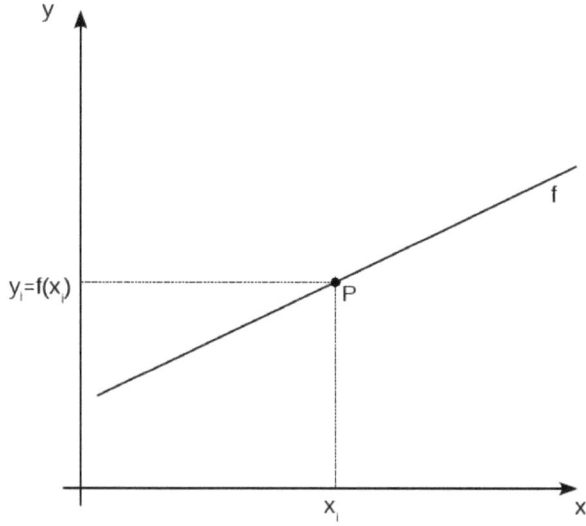

Abbildung 2.1.: Zweidimensionales Koordinatensystem

Die Abbildung 2.1 zeigt eine Gerade f und einen Punkt P, der auf der Geraden liegt. Setzt man den x-Wert x_i in den Funktionsterm von f ein (man berechnet also $f(x_i)$), so ergibt sich der y-Wert y_i. Der Punkt P hat also die Koordinaten (x_i, y_i), man schreibt auch kompakt: $P(x_i, y_i)$. Hieraus ergibt sich auch die sogenannte *Punktprobe*: Ein Punkt $Q(x_Q, y_Q)$ liegt genau dann auf dem Graphen einer Funktion f, wenn der x-Wert x_Q in die Funktion eingesetzt den y-Wert y_Q ergibt; in Zeichen:

$$f(x_Q) = y_Q \quad \Leftrightarrow \quad Q \in G_f.$$

Eine zweistellige Funktion lässt sich lediglich perspektivisch in der Zeichenebene darstellen, denn hierfür wird ja nun bereits die Dimension Drei benötigt (zwei unabhängige Variablen plus die davon abhängige Variable). Das entsprechende Koordinatensystem besteht somit aus drei Achsen.

Im Rahmen von empirischen Untersuchungen ergeben sich Daten, die mit statistischen Methoden analysiert werden sollen. Ein *Datenpunkt* ist dabei ein zwei- oder auch mehrdimensionaler Punkt, je nach dem, wie viele unabhängige Größen vorkommen. In dem bereits in der Einleitung betrachteten Beispiel des Fallgesetzes ergaben sich ja zweidimensionale Datenpunkte.

Die Zeit t war hier die unabhängige Größe, von der die Höhe h abhängt. Es ergeben sich also Datenpunkte der Form $(t, h(t))$. Bei der *Datenmenge* handelt es sich nun um die Zusammenfassung der ermittelten Datenpunkte zu einer Menge.

Ein weiterer zentraler Begriff im Kontext dieser Arbeit ist der Begriff der *Zufallsvariablen*. Dieser Begriff führt häufig zu Verwirrungen, denn es handelt sich hierbei um eine spezielle Art einer Abbildung und eben nicht um eine Variable im üblichen Sinne. Um diesen Umstand näher zu erläutern, werden zunächst die dafür benötigten Begriffe dargestellt:

Es seien A und B Mengen und A sei eine Teilmenge von B. Dann ist das (relative) *Komplement* A^c von A genau jene Menge B ohne die Elemente aus A; in Zeichen:

$$A^c = B \setminus A.$$

Das Komplement heißt relativ, da für eine Menge A das Komplement nicht angeben werden kann, ohne den Kontext zu kennen. Da der Kontext aber zumeist bekannt ist (hier: die Menge B), spricht man in der Regel nur von dem Komplement einer Menge statt über das relative Komplement zu sprechen.

Ein weiterer wichtiger Begriff aus der Mengentheorie ist der Begriff der Vereinigung von Mengen. Es seine A und B zwei beliebige Mengen. Dann ist die *Vereinigung* $A \cup B$ von A und B diejenige Menge, die sowohl die Elemente aus A als auch die Elemente aus B enthält; in Zeichen:

$$A \cup B = \{x \mid x \in A \lor x \in B\}.$$

In der Stochastik wird die Ereignismenge zu Zufallsexperimenten üblicherweise mit Ω bezeichnet. Daher wird in den weiteren Ausführungen der formalen Grundlagen dieser Buchstabe aufgegriffen.

Für eine Menge Ω wird die Menge aller Teilmengen von Ω als *Potenzmenge* von Ω bezeichnet; in Zeichen: $\mathscr{P}(\Omega)$. Für eine Menge Ω mit n Elementen hat $\mathscr{P}(\Omega)$ 2^n Elemente. Ein Mengensystem $\mathscr{A} \subseteq \mathscr{P}(\Omega)$ heißt σ-*Algebra* auf Ω, wenn gilt:

1. $\Omega \in \mathscr{A}$

2. $A \in \mathscr{A} \Rightarrow A^c \in \mathscr{A}$

3. Für jede Folge (A_i) von Mengen in $\mathscr{A}$ gilt: $\bigcup\limits_{i=1}^{\infty} A_i \in \mathscr{A}$.

Nach Bedingung 1. gilt, dass der Grundraum Ω selbst eine Menge des Mengensystems $\mathscr{A}$ sein muss. Nach Bedingung 2. muss für jedes Element des Mengensystems $\mathscr{A}$ auch ihre Komplementmenge in dem Mengensystem liegen. In der Stochastik stehen die betrachteten Mengen für Ereignisse, deren Wahrscheinlichkeit zu bestimmen ist. Wenn die Wahrscheinlichkeit für ein bestimmtes Ereignis A p_A beträgt, dann beträgt die Wahrscheinlichkeit der Negation von A $1 - p_a$. Mengentheoretisch ist die Negation von A ihre Komplementmenge A^c.

Ein Paar $(\Omega, \mathscr{A})$ aus einer Ereignismenge Ω und einer σ-Algebra $\mathscr{A}$ auf Ω heißt *Messraum*. Die Elemente von $\mathscr{A}$ werden als *messbare Mengen* bezeichnet. Ist P das Wahrscheinlichkeitsmaß, so nennt man das Tripel $(\Omega, \mathscr{A}, P)$ *Wahrscheinlichkeitsraum*.

Nun sind alle Vorbereitungen getroffen, um den Begriff der Zufallsvariablen zu erläutern. Dazu seien $(\Omega_1, \mathscr{A}_1)$ und $(\Omega_2, \mathscr{A}_2)$ zwei Messräume und

$$X : \Omega_1 \to \Omega_2$$

eine Abbildung. Für $A \subset \Omega_2$ interessiert häufig die Wahrscheinlichkeit für das Ereignis

$$\{X \in A\} := X^{-1}(A) = \{\omega \in \Omega_1 \mid X(\omega) \in A\}.$$

Mit X^{-1} ist hierbei die Umkehrabbildung von X bezeichnet, also $X^{-1} : \Omega_2 \to \Omega_1$. X heißt *messbar* (genauer: $(\mathscr{A}_1, \mathscr{A}_2)$-messbar), falls gilt:

$$X^{-1}(A) \in \mathscr{A}_1 \text{ für alle } A \in \mathscr{A}_2.$$

Eine messbare Abbildung heißt *Zufallsvariable*, wenn $(\Omega_1, \mathscr{A}_1, P)$ ein Wahrscheinlichkeitsraum ist. Es sei an dieser Stelle auf eine wichtige Unterscheidung in der Notation hingewiesen: Kleine Buchstaben aus dem Ende des Alphabetes, also beispielsweise x, y, z, stehen typischerweise für Funktionsvariablen oder auch für die Koordinaten von Datenpunkten. Kleine Buchstaben aus dem Anfang des Alphabetes, also etwa $a, b, c, \ldots$, stehen typischerweise für Parameter. Im Kontext der Kurvenanpassung im Rahmen der vorliegenden Arbeit sind dies die anpassbaren Koeffizienten der Polynome. Zufallsvariablen werden typischerweise mit großen Buchstaben aus dem Ende des Alphabetes bezeichnet, also beispielsweise X, Y oder auch Z. Darüberhinaus können alle Variablen der verschiedenen Arten natürlich auch noch indiziert werden.

Abschließend sei noch auf einen wichtigen Typ von σ-Algebren eingegangen. Dazu definieren wir zunächst die Menge $\mathscr{I}$ der halboffenen Intervalle auf $\mathbb{R}$:

$$\mathscr{I} = \{(a, b] \mid a \in \mathbb{R},\ b \in \mathbb{R},\ a < b\} \cup \{\emptyset\}.$$

Zu jedem Mengensystem $\mathscr{E} \subset \mathscr{P}(\Omega)$ existiert eine kleinste σ-Algebra, die $\mathscr{E}$ umfasst. Diese σ-Algebra wird mit $\sigma(\mathscr{E})$ bezeichnet und heißt die von $\mathscr{E}$ *erzeugte* σ-*Algebra*.[1]

---

[1] Die Existenz einer kleinsten σ-Algebra sieht man wie folgt: Der beliebige Durchschnitt von σ-Algebren ist wiederum eine σ-Algebra. Daher gilt: $\sigma(\mathscr{E}) = \bigcap_{\mathscr{E} \subset \mathscr{A}} \mathscr{A}$, wobei der Durchschnitt über alle σ-Algebren $\mathscr{A}$ gebildet wird, die $\mathscr{E}$ umfassen.

Die von den d-dimensionalen Intervallen $\mathscr{I}^d$ erzeugte σ-Algebra $\mathscr{B}^d := \sigma(\mathscr{I}^d)$ heißt die *Borel'sche* σ-*Algebra* auf $\mathbb{R}^d$. Für $d = 1$ schreibt man $\mathscr{B} = \mathscr{B}^1$.

2.2. Auffinden funktionaler Zusammenhänge vs. Veranschaulichung

Bevor ich näher auf die formalen Grundlagen eingehen werde, die für das Bestimmen funktionaler Zusammenhänge zwischen einer oder mehrerer unabhängiger Größen und einer davon abhängigen Größe wesentlich sind, sei zunächst auf eine wichtige Unterscheidung bei der Verwendung von Kurven hingewiesen:

1. Kurven als Graphen von Funktionen.

2. Kurven als rein graphische Veranschaulichung.

Beim Problem der Kurvenanpassung geht es um das Bestimmen eines funktionalen Zusammenhangs zwischen verschiedenen Größen. Zur Veranschaulichung werden hierzu häufig graphische Darstellungen der Datenmengen und Plots der angepassten Kurven erstellt.

Demhingegen gibt es aber auch Situationen, in denen es nicht um das Bestimmen eines funktionalen Zusammenhangs geht, sondern lediglich um eine reine graphische Veranschaulichung. So gibt es in der deskriptiven Statistik eine ganzen Reihe von Möglichkeiten, Daten graphisch darzustellen. Die bekanntesten und vermutlich einfachsten Arten der graphischen Darstellung sind das Kreisdiagramm zur Veranschaulichung von Anteilen an einer Gesamtheit und das Balkendiagramm. Eine statistisch anspruchsvollere Art der graphischen Darstellung von Daten ist beispielsweise der sogenannte Boxplot. Gerade wenn es um den Verlauf von Datenwerten geht, werden die Daten auch gerne als Kurve dargestellt. Ein bekanntes Beispiel ist etwa die Kurve, die den Verlauf eines Aktienwertes an einer Börse wiedergibt.

Ich werde kurz anhand eines berühmten Beispiels darstellen, dass es auch bei der Verwendung von Kurven zum Zwecke einer rein graphischen Veranschaulichung zu wichtigen Problemen innerhalb der statistischen Theorie kommen kann.

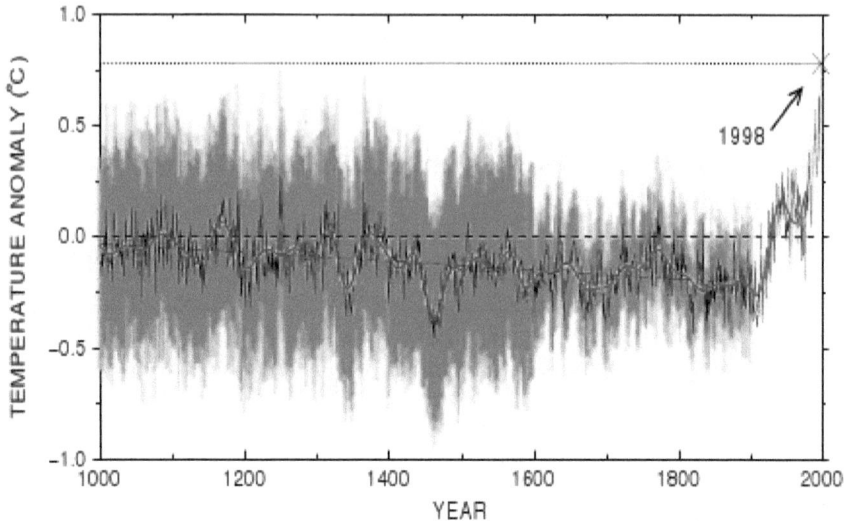

Abbildung 2.2.: Die Hockeystick-Kurve

Im Jahr 1999 veröffentlichten Michael E. MANN, Raymond S. BRADLEY und Malcolm K. HUGHES eine wissenschaftliche Untersuchung zur globalen Erwärmung mit dem Titel *Northern Hemisphere Temperatures During the Past Millennium: Inferences, Uncertainties, and Limitations* [25]. Diese Untersuchung basiert auf einer großen Zahl von verfügbaren Klimadaten der letzten Jahrhunderte, beispielsweise Messdaten von Wetterstationen und indirekte Klimadaten aus Untersuchungen von Bohrkernen des Polareises. Das wesentliche Ergebnis der Untersuchung stellt ein Diagramm mit verschiedenen Kurven dar, das all diese Daten zusammenfasst: Die sogenannten Hockeystick-Kurven. Genauer gesagt handelt es sich hierbei um eine ganze Reihe von Diagrammen, die sich in ([25]: 12) finden. Eines dieser Diagramme ist in Abbildung 2.2 dargestellt.

Dieses Diagramm stellt den Verlauf der Temperaturänderungen der Erde in den Jahren 1000 bis 2000 dar. Die entsprechende Kurven ähneln der Form nach einem Hockeyschläger, woher sie auch ihren Namen haben. Die Form eines Hockeyschlägers kann man sich dabei wie den Buchstaben „J" vorstellen. Der vertikale Teil des Buchstabens ist der Schlägergriff und der gebogene untere Teil entspricht der Schlagfläche. In Abbildung 2.2 liegt der Hockeyschläger quasi horizontal und der rechte Teil des Graphen, in dem die Kurven stark ansteigen, entspricht der

Schlagfläche. In das Diagramm wurden verschiedene Kurven aufgenommen, die Ergebnisse verschiedener Rekonstruktionsmethoden waren. Eine besondere Rolle spielt hierbei jedoch die durchgezogene Kurve, da sie in der Folgezeit immer als „die" Hockeystick-Kurve angesehen wurde. Sie ist das Resultat eines Glättungsprozesses. Bei der anderen, in dünnerer Linienstärke dargestellen Kurve fällt auf, dass sie sehr viele Spitzen hat. Der Gättungsprozess wird in ([25]: 12) als „40 year smoothed" bezeichnet. So könnte man beispielsweise für jedes 40-Jahre-Intervall den Mittelwert der Erwärmung berechnen und diese Mittelwerte dann als Stützstellen für eine Kurve verwenden. Auf diese Art und Weise verschwinden viele der Spitzen und die Kurve erscheint deutlich „glatter".

Die Untersuchung, die zu diesen Hockeystick-Kurven führte, erlangte im Bereich der Klima-Forschung eine gewisse Berühmtheit. So beruft sich der ehemalige amerikanische Vizepräsident und Präsidentschaftskandidat Albert Arnold GORE, der heute eine Reihe von Schriften zum Umweltschutz veröffentlicht hat und zu diesem Thema weltweit Vorträge hält, des Öfteren auf die Hockeystick-Kurven, um den durch Menschenhand verursachten starken Anstieg der globalen Erwärmung nachzuweisen. Vom Jahr 1000 bis ca. 1900 hat die Kurve ein bezüglich ihrer Monotonie sehr wechselhaftes Verhalten. Ab ca. 1900 steigt die Kurve dann sehr stark an, woduch ihre charakteristische Hockeystick-Form entsteht. Dies wird häufig durch die Auswirkungen der zunehmenden Industrialisierung erklärt.

Die Ergebnisse von MANN, BRADLEY und HUGHES sind jedoch keineswegs unumstritten. So stellten Steven MCINTYRE und Ross MCKITRICK, Wissenschaftler des Department of Economics der University of Guelph in Toronto, Analysen der statistischen Verfahren zur Gewinnung der Hockeystick-Kurven an und kamen zu grundlegenden Kritikpunkten. MANN, BRADLEY und HUGHES verteidigten ihre Arbeit wiederholt, wodurch eine Debatte entstand, die heute als die Hockeystick-Debatte bekannt ist. Stephen MCINTYRE gibt in seinem Aufsatz *How do we "know" that 1998 was the warmest year of the millennium?* [26] einen einführenden Überblick über diese Debatte. Ein wesentlicher Einwand MCINTYREs und MCKITRICKs ist, dass sich Fehler in der computerbasierten Analyse der Ausgangsdaten finden und durch die sich dann die entscheidende Form der Kurven ergibt: der Hockeystick. Auch wenn an dieser Stelle nicht detailliert auf alle Gegenargumente eingegangen werden kann, seien dennoch exemplarisch zwei Einwände grob umrissen. Einerseits wird gezeigt, dass Software-Pakete, die für die Analysen benutzt wurden, für diesen Zweck ungeeignet sind. Andererseits - und dieser Einwand ist für die vorliegende Arbeit von größerer Bedeutung - lagen nicht für den gesamten betrachteten Zeitraum konkrete Klima-Daten vor. Um trotzdem solche Daten rekonsturieren zu können, bediente man sich sogenannter Klimaproxies. Ein

Klimaproxy ist ein Indikator für das Klima. Dies sind beispielsweise Baumringe, Eisbohrkerne, Korallen und Pollen aber auch historische Aufzeichnungen, wie etwa Tagebücher. Dabei stellt sich die Frage, was denn geeignete Proxies sind und ob sie überhaupt einen solchen Einfluss auf das tatsächliche Klima haben, wie man es vermutet. MCINTYRE und MCKITRICK zweifeln die allgemeine Zulässigkeit der verwendeten Proxies jedenfalls an. Auch wenn es nicht direkt um das Auffinden eines funktionalen Zusammenhangs zwischen betrachteten Größen geht, kann es durchaus zu theoretischen Schwierigkeiten kommen. Werden nämlich die Methoden der statistischen Analyse nicht adäquat gewählt und umgesetzt, besteht die Gefahr von falschen Ergebnissen. So beschreibt MCINTYRE in [26], dass gerade derartige Fehler zu der typischen Hockeystick-Form für die resultieren Kurven geführt haben. Werden die Methoden der statistischen Analyse anders gewählt und umgesetzt, so verschwindet diese typische Form. In diesem Sinne handelt es sich bei den Hockeystick-Kurven nach MCINTYRE und MCKITRICK um ein statistisches Artefakt.

Die dargestellten Probleme stehen jedoch auch in direkter Beziehung zum Problem der Kurvenanpassung: Die für die Hockeystick-Analysen verwendeten Klimaproxies wurden ja benutzt, um Klimadaten vorauszusagen. Damit solche Rückschlüsse verlässlich sind, muss ein irgendwie gesicherter Zusammenhang zwischen den Proxies (im Jargon der Kurvenanpassung also die unabhängigen Größen) und dem Klima (im Jargon der Kurvenanpassung also die abhängige Größe) bestehen. Diese notwendige Forderung wurde in der Einleitung der vorliegenden Arbeit in verstärkter Form als Minimalforderung M1 bezeichnet.

2.3. Approximationsgüte

Einer der innerhalb einer Kurvenanpassung wesentlichen Faktoren ist die Approximationsgüte, also die Genauigkeit der Anpassung einer Kurve bezüglich einer Datenmenge. Der hierfür grundlegenden Begriff ist der Begriff des Abstands eines Punktes zu einer Kurve. In Abbildung 2.3 sind eine Gerade f und ein Punkt P dargestellt, dessen Abstand zu der Geraden bestimmt werden soll.

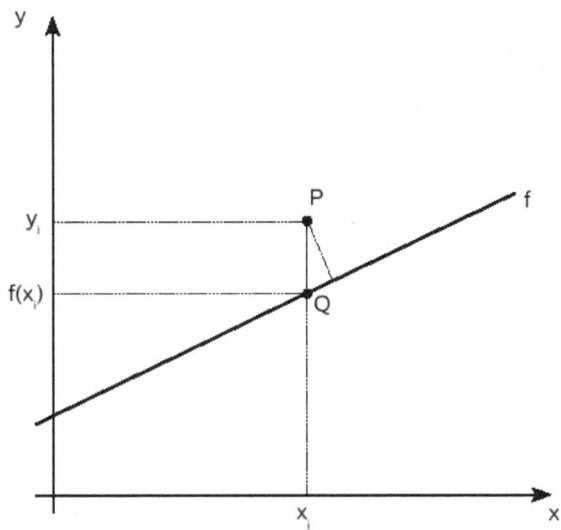

Abbildung 2.3.: Abstand eines Punktes zur einer Geraden

Im Bereich der analytischen Geometrie würde der Abstand von P zu f als die kürzeste Verbindung von P zu f definiert werden. Der Abstand im Sinne der analytischen Geometrie wäre also die Länge der Strecke, die sich ergibt, wenn man von P das Lot auf f fällt. Diese Strecke ist in Abbildung 2.3 ebenfalls eingezeichnet. Im Kontext der Kurvenanpassung wird der Abstand jedoch anders definiert: Man fällt von P aus das Lot auf die x-Achse. Der Schnittpunkt dieses Lotes mit f wird in Abbildung 2.3 mit Q bezeichnet. Der Abstand von P zu f im Sinne der Kurvenanpassung ist die Länge der Strecke $\overline{PQ}$, also die Differenz $y_i - f(x_i)$, denn schließlich geht es ja wesentlich um das Bestimmen des Zusammenhangs zwischen der unabhängigen und der abhängigen Größe. Die dafür wichtigen Fehlereinflüsse beim Erheben der Daten sowie die Ungenauigkeiten beim Anpassen von Kurven gehen dabei ja in die y-Werte ein. So könnte beispielsweise für den unabhängigen x-Wert x_i der Messwert y_i ermittelt worden sein, was zusammen also den Datenpunkt P ergibt. Nehmen wir einmal an, eine Anpassungsprozedur hätte die Gerade f ergeben. Der zum x-Wert x_i gehörende Punkt auf der Geraden ist der Punkt Q, der den y-Wert $f(x_i)$ hat. P und Q haben den gleichen x-Wert. Durch ein nicht-exaktes Anpassen einer Kurve wird ja versucht, die Fehlereinflüsse auszugleichen. Insofern ist die Differenz der y-Werte das wesentliche Maß für den Abstand eines Punktes zu einer angepassten Kurve. Wir können dieses Konzept nun auf den Fall übertragen, dass wir eine Funktion f und eine Datenmenge vorliegen haben, so wie sie in Gleichung (1.3) in der Einleitung der vorliegenden Arbeit angegeben wurde. y_i ist ja der Daten-y-Wert zum x-Wert x_i. $f(x_i)$ bezeichnet den durch f vorausgesagten y-Wert zum x-Wert x_i.

Man definiert nun die *Abweichungsquadratsumme* $AQ(f,D)$ der Datenmenge D zu der Funktion f:

$$AQ(f,D) := \sum_{i=1}^{N} (y_i - f(x_i))^2.$$

Die Abweichungen werden quadriert bevor sie aufsummiert werden, damit sich positive und negative Abweichungen nicht gegenseitig zu Null addieren. Prinzipiell hätte man auch die Möglichkeit, beispielsweise den Betrag der Abstände zu betrachten. Das Quadrieren hat aber den zusätzlichen Effekt, dass größere Abweichungen stärker gewichtet werden als kleinere. Des Weiteren würde bei einer Verwendung des Betrages das Problem auftauchen, dass der dann so definierte Abstand möglicherweise nicht mehr in dem Sinne analytisch behandelbar wäre, dass sich sein Minimum mithilfe der Differentialrechnung ermitteln lassen würde. Dies liegt an der Definition der Standardbetragsfunktion, die hier mit h bezeichnet sei:

$$h(x) = |x| := \left\{ \begin{array}{rcl} x & : & x \geq 0 \\ -x & : & x < 0. \end{array} \right.$$

Für die Ableitung von h gilt:

$$h'(x) = \left\{ \begin{array}{rcl} 1 & : & x > 0 \\ \text{nicht differenzierbar} & : & x = 0 \\ -1 & : & x < 0. \end{array} \right. \tag{2.1}$$

In einem durch die Summe der Absolutabweichungen der einzelnen Punkte gemessenen Gesamtabstand einer Datenmenge zu einer Kurve muss also unterschieden werden, welche Datenpunkte oberhalb und welche Datenpunkte unterhalb der Kurve liegen. Denn davon hängt ab, ob die Argumente der einzelnen Betragssummanden positiv oder negativ sind. Ist die Kurve bereits bekannt, kann man dies natürlich einfach ermitteln. Aber es geht hier ja gerade darum, eine Kurve derart zu bestimmen, dass ihr Abstand zur Kurve minimal wird. Darüberhinaus ist es durchaus denkbar, dass wenigstens ein Punkt der Datenmenge exakt auf der Kurve liegt. Die Absolutabweichung dieses Punktes zur Kurve ist somit gleich Null. Dies entspricht aber gerade dem mittleren Fall der Fallunterscheidung der Ableitung von h in (2.1). Somit ist der Summand, der den Absolutabstand genau dieses

Punktes zur Kurve misst, nicht differenzierbar und folglich ist die gesamte Summe der Einzelbeträge nicht differenzierbar.

Eine Verwendung einer Methode, die nicht auf die durch den Betrag gemessenen Einzelabstände zurückgreift und statt dessen Potenzen mit geraden Exponenten benutzt, hat also den großen Vorteil, analytisch behandelbar zu sein. Doch darauf werde ich im folgenden Kapitel 2.4 noch detailliert eingehen. Es sei an dieser Stelle aber noch erwähnt, dass die Begründung dafür, dass man gerade die Abweichungsquadratsumme benutzt und nicht etwa eine Methode, die beispielsweise die Abweichungen zum Grade Vier potenziert, vor allen auf das GAUß-MARKOW-Theorem basiert, das in Anhang E noch näher erläutert werden wird. Dort werde ich auch darstellen, dass eine derartige Begründung nicht haltbar ist, da das entsprechende Argument zirkulär ist.

Neben der einfachen analytischen Behandelbarkeit gibt es aber auch noch eine weitere wesentliche Tatsache, die für eine Verwendung der Abweichungsquadratsumme spricht: So ist eine Minimierung der Abweichungsquadratsumme unter gewissen Annahmen äquivalent zu der Maximierung des sogenannten Log-Likelihoods der angepassten Kurve bezüglich der vorliegenden Datenmenge. Auf das Likelihood beziehungsweise den Log-Likelihood und der damit verbundenen Maximum-Likelihood-Methode komme ich in Kapitel 2.6 detailliert zu sprechen. In Kapitel 2.8 findet sich ein konkretes Beispiel für die Maximum-Likelihood-Methode und in Kapitel 4.1 wird der Nachweis der erwähnten Äquivalenz geführt.

Der Quadratsummenabstand hat (genau wie auch andere Methoden, die die Abweichungen zu anderen geraden Exponenten potenzieren), die wesentliche Eigenschaft, dass wenn man die Anzahl an Daten erhöht, dann auch nahezu sicher der Wert der Abweichungsquadratsumme steigt.[2] Wenn die Minimierung der Abweichungsquadratsumme unser einziges Kriterium zur Wahl einer Kurve wäre, dann würden wir stets komplexere Kurven den glatteren vorziehen, da sich komplexere Kurven - wie bereits erwähnt wurde - in aller Regel den Daten besser anpassen lassen als einfachere Kurven.

---

[2] Der Wert der Abweichungsquadratsumme würde bei Erhöhung der Anzahl der Daten nur dann nicht steigen, wenn die dazukommenden Daten exakt auf der Kurve liegen, denn dann wären die im Verfahren zu berechnenden Differenzen gleich Null.

2.4. Die Methode der kleinsten Quadrate

Ein möglicher Fall der Beziehung zwischen der unabhängigen und der abhängigen Größe ist die lineare Beziehung, die hier als Beispiel für die Kleinste-Quadrate-Methode dient und die durch folgende allgemeine Funktionsgleichung beschrieben wird:

$$y = ax + b.$$

Der Graph einer linearen Funktion ist eine Gerade. Der Koeffizient a gibt hierbei die Steigung und der Koeffizient b den Ordinatenschnittpunkt der Geraden an. Gesucht sind die Parameter a und b derart, dass die Regressionsgerade die Daten „möglichst gut" approximiert. Als Maß für die Güte der Anpassung wählt man die in Kapitel 2.3 dargestellte Abweichungsquadratsumme.

y_i ist ja der Daten-y-Wert zum x-Wert x_i. $f(x_i)$ bezeichnet den durch $f(x) = ax + b$ vorausgesagten y-Wert zum x-Wert x_i. Für die Abweichungsquadratsumme $AQ(a,b)$ der anzupassenden Gerade gilt:

$$AQ(a,b) := \sum_{i=1}^{N} (y_i - f(x_i))^2.$$

$AQ(a,b)$ ist also eine quadratische Funktion in zwei Veränderlichen. Das Ziel ist es nun, die Abweichungsquadratsumme zu minimieren, also

$$\sum_{i=1}^{N} (y_i - ax_i - b)^2 = min! \tag{2.2}$$

Wie bereits in Kapitel 2.3 dargestellt wurde, hat die Verwendung des Quadratsummenabstands den großen Vorteil, dass die resultierende Minimierungsaufgabe in (2.2) der elementaren Differentialrechnung zugänglich ist. Gemäß der üblichen Verfahren der Differentialrechnung (also partielles Ableiten, notwendige und hinreichende Bedingungen für Extremstellen, usw.) leitet man die Abweichungsquadratsumme $AQ(a,b)$ zunächst partiell nach a und b ab und setzt die partiellen Ableitungen gleich Null:

$$\frac{\partial AQ(a,b)}{\partial a} = -2 \sum_{i=1}^{N} x_i y_i + 2a \sum_{i=1}^{N} x_i^2 + 2b \sum_{i=1}^{N} x_i = 0. \tag{2.3}$$

$$\frac{\partial AQ(a,b)}{\partial b} = -2 \sum_{i=1}^{N} y_i + 2a \sum_{i=1}^{N} x_i + 2Nb = 0. \tag{2.4}$$

Löst man die Gleichung (2.4) nach b auf, so ergibt sich:

$$b = \bar{y} - a\bar{x}. \tag{2.5}$$

Setzt man dies nun wiederum in (2.3) ein und stellt die Gleichung um, so ergibt sich:

$$a = \frac{N \sum\limits_{i=1}^{N} x_i y_i - \sum\limits_{i=1}^{N} x_i \cdot \sum\limits_{i=1}^{N} y_i}{N \sum\limits_{i=1}^{N} x_i^2 - \left(\sum\limits_{i=1}^{N} x_i\right)^2}. \tag{2.6}$$

$\bar{x}$ und $\bar{y}$ bezeichnen hierbei die arithmetischen Mittel der x- beziehungsweise y-Werte. Diese Formeln liefern ein eindeutiges lokales Minimum $(a,b) \in \mathbb{R} \times \mathbb{R}$, da die zweiten partiellen Ableitungen jeweils positiv sind.

Die Formel für den Steigungswert a der Regressionsgeraden lässt sich dabei noch in eine kompaktere Form bringen. Dazu betrachte man zunächst die Kovarianz $cov(x,y)$:

$$cov(x,y) = \frac{\sum\limits_{i=1}^{N} (x_i - \bar{x})(y_i - \bar{y})}{N} = \frac{\sum\limits_{i=1}^{N} x_i y_i - \dfrac{\sum\limits_{i=1}^{N} x_i \cdot \sum\limits_{i=1}^{N} y_i}{N}}{N}. \tag{2.7}$$

Multipliziert man die Gleichung (2.7) nun mit N^2, so ergibt sich:

$$N^2 \cdot cov(x,y) = N \sum\limits_{i=1}^{N} x_i y_i - \sum\limits_{i=1}^{N} x_i \cdot \sum\limits_{i=1}^{N} y_i \tag{2.8}$$

Die rechte Seite von Gleichung (2.8) ist aber gerade der Zähler der rechten Seite von Gleichung (2.6). Betrachten wir nun die Formel für die (nicht-korrigierte) Stichprobenvarianz s_x^2 der x-Werte.[3] Hier ist die Darstellung gewählt, in der keine Mittelwerte vorkommen:

$$s_x^2 = \frac{1}{N}\left(\sum\limits_{i=1}^{N} x_i^2 - \frac{1}{N}\left(\sum\limits_{i=1}^{N} x_i\right)^2\right).$$

---

[3] In Kapitel 2.8 wird auf die Stichprobenvarianzen noch detailliert eingegangen werden.

Auch diese Gleichung wird mit N^2 multipliziert und man erhält:

$$N^2 s_x^2 = N \sum_{i=1}^{N} x_i^2 - \left(\sum_{i=1}^{N} x_i \right)^2. \tag{2.9}$$

Die rechte Seite von Gleichung (2.9) ist aber gerade der Nenner der rechten Seite von Gleichung (2.6), für die sich nach Einsetzen und Kürzen durch N^2 somit insgesamt auch die folgende Schreibweise ergibt:

$$a = \frac{cov(x,y)}{s_x^2}. \tag{2.10}$$

Die Bedeutung der Kovarianz wird besonders anhand des mittleren Quotienten aus Gleichung (2.7) deutlich:

"Die Kovarianz ist durch den Mittelwert aller Produkte von korrespondierenden Abweichungen gekennzeichnet".([6]: 173)

Der Leitkoeffizient a der Regressionsgeraden ergibt sich also als Verhältnis der Kovarianz der x- und y-Werte zur Varianz der x-Werte. Der Ordinatenschnittpunkt b ergibt sich nach Gleichung (2.5) sodann als Differenz des Mittelwertes der y-Werte und des a-fachen Mittelwertes der x-Werte.

Zur Verdeutlichung betrachten wir nun ein konkretes Zahlenbeispiel. Dem Beispiel liege folgende Datenmenge zugrunde:

$D = \{(1,2),(2,3),(3,5),(4,7),(5,11),(6,13),(7,17),(8,19),(9,23),$
$(10,29)\}$.

Die Methode der kleinsten Quadrate (also Einsetzen in die zuvor hergeleiteten Formeln) ergibt folgende auf drei Dezimalen gerundeten Werte:

$$a \approx 2,939 \text{ und } b \approx -3,267.$$

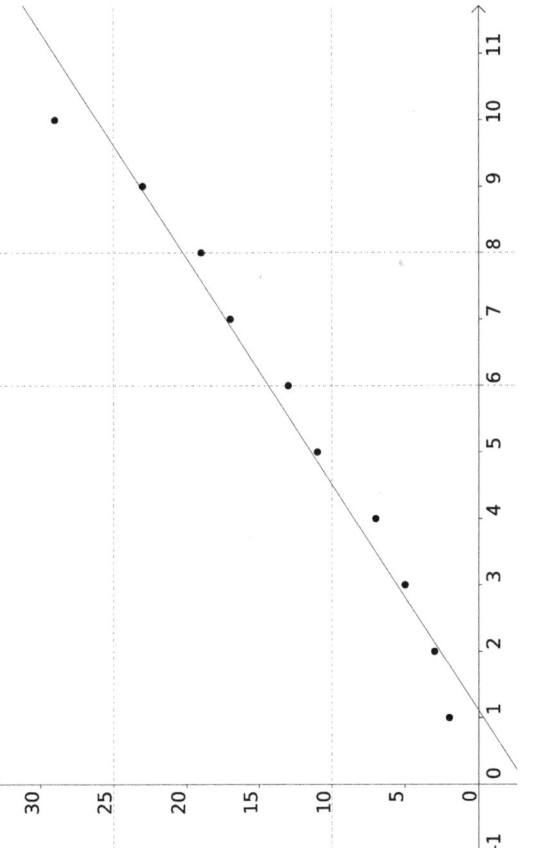

Abbildung 2.4.: Plot der Datenpunkte mit der angepassten Geraden

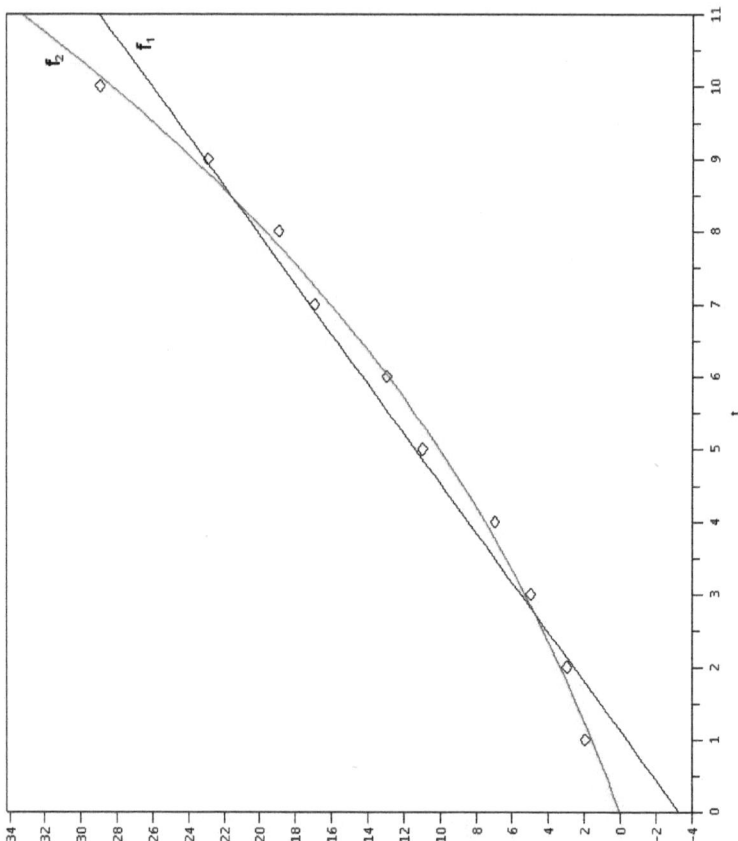

Abbildung 2.5.: Vergleich zweier angepasster Kurven

Somit ergibt sich als Regressionsgerade: $y = 2,939x - 3,267$. Die Abbildung 2.4 verdeutlicht dieses Ergebnis. Es lässt sich erkennen, dass die Regressionsgerade gewissermaßen mittig durch die Punktwolke der Daten verläuft. Die Abbildung 2.5 zeigt die Datenpunkte aus D, die soeben berechnete Regressionsgerade

$$f_1(x) = 2,939x - 3,267$$

und die Kurve dritten Grades

$$f_2(x) = 0.006x^3 + 0.078x^2 + 1.466x + 0.067,$$

die innerhalb der Familie der Polynome vom Grad Drei die Bestapproximation ist.[4] Man kann vor allem an den Stellen $x_1 = 1$ und $x_{10} = 10$ erkennen, dass die Güte der Anpassung von f_2 an die Daten deutlich höher ist als von f_1.

Diesen Abschnitt über die Methode der kleinsten Quadrate abschließend führe ich noch eine für den weiteren Verlauf der vorliegenden Arbeit wichtige Notation ein: Eine mittels der Methode der kleinsten Quadrate berechnete Bestapproximation einer Funktionenfamilie F bezüglich einer Datenmenge D wird mit $B(F|D)$ bezeichnet. In Ausführungen, in denen die zugrunde liegende Datenmenge klar aus dem Kontext folgt, wird die vereinfachte Notation $B(F)$ benutzt.

2.5. Verteilung und GLIWENKO-CANTELLI-Theorem

Im Verlaufe dieser Arbeit werden wiederholt Effekte besprochen, die auftreten, wenn sich der Umfang einer Datenmenge vergrößert. Die zentrale Aussage hierzu wird aufgrund ihrer Bedeutung häufig auch als Hauptsatz der Statistik bezeichnet. Ich werde mich jedoch in meinen Ausführungen stets auf das GLIWENKO-CANTELLI-Theorem beziehen. Zunächst einmal sei der Begriff der Verteilungsfunktion erläutert:

Es sei $(\mathbb{R}, \mathcal{B}, P)$ ein Wahrscheinlichkeitsraum. $\mathcal{B}$ bezeichnet hierbei die Borel'sche σ-Algebra auf $\mathbb{R}$, so wie sie in Kapitel 2.1 eingeführt wurde. Dann heißt

$$F_P : \mathbb{R} \to [0,1] \quad \text{mit} \quad F_P(x) := P((-\infty, x])$$

---

[4] Die Methode der kleinsten Quadrate lässt sich analog zum Fall der Linearen Regression auch auf polynomielle Funktionen höherer Grade anwenden. Die hier angegebene polynomielle Funktion f_2 wurde mithilfe des Computer-Algebra-Systems *Maple* berechnet.

die *Verteilungsfunktion* von P. Es gilt:

1. F_P ist monoton wachsend, das heißt: Aus $x_1 \leq x_2$ folgt $F_P(x_1) \leq F_P(x_2)$.

2. F_P ist rechtsseitig stetig.

3. $\lim\limits_{x \to \infty} F_P(x) = 1$ und $\lim\limits_{x \to -\infty} F_P(x) = 0$.

Ist des Weiteren $d : \mathbb{R} \to \mathbb{R}$ eine uneigentlich (Riemann)-integrierbare Funktion, sodass d beschränkt ist, für alle $x \in \mathbb{R}$ gilt $d(x) \geq 0$ und $\int\limits_{-\infty}^{\infty} d(x)\, dx = 1$ gilt, so gibt es genau ein Wahrscheinlichkeitsmaß P auf $(\mathbb{R}, \mathscr{B})$ mit

$$P((a,b]) = \int\limits_a^b d(x)\, dx \text{ für alle } (a,b) \in \mathbb{R} \times \mathbb{R} \text{ mit } -\infty \leq a < b < \infty.$$

Einzelne Punkte haben die (Wahrscheinlichkeits-)Masse Null, das heißt:

$$P(\{x\}) = 0 \,\forall\, x \in \mathbb{R}.$$

d heißt dann *Wahrscheinlichkeitsdichte* von P. Anstelle von Wahrscheinlichkeitverteilungen oder Verteilungsfunktionen spricht man häufig kurz von *Verteilungen*.

Ebenso werden Wahrscheinlichkeitsdichten häufig kurz *Dichten* genannt. Die für die vorliegende Arbeit wichtigste Verteilung ist die *Normalverteilung*. Sie wird über die Dichtefunktion d definiert mit

$$d(x) = \frac{1}{\sqrt{2\pi\sigma^2}} e^{-\dfrac{(x-\mu)^2}{2\sigma^2}}.$$

Dabei ist μ der Erwartungswert und σ die Standardabweichung. Ist eine Zufallsvariable x normalverteilt mit Erwartungswert μ und Standardabweichung σ, so schreibt man $X \sim N(\mu, \sigma^2)$. Gilt $X \sim N(0,1)$, so sagt man, X ist *standardnormalverteilt*. Der Graph der Dichtefunktion einer Normalverteilung hat die Form einer Glockenkurve.

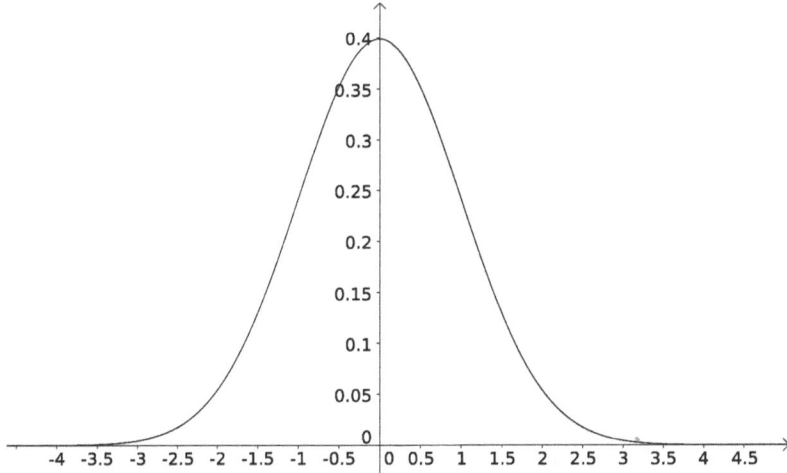

Abbildung 2.6.: Die Standardnormalverteilung

In Abbildung 2.6 ist beispielsweise der Graph der Dichte der Standardnormalverteilung dargestellt.

Der Zusammenhang zwischen einer Dichtefunktion d und der entsprechenden Verteilungfunktion F ist der Folgende:

$$F(x) = \int_{-\infty}^{x} d(t)\, dt.$$

Im Kontext des Problems der Kurvenanpassung spielen normalverteilte Fehlereinflüsse eine besondere Rolle. Die genaue Verteilung, also die Werte für den Erwartungswert μ und die Standardabweichung σ, ist aber im Allgemeinen unbekannt.

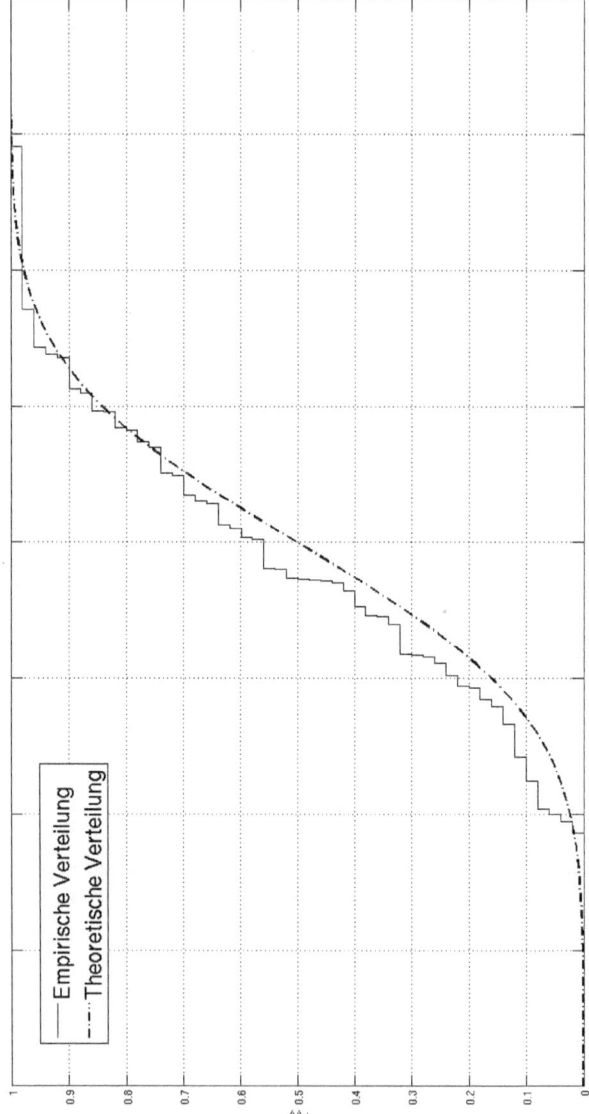

Abbildung 2.7.: Approximation der Standardnormalverteilung mit 50 Stichprobenwerten

Daher greift man auf die sogenannte empirische Verteilungsfunktion als Approximation der tatsächlichen Verteilungsfunktion zurück. Für unabhänig und identisch verteilte Zufallsvariablen $X_1, \ldots, X_N$ ist die empirische Verteilungsfunktion $\hat{F}_N$ definiert durch:

$$\hat{F}_N(x) := \frac{1}{N} |\{i \mid 1 \leq i \leq N \wedge X_i \leq x\}|.$$

In einer N-elementigen Stichprobe ist $\hat{F}_N(x)$ also die relative Häufigkeit von Werten d aus der Domain der Zufallsvariablen, sodass für $1 \leq i \leq N$ gilt: $X_i(d) \leq x$.

Nach dem GLIWENKO-CANTELLI-Theorem konvergiert die empirische Verteilungsfunktion einer eindimensionalen N-elementigen Stichprobe für $N \to \infty$ mit Wahrscheinlichkeit Eins gleichmäßig gegen die tatsächliche Verteilungsfunktion, das heißt für

$$d_N := \sup_{x} |\hat{F}_N(x) - F(x)|$$

gilt:

$$P \left(\lim_{N \to \infty} d_N = 0 \right) = 1.$$

Dieser Effekt lässt sich sehr gut graphisch illustrieren. So zeigt Abbildung 2.7 einen mit dem Programm-Paket MATLAB erstellten Plot der Verteilungsfunktion der Standardnormalverteilung über dem Intervall $[-4; 4]$. In der Abbildung ist auch die empirische Verteilungsfunktion dargestellt, die auf 50 Stichprobenwerten basiert. Aufgrund dieser verhältnismäßig geringen Anzahl ist die Approximation der tatsächlichen Verteilung durch die empirische Verteilung in Form der Treppenfunktion vergleichsweise grob. Die folgende Abbildung 2.8 zeigt die Approximation der Standardnormalverteilung durch eine empirische Verteilungsfunktion, die auf 200 Stichprobenwerten basiert:

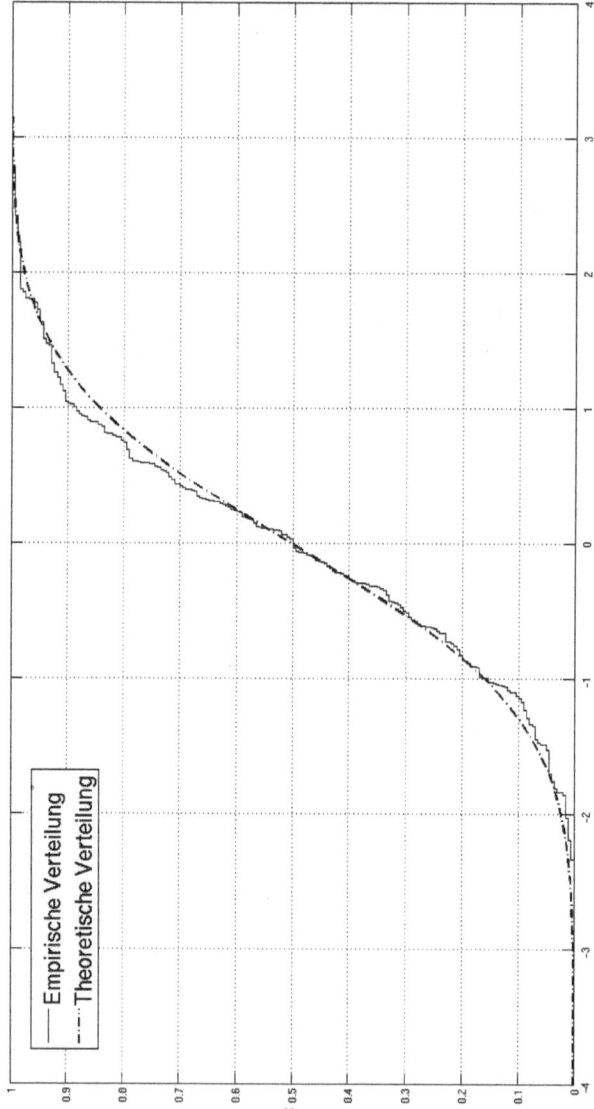

Abbildung 2.8.: Approximation der Standardnormalverteilung mit 200 Stichprobenwerten

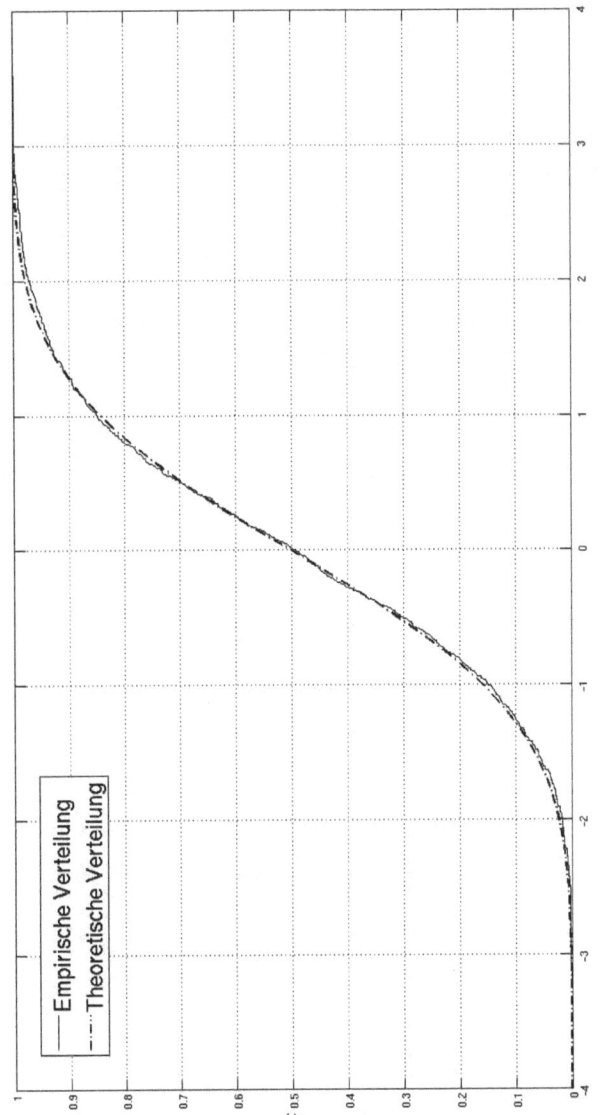

Abbildung 2.9.: Approximation der Standardnormalverteilung mit 1000 Stichprobenwerten

Im Vergleich zu Abbildung 2.7 ist die klar bessere Güte der Approximation durch die Treppenfunktion erkennbar. Abschließend sei hierzu in Abbildung 2.9 noch der analoge Plot für 1000 Stichprobenwerte angeführt. Die Treppenfunktion in Abbildung 2.9 weist nun eine schon sehr gute Approximationsgüte bezüglich der tatsächlichen Standardnormalverteilung auf.

Weitere Ausführungen zum Begriff der empirischen Verteilung, vor allem auch im Zusammenhang zum Begriff der Repräsentativität, finden sich in Anhang A.

2.6. Likelihood

In diesem Kapitel werde ich nun den Begriff des *Likelihoods* einer Kurve bezüglich einer Datenmenge erläutern. Man betrachte dazu die folgende Abbildung 2.10:

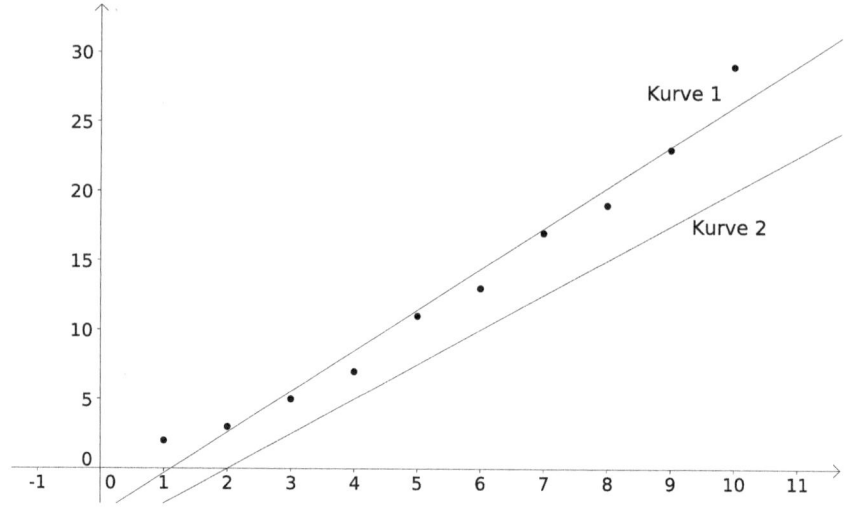

Abbildung 2.10.: Likelihood einer Kurve bezüglich einer Datenmenge

Die Wahrscheinlichkeit, dass man in einer Messreihe die dargestellten Datenpunkte erhält, gegeben Kurve 1 ist wahr, ist größer, als die Wahrscheinlichkeit die
dargestellten Datenpunkte zu erhalten, gegeben Kurve 2 ist wahr; mithilfe beding-
ter Wahrscheinlichkeiten lässt sich dies in Zeichen wie folgt festhalten:

$$P(\text{Daten}|\text{Kurve 1}) > P(\text{Daten}|\text{Kurve 2}).$$

Dies liegt an der Tatsache, dass die Wahrscheinlichkeit $P(\text{Daten}|\text{Kurve})$ mit dem
Abstand der Daten zur Kurve negativ korreliert ist: Je näher die Daten an der Kurve
liegen, desto höher ist $P(\text{Daten}|\text{Kurve})$. Statistiker haben hierfür den technischen
Begriff *Likelihood* geprägt. Man sagt: Das Likelihood der Kurve 1 ist bezüglich
der vorliegenden Datenmenge größer als das Likelihood der Kurve 2; in Zeichen:

$$\textit{likelihood}(\text{Kurve 1}|\text{Daten}) > \textit{likelihood}(\text{Kurve 2}|\text{Daten}).$$

Das Likelihood einer Kurve bezüglich einer Datenmenge ist ein alternatives Maß
für die Güte der Anpassung der Kurve an die Datenmenge. In Kapitel 2.3 habe
ich dargestellt, dass der Quadratsummenabstand das Standardmaß für die Anpassungsgüte ist. Doch welches Maß sollte nun für die Anpassungsgüte verwendet
werden? Tatsächlich stellt diese Frage kein Problem für die statistische Theorie
dar, denn das Likelihood-Maß (genauer: Das Log-Likelihood-Maß, also der natürliche Logarithmus des Likelihood) ist in gewissen Sinne äquivalent zum Quadratsummenabstand. Genauer gesagt - und dies wird in Kapitel 4.1 detailliert herausgearbeitet - ist eine Minimierung des Quadratsummenabstands einer Kurve zu
einer Datenmenge äquivalent zur Maximierung des Log-Likelihoods der Kurve
bezüglich der Datenmenge.

Dieser anschauliche Zugang besitzt natürlich auch eine formale Entsprechung.
Diese basiert auf der sogenannten *Likelihoodfunktion*, die unmittelbar über die
Dichtefunktion einer Verteilung definiert wird. Betrachten wir nun eine Vertei-
lung, in deren Dichtefunktion $d(x|\Theta)$ der Parameter Θ vorkommt. Liegt des Wei-
teren der Fall unabhängiger und identischer Wiederholungen vor, so ergibt sich als
Dichte:

$$d(x_1,\ldots,x_n|\Theta) = d(x_1|\Theta) \cdot \ldots \cdot d(x_n|\Theta).$$

Statt für einen festen Wert des Parameters Θ die Dichtefunktion an beliebigen Werten $x_1,\ldots,x_n$ zu betrachten, lässt sich umgekehrt für feste Realisationen $x_1,\ldots,x_n$
die Dichtefunktion als Funktion in der Variablen Θ auffassen. Die festen Realisationen bilden dabei die Datenmenge D. Die resultierende Funktion

$$l(\Theta|D) := d(x_1,\ldots,x_n|\Theta) \tag{2.11}$$

wird als *Likelihoodfunktion* bezeichnet. Eine besondere Rolle spielt eine solche Likelihoodfunktion für die sogenannte *Maximum-Likelihood-Methode*. Sie besagt: Wähle für feste Realisationen $x_1, \ldots, x_n$ denjenigen Parameterwert $\hat{\Theta}$ als Schätzwert für Θ, für den die entsprechende Likelihoodfunktion maximal ist, das heißt:

$$l(\hat{\Theta}|D) = \max_{\Theta} l(\Theta|D).$$

FAHRMEIER, KÜNSTLER, PIGEOT und TUTZ schreiben hierzu in ihrem Sta-tistik-Lehrbuch *Statistik - Der Weg zur Datenanalyse*:

> „Man wählt somit zu den Realisationen $x_1, \ldots, x_n$ denjenigen Parameter $\hat{\Theta}$, für den die Wahrscheinlichkeit beziehungsweise Dichte, daß gerade diese Werte $x_1, \ldots, x_n$ auftreten, maximal wird. Man sucht somit zu den Realisierungen $x_1, \ldots, x_n$ denjenigen Parameter, der die plausibelste Erklärung für das Zustandekommen dieser Werte liefert."([14]: 377)

Strenggenommen wird also eine Dichtefunktion maximiert. Wie das angeführte Zitat zeigt, wird in einem durchaus üblichen statistischen Jargon auch von der Maximierung der Auftrittswahrscheinlichkeit gesprochen. Daraus resultiert die Tatsache, dass einige Autoren (beispielsweise FORSTER und SOBER in ihrem für die vorliegende Arbeit wichtigen Aufsatz [15]) keine formale Unterscheidung vornehmen, wie ich sie hier mittels der Notationen $likelihood(\cdot|\cdot)$ und $l(\cdot|\cdot)$ eingeführt habe.

Mittels der üblichen Methoden der Differentialrechnung (partielles Ableiten, Nullsetzen, usw.) wird das Maximum der Likelihoodfunktion berechnet. Da die Likelihoodfunktion - wie zuvor dargestellt wurde - über ein Produkt einzelner Funktionen definiert ist, kann gerade das Ableiten sehr kompliziert werden. Es liegt daher nahe, statt der Likelihoodfunktion die sogenannte Log-Likelihoodfunktion $ll(\Theta|D)$, also den natürlichen Logarithmus der Likelihoodfunktion, zu benutzen. Es gilt dann:

$$ll(\Theta|D) := ln\,(l(\Theta|D)) = \sum_{i=1}^{n} ln\,d(x_i|\Theta).$$

Hier ist das Ableiten in der Tat deutlich einfacher, da die Ableitung einer Summe einfach die Summe der Ableitungen der einzelnen Summanden ist.

In Kapitel 2.8 wird ein konkretes Beispiel für die Maximum-Likelihood-Methode dargestellt werden.

2.7. Einfachheit

Der zweite konkurrierende Anspruch innerhalb des Problems der Kurvenanpassung ist die Einfachheit des anzupassenden Kurventyps. Im Verlaufe der Geschichte gab es viele Bemühungen, ein Maß für die Einfachheit zu konstruieren, das eine wissenschaftstheoretische Rechtfertigung besitzt. So hat beispielsweise im Jahre 1975 Elliott SOBER in seinem Buch *Simplicity* [40] für den Informationsgehalt einer Hypothese als Maß für deren Einfachheit argumentiert. In Kapitel 4.6.3 der vorliegenden Arbeit findet sich eine Darstellung von SOBERs Argument. Inzwischen hat SOBER - wie ebenfalls in Kapitel 4.6.3 dargestellt wird - diesen Ansatz komplett verworfen. Das Standardmaß für die Einfachheit einer Kurve, das mittlerweile auch von SOBER akzeptiert wird, ist die kleinste Anzahl der die Kurve determinierenden Parameter. Eine lineare Funktion hat beispielsweise die allgemeine Form:

$$f(x) = ax + b. \tag{2.12}$$

In dieser Funktionsgleichung kommen die beiden Parameter a und b vor, durch die die Gerade eindeutig determiniert wird. Wie bereits in Kapitel 2.4 ausgeführt wurde ist hierbei a der Wert der Steigung der Geraden und b der Ordinatenschnittpunkt, also der Schnittpunkt der Geraden mit der y-Achse. Eine quadratische Funktion hat die allgemeine Form

$$f(x) = ax^2 + bx + c;$$

sie wird durch die drei Parameter a, b und c determiniert. Insofern ist eine lineare Funktion im Sinne des Einfachheitsmaßes der Parameteranzahl einfacher als eine quadratische Funktion, da sie durch einen anzupassenden Parameter weniger determiniert wird. Allgemein hat eine einstellige polynomielle Funktion vom Grade n die Form:

$$f(x) = a_n x^n + a_{n-1} x^{n-1} + \ldots + a_1 x + a_0.$$

Sie wird also durch die Parameter $a_0, a_1, \ldots, a_n$ determiniert; dies sind $n + 1$ Parameter. Der Grad der Einfachheit einer polynomiellen Funktion ist also gemäß des Einfachheitsmaßes der kleinsten die Kurve determinierenden Anzahl an Parametern stets um Eins höher (nämlich $n + 1$) als ihr Grad (n). In einigen Aufsätzen findet sich eine diesbezügliche Ungenauigkeit. Denn so ist häufig nur die Rede von der die Kurve determinierenden Parameteranzahl und nicht von der kleinsten derartigen Anzahl. Die Bedeutung dieser zusätzlichen Bedingung ist jedoch eminent. So wurde in Gleichung (2.12) die allgemeine Form einer linearen Funktion angegeben. Aber auch durch die Gleichung

$$f(x) = a_1 x + a_2 x + b \qquad (2.13)$$

wird eine lineare Funktion dargestellt, diesmal jedoch mit den drei Parametern a_1, a_2 und b. Mittels Ausklammern von x in Gleichung (2.13) und der Variablentransformation $a := a_1 + a_2$ kann man jedoch (2.13) in (2.12) überführen.

Bislang wurden nur polynomielle Funktionen in die Überlegungen einbezogen, das betrachtete Maß der Einfachheit von Kurven lässt sich jedoch auch auf andere Funktionstypen anwenden. Für Exponentialfunktionen der Form $f(x) = a \cdot b^x$ mit $a \neq 0$, $b > 0$ und $b \neq 1$ gilt beispielsweise, dass der Grad ihrer Einfachheit - genau wie bei den linearen Funktionen - gleich Zwei ist, denn die exponentielle Kurve wird wiederum durch zwei anpassbare Parameter determiniert. Der vorliegenden Arbeit wird es jedoch ausschließlich um polynomielle Funktionen gehen, um den erwähnten und als Teilprobleme P1 und P2 bezeichneten Fragen innerhalb des Problems der Kurvenanpassung nachzugehen. Die besondere Bedeutung polynomieller Funktionen gründet auf der Tatsache, dass sich funktionale Zusammenhänge, die einen stetigen Prozess beschreiben, durch polynomielle Funktionen approximieren lassen. Genau dies ist die Aussage des WEIERSTRASS'schen Approximationssatzes.[5]

Zunächst einmal sind Parameter jedoch theoretische Konstrukte. Sie stellen Freiheitsgrade dar, durch die die polynomiellen Funktionen determiniert werden. Sie sind ein Maß dafür, wie anpassungsfähig eine Kurve an eine Datenmenge ist. Zur Veranschaulichung stelle man sich ein Gummiband vor. Spannt man dieses Band zwischen zwei Fingern, so erhält man eine Gerade. Die beiden Finger determinieren sozusagen die Linearität des Kurvenverlaufs. Gleichzeitig stehen die beiden Finger für die beiden Freiheitsgrade. Im Falle von genau zwei Freiheitsgraden wird also stets eine Gerade determiniert. Stellen wir uns nun in einem zweiten Schritt vor, wir können das Gummiband mittels eines dritten Fingers - es liegen also nun drei Freiheitsgrade vor - beeinflussen. Neben einer Geraden ist nun auch eine nicht-lineare Kurve - genauer: einer quadratische Kurve - formbar.[6] Und analog ist es bei Kurven: Je größer die Anzahl der determierenden Parameter ist, desto flexibler lässt sich die Kurve formen, um den Daten angepasst zu werden. Anpassbare Parameter als theoretische Konstrukte sind also kein Maß für

---

[5] Genauer gesagt lässt sich jede stetige Funktion gleichmäßig auf einem kompakten Intervall durch Polynome approximieren.

[6] Die exakte Form einer Parabel wird durch dieses vereinfachte Szenario natürlich nur „näherungsweise" erreicht.

natürliche Entitäten, etwa die für ein chemisches Experiment relevanten Substanzen. Die kleinste einen Kurventyp determinierende Parameteranzahl ist vielmehr ein Maß für Flexibilität der Kurven des entsprechenden Typs bei der Anpassung an Daten. In Kapitel 7.4 wird dargestellt werden, wie die Parameteranzahl mit dem ontologischen Einfachheitsbegriff, der für OCKHAMs Rasiermesser in seiner ursprünglichen Formulierung wesentlich ist, in Verbindung gebracht werden kann. Insofern handelt es sich bei der Parameteranzahl um ein geeignetes Maß für die Einfachheit von Kurven.

2.8. Fehlereinflüsse, Signal-Rauschen-Modell und Varianzschätzung

Bereits in der Einleitung der vorliegenden Arbeit wurde das Signal-Rauschen-Modell in einer stark vereinfachten Form eingeführt. Dabei spielen drei Begriffe eine Rolle: Der wahre Wert einer Größe, der gemessene Wert und der Fehlereinfluss. Nehmen wir einmal an, die Funktion f gibt den wahren funktionalen Zusammenhang zwischen einer unabhängigen Größe X und der davon abhängigen Größe Y wieder. Gäbe es keine Fehlereinflüsse, so würde einfach gelten:

$$Y = f(X).$$

Unter dieser kompakten Schreibweise versteht man genauer gesagt das Folgende: Die Zufallsvariable X nimmt für verschiedene Elemente ihrer Definitionsmenge bestimmte Werte an, die dann auch *Realisationen* genannt werden. Die Bilder dieser Realisationen unter der Funktion f ergeben genau die korrespondierenden Realisationen der Zufallsvariable Y.

Da empirische Untersuchungen - wie beispielsweise die Messung physikalischer Größen - aber stets fehlerbehaftet sind, wird ein Daten-y-Wert für einen x-Wert nie exakt mit dem entsprechenden Funktionswert $f(x)$ der wahren Funktion an der Stelle x übereinstimmen. Die gemessenen y-Werte setzen sich also aus dem wahren y-Wert $f(x)$ und einer Fehlergröße zusammen. Bei dem Fehler unterscheidet man zwei verschiedene Arten:

1. Zufällige Fehler,

2. Systematische Fehler.

Ein Beispiel für einen systematischen Fehlereinfluss ist der Tachometer eines Autos. Ein solcher Tachometer kann nie exakt die Geschwindigkeit anzeigen, mit der sich das Auto tatsächlich bewegt. Es kommt stets zu gewissen Abweichungen. Aus rechtlichen Gründen darf die Anzeige eines Tachometers jedoch nur nach oben abweichen, das heißt die angezeigten Geschwindigkeiten sind stets größer als die tatsächliche Geschwindigkeit des Autos.[7]

Im Kontext des Problems der Kurvenanpassung ist der Typ der zufälligen Fehler jedoch wesentlich interessanter. Solche zufälligen Fehlereinflüsse werden als Werte einer Zufallsvariablen in Abhängigkeit der unabhängigen Größe aufgefasst, die einer Normalverteilung mit Erwartungswert μ und Varianz σ^2, so wie sie im letzten Kapitel 2.5 dargestellt wurde, genügt. Im Folgenden sei diese Zufallsvariable mit Z bezeichnet. Man schreibt dann kompakt:

$$Z \sim N(\mu, \sigma^2).$$

Die gemessenen Werte weichen zufällig nach oben wie nach unten von dem wahren Wert ab. Die Messwerte streuen also in diesem Sinne gleichmäßig um den wahren Wert. Im Mittel konzentrieren sie sich auf den wahren Wert und daher ist der Erwartungswert μ der Zufallsvariablen z gleich Null. Statt Z direkt als 0-σ^2-normalverteilte Zufallsvariable aufzufassen, bietet es sich an, Z zunächst als standardnormalverteilt aufzufassen, das heißt:

$$Z \sim N(0, 1).$$

Mit Z ist dann auch σZ eine Zufallsvariable, die allerdings nicht mehr standardnormalverteilt ist. Dies sieht man wie folgt: Z ist standardnormalverteilt, das heißt es gilt $E(Z) = 0$ und $Var(Z) = 1$. Da der Erwartungswert einer Zufallsvariablen linear ist, gilt zwar $E(\sigma Z) = \sigma \cdot E(Z) = \sigma \cdot 0 = 0$, jedoch gilt für die Varianz: $Var(\sigma Z) = \sigma^2 \cdot Var(Z) = \sigma^2 \cdot 1 = \sigma^2$. Aus $Z \sim N(0, 1)$ folgt also $\sigma Z \sim N(0, \sigma^2)$.

Nach diesen Vorbereitungen lässt sich der formale Zusammenhang zwischen dem wahren Wert $f(X)$ einer Größe in Abhängigkeit von der unabhängigen Größe X, dem gemessenen Wert y der Größe und dem Fehlereinfluss σZ angeben. Es sei dazu D die Definitionsmenge der Zufallsvariablen. Dann kann man für alle $d \in D$ notieren:

$$\underbrace{Y(d)}_{\text{Messwert}} = \underbrace{f(X(d))}_{\text{Signal}} + \underbrace{\sigma Z(d)}_{\text{Rauschen}}. \qquad (2.14)$$

---

[7] Der Grund für dieses Abweichen ausschließlich nach oben ist ganz einfach der, dass in Grenzfällen ein Autofahrer gegenüber einer die Geschwindigkeit kontrollierenden Instanz wie etwa der Polizei nie behaupten kann, sein Tachometer habe eine Geschwindigkeit angezeigt, die unterhalb der ihm zur Last gelegten Geschwindigkeit liegt.

Dieser in Gleichung 2.14 dargestellte Zusammenhang wird als *Signal-Rau-schen-Modell* bezeichnet. Die Gleichung (2.14) kann noch etwas einfacher dargestellt werden, wenn man sie für einen konkreten Wert $d_i \in D$ betrachtet. Mit $y_i := Y(d_i)$, $x_i := X(d_i)$ und $z_i := Z(d_i)$ folgt:

$$y_i = f(x_i) + \sigma z_i.$$

σ ist also ein Maß dafür, wie stark die Messwerte um den tatsächlichen Zusammenhang streuen. Daher ist σ auch typischerweise unbekannt. Es stellt sich somit die Frage, ob - und falls ja: wie - man die Streuung aus einem Datensatz schätzen kann. Die statistische Standardliteratur, beispielsweise [14] oder auch [6], bieten hierzu zumeist zwei verschiedene, wenn auch den resultierenden Formeln nach sehr ähnliche, Schätzungen. Die Benennungen dieser beiden Varianten variieren über verschiedene Lehrbücher hinweg teils sehr deutlich. Ich werde für die vorliegende Arbeit die Begriffe *nicht-korrigierte Stichprobenvarianz* und *korrigierte Stichprobenvarianz* verwenden.

Zunächst wird die nicht-korrigierte Stichprobenvarianz hergeleitet. Wie in Abschnitt 2.5 bereits ausgeführt wurde sind die für das Problem der Kurvenanpassung relevanten Fehlereinflüsse normalverteilt. Es seien nun $X_1, \ldots, X_N$ unabhängige Wiederholungen einer Normalverteilung $N(\mu, \sigma^2)$. Auf Basis der Realisationen $x_1, \ldots, x_N$, die hier die zugrunde liegende Datenmenge D bilden, sollen die Parameter μ und σ^2 der Normalverteilung geschätzt werden. Dazu wird die in Kapitel 2.6 erläutere Maximum-Likelihood-Methode angewendet. Für den dort angeführten Parameter Θ gilt nun: $\Theta = (\mu, \sigma)$. Die von diesem Parameter abhängige Likelihoodfunktion hat für die Realisationen $x_1, \ldots, x_N$ die Form:

$$l(\mu, \sigma | D) = \frac{1}{\sqrt{2\pi\sigma^2}} e^{-\frac{(x_1 - \mu)^2}{2\sigma^2}} \cdot \ldots \cdot \frac{1}{\sqrt{2\pi\sigma^2}} e^{-\frac{(x_N - \mu)^2}{2\sigma^2}}.$$

In Kapitel 2.6 wurde ebenfalls geschildert, dass statt der Likelihoodfunktion zumeist die Log-Likelihoodfunktion betrachtet wird, da dies bezüglich der weiteren Umformungen eine deutliche Vereinfachung mit sich bringt. Für die resultierende Log-Likelihoodfunktion $ll(\mu, \sigma | D)$ gilt:

$$ll(\mu, \sigma | D) = \sum_{i=1}^{N} \left[ln\left(\frac{1}{\sqrt{2\pi\sigma^2}} \right) - \frac{(x_i - \mu)^2}{2\sigma^2} \right]$$
$$= \sum_{i=1}^{N} \left[-ln(\sqrt{2\pi}) - ln(\sigma) - \frac{(x_i - \mu)^2}{2\sigma^2} \right].$$

Die Log-Likelihoodfunktion hängt von μ und σ ab, daher wird nun nach beiden Größen partiell abgeleitet. Für die Schätzwerte $\hat{\mu}$ und $\hat{\sigma}$ der zu schätzenden Größen μ und σ ergibt sich das folgende Gleichungssystem:

$$\frac{\partial\, ll(\mu,\sigma|D)}{\partial \mu} = \sum_{i=1}^{N} \frac{x_i - \hat{\mu}}{\hat{\sigma}^2} = 0,$$

$$\frac{\partial\, ll(\mu,\sigma|D)}{\partial \sigma} = \sum_{i=1}^{N} \left(-\frac{1}{\hat{\sigma}} + \frac{2(x_i - \hat{\mu})^2}{2\hat{\sigma}^3} \right) = 0.$$

Die erste Gleichung ergibt $\sum_{i=1}^{N} x_i - N\hat{\mu} = 0$ und somit $\hat{\mu} = \bar{x}$. Die zweite Gleichung ergibt

$$-\frac{N}{\hat{\sigma}} + \sum_{i=1}^{N} \frac{(x_i - \hat{\mu})^2}{\hat{\sigma}^3} = 0$$

und darauf folgt:

$$\hat{\sigma} = \sqrt{\frac{1}{N}\sum_{i=1}^{N}(x_i - \hat{\mu})^2} = \sqrt{\frac{1}{N}\sum_{i=1}^{N}(x_i - \bar{x})^2}.$$

Ein Quadrieren der letzten Gleichung ergibt:

$$\hat{\sigma}^2 = \frac{1}{N}\sum_{i=1}^{N}(x_i - \bar{x})^2.$$

Der Maximum-Likelihood-Schätzer für den Erwartungswert μ ist also der Stichprobenmittelwert $\bar{x}$. Für die Varianz σ^2 ergibt sich der Maximum-Likelihood-Schätzer $\hat{\sigma}^2$. Diese Größe wird als *nicht-korrigierte Stichprobenvarianz* bezeichnet. In ([14]: 368 ff.) führen FAHRMEIER, KÜNSTLER, PIGEOT und TUTZ aus, dass die Schätzung der Varianz durch die nicht-korrigierte Stichprobenvarianz nicht erwartungstreu ist. Erwartungstreue ist ein Kriterium für „gute" Schätzer. Dabei ist ein Schätzer *erwartungstreu*, wenn sein Erwartungswert mit dem zu schätzenden Wert übereinstimmt. Des Weiteren wird ausgeführt, dass die sogenannte *korrigierte Stichprobenvarianz* $\hat{\sigma}^2_{korr}$ erwartungstreu ist. Für $\hat{\sigma}^2_{korr}$ gilt:

$$\hat{\sigma}^2_{korr} = \frac{1}{N-1}\sum_{i=1}^{N}(x_i - \bar{x})^2.$$

Offenbar existiert zwischen der nicht-korrigierten und der korrigierten Stichprobenvarianz folgender Zusammenhang:

$$\hat{\sigma}^2 = \frac{N-1}{N} \cdot \hat{\sigma}^2_{korr}.$$

Die Tatsache, dass $\hat{\sigma}^2_{korr}$ erwartungstreu ist und $\frac{N-1}{N} < 1$ für alle $N \in \mathbb{N}$ gilt, zeigt, dass die nicht-korrigierte Stichprobenvarianz die Varianz tendenziell unterschätzt. Der Unterschied verschwindet jedoch für wachsenden Stichprobenumfang N, denn dann konvergiert der Quotient $\frac{N-1}{N}$ gegen Eins; die beiden Varianzschätzungen sind also asymptotisch gleich. Deswegen sagt man auch, dass die nicht-korrigierte Stichprobenvarianz zwar nicht erwartungstreu ist, jedoch zumindest *asymptotisch erwartungstreu*.

3. Das Theorem von TURNEY

3.1. Parameteranzahl und Einfachheit

In seinem 1990 veröffentlichten Artikel *The curve fitting problem: a solution* [46] setzt Peter TURNEY genau wie später auch Malcolm FORSTER und Elliott SOBER, deren Artikel *How to tell when simpler, more unified, or less ad hoc theories will provide more accurate predictions* [15] noch intensiv in Kapitel 4 behandelt wird, ebenfalls auf das Einfachheitsmaß der (kleinsten) Anzahl der die Kurve determinierenden Parameter. Im Gegensatz zu FORSTER und SOBER führt TURNEY jedoch Gründe an, die seiner Meinung nach für dieses Einfachheitsmaß sprechen. Ausgangspunkt für TURNEYs Argument ist eine Passage aus dem Lehrbuch der Regressionsanalyse *Applied regression analysis* [11] von Norman R. DRAPER und Harry SMITH:

> „Suppose we wish to establish a linear regression equation for a particular response Y in terms of the basic 'independent' or predictor variables $X_1, X_2, \ldots, X_k$. Suppose further that $Z_1, Z_2, \ldots, Z_r$, all functions of one or more of the $X's$, represent the complete set of variables from which the equation is to be chosen and that this set includes any functions, such as squares, cross products, logarithms, inverses, and powers thought to be desirable and necessary. Two opposed criteria of selecting a resultant equation are usually involved:
>
> (1) To make the equation useful for predictive purposes we should want our model to include as many $Z's$ as possible so that reliable fitted values can be determined.
>
> (2) Because of the costs involved in obtaining information on large number of $Z's$ and subsequently monitoring them, we should like the equation to include as few $Z's$ as possible.
>
> The compromise between these extremes is what is usually called selecting the best regression equation. There is no unique statistical procedure for doing this." ([11]: 294)

Einerseits sollten also so viele Funktionen - die $Z's$ in dem vorangegangenen Zitat - wie möglich in die Überlegungen einbezogen werden, denn dies würde verlässli-

chere Anpassungen und somit auch verlässlichere Voraussagen ergeben. Andererseits sollte man aber auch schon vorab so viele Funktionen wie möglich aus dem
Kandidatenkreis für die Kurvenanpassung ausschließen,

> „[...] because this makes it less costly to collect and monitor data." ([46]:
> 511)

Letztendlich findet sich damit auch bei DRAPER und SMITH eine Zerlegung der
bei einer Kurvenanpassung zu berücksichtigenden Faktoren in die Ansprüche der
Genauigkeit und der Einfachheit. Die Genauigkeit einer Kurvenanpassung wird
als der Abstand der durch die angepasste Kurve vorausgesagten Datenpunkte zur
wahren Kurve aufgefasst, wobei das Standard-Maß für diesen Abstand die Abweichungsquadratsumme ist. Eine Präferenz für dieses Maß gründet wesentlich auf
dem GAUß-MARKOW-Theorem.[1] Alternativ kann man die Genauigkeit auch wie
FORSTER und SOBER durch den Log-Likelihood messen.[2] Je besser eine Kurvenanpassung in diesem Sinne erfolgt ist, desto näher werden die vorausgesagten Datenpunkte - gewisse Bedingungen als erfüllt vorausgesetzt - an den tatsächlichen
Daten liegen.[3] Genau dies meinen DRAPER und SMITH im ersten Punkt des obigen Zitates mit der Verlässlichkeit einer Anpassung. Je mehr Funktionen dabei in
den Kreis der Kandidaten aufgenommen werden, desto größer sei auch die Wahrscheinlichkeit, beim konkreten Anpassen der Kurven die den tatsächlichen Zusammenhang wiedergebende Kurve zu erhalten. Der zweite Punkt im obigen Zitat
drückt den Grund dafür aus, warum einfachere Kurven einen gewissen Vorteil gegenüber komplexeren Kurven haben: Sie minimieren die Kosten, wobei unter Kosten solche Faktoren wie Rechenaufwand, Zeitaufwand, usw. verstanden werden.
Beide Punkte zusammen liefern nun nach TURNEY unittelbar eine Begründung für
das Einfachheitsmaß der (kleinsten) Anzahl der eine Kurve determinierenden Parameter. Denn in Kurvenanpassungen wird jede Funktion Z durch einen Parameter
gewichtet. Sich für ein bestimmtes Verhältnis von Genauigkeit und Einfachheit zu
entscheiden heißt also, sich für eine bestimmte Parameteranzahl zu entscheiden.
Die Parameter bilden damit eine Art Steuerungsinstanz für den Einfluss einzelner elementarer Funktionen auf den gesamten Funktionsterm der anzupassenden
Funktion.

---

[1] In Anhang E finden sich detailliertere Ausführungen zum GAUß-MARKOW-Theorem. Hier wird
auch ausgeführt werden, dass eine Rechtfertigung der Abweichungsquadratsumme mittels des
GAUß-MARKOW-Theorem zu Problemen führt.

[2] Zwischen diesen beiden Genauigkeitsmaßen besteht eine enge Beziehung. Diese wird in Kapitel 4.1
herausgearbeitet.

[3] Eine typische Voraussetzung ist beispielsweise die Repräsentativität der Datenmenge. Nähere Ausführungen dazu finden sich im Anhang A.

Der obige zweite Punkt, die Reduzierung des Anspruches der Einfachheit auf einen Anspruch der Kostenminimierung, ist jedoch nicht haltbar. TURNEY widerlegt die Möglichkeit einer solchen Reduzierung durch folgenden Gedankengang: Durch die stetige Fortentwicklung der Leistungsfähigkeit von Computern und sonstigen Geräten, etwa Messgeräte usw., fallen die Kosten für das Sammeln und Auswerten von Daten sowie für das daran anschließende Anpassen von Kurven. Anders formuliert können modernere Computer mit immer größeren Anzahlen an Parametern umgehen. Wenn nun also nach DRAPER und SMITH das Balancieren der Ansprüche der Genauigkeit und der Einfachheit auf das Balancieren der Ansprüche der Genauigkeit und der Kosten reduzierbar wäre, so würde nach und nach der Anspruch der Genauigkeit immer wichtiger als das Minimieren der Parameteranzahl werden, da letzterem ja aufgrund der stetig wachsenden Leistungsfähigkeit moderner Computer immer weniger Bedeutung im Kontext der Minimierung von Kosten zukommt. Trotzdem - so TURNEY - präferieren Wissenschaftler weiterhin häufig die angepassten Kurven, die durch weniger Parameter determiniert werden. Schon fast ironisch formuliert fragt TURNEY hierzu:

„Are scientists merely slow to respond to the new low cost of parameters?"
([46]: 511)

Dies ist natürlich nicht der Fall. Vielmehr, so TURNEY, scheint es plausibler zu sein, dass der Anspruch der Einfachheit nicht auf den Anspruch der Kostenminimierung reduzierbar ist.

TURNEY entwickelt in [46] ein eigenes Konzept zur Rechtfertigung der Präferenz für einfachere Kurventypen. Der Kern dieses Konzeptes besteht aus dem von ihm definierten Begriff der *Instabilität* einer Funktionenklasse bezüglich einer Datenmenge und einem entscheidenden Theorem über genau diese Instabilität: Das Theorem von TURNEY.

3.2. TURNEY-Theorem: Grundlagen und zentrale Aussage

In diesem Kapitel werden die technischen Grundlagen sowie die zentrale Aussage des Theorems von TURNEY dargestellt. Zu Beginn sei die Ausgangssituation in der TURNEY'schen Notation angeführt. Die Menge der mehrdimensionalen Daten sei mit D bezeichnet. Es gelte:

$$D := \{ \langle x, y \rangle \mid x \in \mathbb{R}^n, y \in \mathbb{R}^m \}.$$

Anhand der Definition dieser Datenmenge kann man TURNEYs Bestreben erkennen, in einem möglichst allgemeinen Rahmen zu arbeiten. So liegt hier nicht nur ein eindimensionaler y-Wert vor, der vermittels einer einstelligen Funktion von einem eindimensionalen x-Wert abhängt, sondern ein m-dimensionaler y-Wertevektor hängt von einem n-dimensionalen x-Wertevektor ab. Der n-dimensionale x-Wertvektor wird dabei als eine Realisation von n unabhängigen Zufallsvariablen $X_1, \ldots, X_n$ aufgefasst. Für die den tatsächlichen Zusammenhang von abhängiger und unabhängiger Größe beschreibenden Funktion f gilt also:

$$f : \mathbb{R}^n \to \mathbb{R}^m.$$

Die für die Kurvenanpassung zu Grunde liegende Funktionenfamilie F habe folgende Darstellung:

$$F := \{ f \mid y = f(x|a), x \in \mathbb{R}^n, y \in \mathbb{R}^m, a \in \mathbb{R}^r \},$$

wobei x und y die Variablenvektoren sind und der Vektor a mit

$$a = \langle a_1, a_2, \ldots, a_r \rangle$$

der Vektor der Parameter der Funktion ist. Unter dieser Darstellung des Vektors a der Parameter einer Funktion der Funktionenfamilie F versteht TURNEY in ([46]: 512) Folgendes:

$$y = f(x|a) = a_1 x_1 + a_2 x_1^2 + a_3 x_1 x_2 + a_4 x_3 + \ldots$$

Sei beispielsweise f eine Funktion der Familie F mit $f(x|a) = 2x_1 + 5x_1 x_2 - 17x_2$, dann gilt nach TURNEY nach obiger Konvention: $n = 2$, $m = 1$, $r = 3$ und $a = \langle 2, 5, -17 \rangle$.

Diese Art der Darstellung birgt jedoch die Gefahr, nicht eindeutig zu sein. Wie sich die Parameter $a_1, a_2, \ldots$ als Koeffizienten auf die Funktionsvariablen $x_1, x_2, \ldots$ sowie deren Potenzen und Produkte verteilen, ist nicht klar. Im zuvor angeführten Beispiel habe ich, um die Parameter a_1, a_2 und a_3 ablesen zu können, vorausgesetzt, dass in der Funktionsgleichung $f(x|a) = 2x_1 + 5x_1 x_2 - 17x_2$ die Parameter genau in der Reihenfolge stehen, wie sie TURNEY für seine Darstellung der Funktionenfamilie F benötigt. Genau zu diesem Punkt finden sich in [46] aber keinerlei Ausführungen. Es wäre also durchaus auch denkbar, dass die Summanden der Beispiel-Funktion anders sortiert sind, etwa $f(x|a) = 2x_1 - 17x_2 + 5x_1 x_2$. Somit hätte sich dann ein Parametervektor $a = \langle 2, -17, 5 \rangle$ ergeben, also ein anderer als in der zuerst gewählten Reihenfolge. Es wird an dieser Stelle deutlich, dass die

Angabe einer Art Normalform für derartige Funktionsgleichungen notwendig gewesen wäre, um die Eindeutigkeit der Darstellung zu gewähren.

Des Weiteren sei bereits an dieser Stelle erwähnt, dass TURNEY zunächst keinerlei Einschränkung des Typs der Funktionen innerhalb der Funktionenfamilie festlegt. So wird sich das Theorem von TURNEY, auf das ich in Kürze zu sprechen komme, auf lineare Funktionenfamilien beziehen. In ([46]: 512) findet sich jedoch nur die Beschreibung:

> „Suppose we have a familiy of equations F, [...] with variable vectors x and y, [...] parameter vector a, [...]."

Dieser uneingeschränkten Festlegung nach könnte F sogar eine Familie nichtpolynomieller Funktionen sein. Dies würde die zuvor angeführte Schwierigkeit um die Angabe einer Normalform für die Funktionen in F sogar noch ausdehnen. Bezüglich der innerhalb des Theorems von TURNEY geforderten Linearität der Funktionen der Funktionenfamilie und der daran ansetzenden Verallgemeinerung TURNEYs auf den Fall polynomieller Funktionen existieren noch weitere Schwierigkeiten, auf die an späterer Stelle noch weiter eingegangen wird. Doch kehren wir zunächst zurück zu TURNEYs formalen Vorarbeiten:

Eine durch Messung erhaltene Datenmenge mit k Datenpunkten, an die eine Kurve angepasst werden soll, sei

$$D = \{ \langle x_1, y_1 \rangle, \langle x_2, y_2 \rangle, \ldots, \langle x_k, y_k \rangle \}.$$

Es ist nun diejenige Funktion f aus F gesucht, die die Abweichungsquadratsumme $AQ(f,D)$ der Funktion f bezüglich der Datenmenge D minimiert.[4] Ist etwa wie in obigen Beispiel $m = 1$, so ist der Parametervektor a derart zu bestimmen, dass der Ausdruck

$$AQ(f,D) = \sum_{i=1}^{k} (y_i - f(x_i|a))^2$$

minimiert wird. Im Weiteren sei c die Lösung dieser Minimierungsaufgabe in dem Variablenvektor a. Auf Basis dieser Bestapproximation definiert TURNEY dann die Menge D_f der *gefitteten Daten*:

$$D_f := \{ \langle x_1, f(x_1|c) \rangle, \langle x_2, f(x_2|c) \rangle, \ldots, \langle x_k, f(x_k|c) \rangle \}.$$

---

[4] In [46] führt TURNEY seine Überlegungen teilweise allgemeiner aus, indem er an vielen Stellen lediglich eine Fitting-Prozedur S statt der Abweichungsquadratsumme benutzt. Zwar nimmt er auch häufig direkten Bezug auf die Abweichungsquadratsumme, dies jedoch zumeist eher beispielhaft als eine konkrete Fitting-Prozedur unter potentiell vielen möglichen Prozeduren.

Anders formuliert ist also $f(x|c)$ diejenige Funktion in F, die die Abweichungsquadratsumme $AQ(D, D_f)$ der vorliegengen Datenmenge D bezüglich der gefitten Datenmenge D_f minimiert.

Nun kommt eine erste wesentliche Idee TURNEYs für sein Konzept der Instabilität ins Spiel. Die Idee zielt darauf ab, eine Art konzeptionelle Simulation der Fehlereinflüsse vorzunehmen, indem zufällig die Daten-y-Werte perturbiert werden. Da zufällige Fehlereinflüsse normalverteilt sind, wählt man - wie in Kapitel 2.8 dargestellt wurde - eine standardnormalverteilte Zufallsvariable Z. Die perturbierten Daten-y-Werte y' lassen sich dann in Form des Signal-Rauschen-Modells wie folgt festhalten:

$$Y' = Y + \sigma Z.$$

Im konkreten Fall, beispielsweise innerhalb einer Computersimulation, werden solche zufälligen Perturbationen mithilfe eines Zufallsgenerators durchgeführt. Mit Z ist nun auch σZ eine Zufallsvariable, die allerdings nicht mehr standardnormalverteilt ist. Für σZ gilt: $\sigma Z \sim N(0, \sigma^2)$. Auch dies wurde in Kapitel 2.8 ausgeführt. Auf Basis dieser Perturbation definiert TURNEY nun die Menge D_p der perturbierten Daten:

$$D_p := \left\{ \langle x_1, y_1' \rangle, \langle x_2, y_2' \rangle, \dots, \langle x_k, y_k' \rangle \right\}.$$

Auf diese perturbierte Datenmenge D_p wendet man nun dieselbe Kurvenanpassungsprozedur an, die man zuvor auf die vorliegende Datenmenge D angewendet hat. Derjenige Parametervektor, für den die zugehörige Funktion $f(x|a) \in F$ eine minimale Abweichungsquadratsumme $AQ(f, D_p)$ besitzt, sei mit d bezeichnet.

Analog zur Konstruktion der Menge D_f der gefitteten Daten liefert dies die gefittete perturbierte Datenmenge D_{fp}:

$$D_{fp} := \left\{ \langle x_1, f(x_1|d) \rangle, \langle x_2, f(x_2|d) \rangle, \dots, \langle x_k, f(x_k|d) \rangle \right\}.$$

In der alternativen Formulierung ist also $f(x|d) \in F$ diejenige Funktion, die die Minimierungsaufgabe

$$AQ(D_p, D_{fp}) = min!$$

löst.

Auf Basis dieser formalen Grundlagen definiert TURNEY die zentrale Größe in seinem Konzept: Die *Instabilität* einer Funktionenfamilie bezüglich einer Datenmenge. Die Instabilität $I(F, D)$ der Funktionemfamilie F bezüglich der Datenmenge D wird definiert als der erwartete durch die Abweichungsquadratsumme gemessene Abstand der gefitteten Datenmenge D_f und der gefitteten perturbierten Datenmenge D_{fp}:

$$I(F,D) := E\left(AQ\left(D_f, D_{fp}\right)\right). \tag{3.1}$$

Mit den zuvor eingeführten Notationen ergibt sich aus der Definition (3.1):

$$I(F,D) = E\left(\sum_{i=1}^{k} (f(x_i|c) - f(x_i|d))^2\right).$$

Zur Bedeutung der Instabilität einer Funktionenfamilie bezüglich einer Datenmenge schreibt TURNEY:

> „Instability is a measure of how sensitive the family F is to perturbation. If F is very sensitive to perturbation, then $I(F,D)$ will be large. If F resists perturbation, then $I(F,D)$ will be small." ([46]: 514)

Die Eigenschaft einer Funktionenfamilie, derartigen Perturbationen widerstehen zu können, wird analog als Stabilität bezeichnet. Die Hauptaussage des TURNEY'schen Konzeptes bezieht sich auf diesen Begriff der Instabilität einer Funktionenfamilie bezüglich einer Datenmenge, auf die Anzahl der die Funktionenfamilie determinierenden Parameter und die Fehlervarianz.

Ich halte diese Aussage als das *Theorem von* TURNEY fest:

> Ist F eine Familie linearer Funktionen, so ist die Instabilität der Funktionenfamilie bezüglich einer beliebigen Datenmenge D proportional zu der Anzahl r der die Funktionenfamilie determinierenden Parameter. Der Proportionalitätsfaktor ist hierbei die Fehlervarianz σ^2.[5]

Als Korollar lässt sich festhalten, dass die Instabilität $I(F,D)$ der Funktionenfamilie F bezüglich der Datenmenge D ebenfalls proportional zu der Fehlervarianz σ^2 ist, wobei in diesem Fall der Proportionalitätsfaktor die Anzahl r der die Funktionenfamilie determinierenden Parameter ist.

Zunächst scheint das Theorem von TURNEY eine große Schwäche zu besitzen, denn es ist schließlich auf den Fall beschränkt, dass F eine Familie linearer Funktionen ist. Polynomielle Funktionen, deren Grad größer oder gleich Zwei sind, werden also - so scheint es - nicht berücksichtigt. Diese Einschränkung lässt sich jedoch nach TURNEY durch folgende Überlegung auflösen:

---

[5] Der Beweis des Theorems findet sich in ([46]: 515 ff.)

„A polynomial equation of order r can be represented as a linear equation with $r + 1$ parameters,[...]." ([46]: 514)

Daher gilt nach TURNEY als ein weiteres Korollar:

> Die Instabilität einer Funktionenfamilie bezüglich einer Datenmenge ist proportional zu dem Grad der Funktionen der Familie.

Mit Ausnahme des angeführten Zitats finden sich bei TURNEY keine weiteren Ausführungen zu diesem Verallgemeinerungschritt vom Fall einer linearen Funktionenfamilie auf den polynomiellen Fall. Doch betrachten wir genau diesen Schritt ein wenig genauer:

Zunächst ist festzustellen, dass TURNEYs Linearität nicht im üblichen Sinne versteht. Im üblichen Sinne hat eine lineare Funktion f in mehreren Veränderlichen, beispielsweise in die reellen Zahlen, die Form:

$$f : \mathbb{R}^n \to \mathbb{R}, \quad f(x_1, \ldots, x_n) = a_1 x_1 + a_2 x_2 + \ldots + a_n x_n.$$

Damit der Verallgemeinerungsschritt jedoch möglich ist, muss TURNEY auch Produkte von x_i's zulassen. So wäre für TURNEY auch die bereits betrachtete Funktion $f(x_1, x_2) = 2x_1 + 5x_1 x_2 - 17 x_2$ linear. Hat man nun eine polynomielle Funktion vom Grade r der Form

$$g : \mathbb{R} \to \mathbb{R}, \quad g(x) = \sum_{i=0}^{r} a_i x^i \tag{3.2}$$

vorliegen, so würde die TURNEY'sche Rückführung derart sein, dass man die Funktion nicht als von der (einen) Variablen x, sondern von den $r + 1$ Potenzen von x abhängig auffasst. Benennt man nun diese Potenzen gemäß der Vorschrift $x_i := x^i$ für $0 \leq i \leq r$ um, so ergibt sich aus Gleichung (3.2):

$$\bar{g} : \mathbb{R}^{r+1} \to \mathbb{R}, \quad \bar{g}(x_0, x_1, \ldots, x_r) = \sum_{i=0}^{r} a_i x_i \text{ mit } x_i := x^i. \tag{3.3}$$

Diese Funktion $\bar{g}$ ist in den Variablen $x_0, x_1, \ldots, x_r$ linear. Der polynomielle Fall in einer Variablen lässt sich also auf den (im TURNEY'schen Sinne) linearen Fall zurückführen. In diesem Sinne ist das Konzept um das Theorem von TURNEY etwas allgemeiner als Lösungsansätze für das Problem der Kurvenanpassung, die eben nur den Fall einer polynomiellen Funktion in einer Variablen berücksichtigen.

In Kapitel 3.4 werde ich noch einmal auf diesen Rückführungsschritt zurück kommen. Dort wird der Frage nachgegangen werden, ob denn dieses Vorgehen eventuell Schwierigkeiten beim Beweisen des Theorems von TURNEY aufwirft.

3.3. Warum ist die Stabilität wünschenswert?

Doch wie hängen nun die Instabilität einer Funktionenfamilie und deren Einfachheit zusammen? Stabilität ist die Fähigkeit, zufälligen Perturbationen zu widerstehen. Nach TURNEY bevorzugen wir einfache Kurven, da sie stabiler als komplexere Kurven sind. Er fasst dies in folgendem knappen Slogan zusammen:

„Simplicity is stability." ([46]: 519)

Dies ergibt sich aus dem Theorem von TURNEY. Denn die Einfachheit einer Funktionenfamilie wird nach TURNEY durch die Anzahl der die Funktionen der Familie determinierenden Parameter gemessen.[6] Je geringer diese Anzahl ist, desto einfacher sind die Funktionen der Familie. Die Anzahl der die Funktionen der Familie determinierenden Parameter ist nach dem Theorem von TURNEY proportional zu der Instabilität der Funktionenfamilie bezüglich der zugrunde liegenden Datenmenge. Somit lässt sich nach TURNEY der Wunsch nach Einfachheit auf den Wunsch nach Stabilität zurückführen.

Daher muss nun geklärt werden, warum Stabilität wünschenswert ist. TURNEY argumentiert diesbezüglich wie folgt: Man stelle sich vor, ein Wissenschaftler führe ein Experiment durch, dessen Ergebnis die Datenmenge D ist. Dann wählt er eine Familie F von Funktionen und wählt ein Mitglied f dieser Familie, das die Daten fittet. Er veröffentlicht die Daten und seine Theorie über die Daten. Ein zweiter Wissenschaftler liest den Report über dieses Experiment und wiederholt es, um die Theorie zu testen. Hierbei wiederholt der zweite Wissenschaftler das Experiment mit den gleichen Werten für die unabhängige Variable x, um das Likelihood des Reproduzierens der Ergebnisse des ersten Wissenschaftlers zu maximieren. Die y-Werte des zweiten Wissenschaftlers werden aller Wahrscheinlichkeit nach irgendwie verschieden sein von den y-Werten, über die der erste Wissenschaftler berichtet hatte. Dies liegt an Fehlereinflüssen und anderen zufälligen Faktoren. Die Daten des zweiten Wissenschaftlers sind also eine Perturbation D_p der ursprünglichen Daten D. Er wählt eine Funktion $f' \in F$, um seine Daten zu fitten.

Was kann man nun über die von den beiden Wissenschaftlern angepassten Funktionen f und f' sagen?

---

[6] vlg. Kapitel 3.1.

Wenn F relativ stabil ist, dann werden f und f' relativ ähnlich sein. Wenn F jedoch relativ instabil ist, dann werden f und f' relativ unähnlich sein. Ein Wissenschaftler, der will, dass seine Ergebnisse wiederholbar sind, kann nicht lediglich die Genauigkeit maximieren. Er muss Genauigkeit mit Stabilität balancieren.

Stabilität ist also wünschenswert, da sie zu wiederholbaren Experimenten führt. Dies kann man sich nach TURNEY auch an dem bekannten Signal-Rauschen-Modell verdeutlichen. Die bei einem Experiment gewonnenen Daten lassen sich stets als aus zwei Komponenten zusammengesetzt auffassen: Signal und Rauschen. Wenn ein Wissenschaftler experimentiert, so hofft er immer darauf, das Signal zu modellieren. Das Rauschen soll so gut es geht aus dem Modell ausgeschlossen werden. In TURNEYs Konzept fand das Signal-Rauschen-Modell eine konkrete Umsetzung. So finden sich beide Komponenten in der die Perturbation und somit dann später auch die Menge D_p definierenden Gleichung

$$y_i' = y_i + \sigma z_i. \tag{3.4}$$

wieder. Der perturbierte i-te Daten-y-Wert y_i' ergibt sich als Summe des tatsächlichen i-ten Daten-y-Wertes y_i, der in diesem Modell für das Signal steht, und dem i-ten Wert σz_i der Zufallsvariablen, die für die Perturbation an sich, also für das Rauschen, steht. Der Summand σz_i steht also für den Einfluss von Fehlereinflüssen.

TURNEY führt an, dass, wenn Philosophen Einfachheit verteidigen, sie oft fordern, dass Einfachheit zur Wahrheit führt. TURNEY selber fordert jedoch, dass Einfachheit, definiert durch Stabilität, zu wiederholbaren Experimenten führt. Ein Maß der Wahrheit einer Theorie ist aber gerade die Frage, ob sie zu wiederholbaren Experimenten führt. Soweit also Stabilität zu wiederholbaren Experimenten führt, führt Stabilität zur Wahrheit.

Nach TURNEY ist ein Vorteil seiner Definition der Stabilität die Tatsache, dass sie mit der geläufigen Definition der Einfachheit übereinstimmt. Um eine Übereinstimmung handelt es sich hierbei jedoch nicht. TURNEY meint vielmehr den direkten und starken Zusammenhang der Stabilität mit der Anzahl der eine Kurve determinierenden Anzahl an Parametern, die als Maß für die Einfachheit der Kurve fungiert. Dieser enge Zusammenhang zeigt sich in der Proportionalität zwischen der Parameteranzahl und Instabilität, die durch das Theorem von TURNEY ausgedrückt wird. Außerdem hat nach TURNEY - wie dargestellt wurde - das Verlangen nach Stabilität eine philosophische Rechtfertigung.

Daher schlägt TURNEY vor, dass Stabilität gegenüber intuitiven Begriffen von Einfachheit bevorzugt werden sollte, wo immer die beiden divergieren.

3.4. Die Schwächen des TURNEY'schen Konzeptes

Dem TURNEY'schen Konzept sind Schwierigkeiten auf verschiedenen Ebenen entgegenzuhalten:

- Schwierigkeiten auf formal-mathematischer Ebene

- Schwierigkeiten auf praktischer Ebene

- Schwierigkeiten auf wissenschaftstheoretischer Ebene

Der erste Einwand bezieht sich auf Schwierigkeiten auf der ersten Ebene. So besteht eine Schwierigkeit in einer mathematischen Bedingung, die eine wesentliche Voraussetzung für die formale Herleitung des Theorems darstellt. Ich werde im folgenden Kapitel darstellen, dass diese Bedingung einerseits für die Herleitung des Theorems notwendig ist, sie andererseits jedoch die Allgemeinheit des TURNEY'schen Konzeptes einschränkt.

3.4.1. Einschränkung der Allgemeinheit in der Herleitung des Theorems von TURNEY

In ([46]: 515 ff.) leitet TURNEY sein Theorem her. Dazu führt er zunächt die relevanten Größen ein. Diese Überlegungen basieren auf der Vorstellung, dass wir den Aufbau eines konkreten Experiments als eine Black-Box mit r Inputs und einem Output ansehen, die alle durch reelle Zahlen repräsentiert werden. Man stelle sich nun vor, dass das Experiment n-mal durchgeführt wird. Die erhaltenen Daten kann man nach TURNEY wie folgt in Vektor- und Matrix-Schreibweise festhalten:

Für den Output ergibt sich ein Vektor y mit

$$y = (y_1, y_2, \ldots, y_n)^T .^7$$

Für den i-ten Input ergibt sich ein Vektor x_i mit

$$x_i = (x_{1i}, x_{2i}, \ldots, x_{ni})^T , \quad i = 1, \ldots, r.$$

---

[7] Das „T" bezeichnet die Operation des Transponierens. Eigentlich ist y nämlich ein Spaltenvektor. Es ist jedoch durchaus üblich, solche Vektoren - schon aus Platzgründen - als Zeilenvektoren zu notieren, diese dann aber natürlich transponiert.

Alle r Inputs lassen sich sodann zu einer $(n \times r)$-Input-Matrix X zusammenfassen:

$$X = (x_1, x_2, \ldots, x_r) = \begin{pmatrix} x_{11} & \cdots & x_{1r} \\ \vdots & \vdots & \vdots \\ x_{n1} & \cdots & x_{nr} \end{pmatrix}. \qquad (3.5)$$

An dieser Stelle kommt nun das bereits in Kapitel 3.3, Gleichung 3.4 angeführte Signal-Rauschen-Modell ins Spiel, das beschreibt, wie sich ein konkreter Messwert aus aus zwei Komponenten zusammensetzt: Einerseits geht der tatsächliche Wert ein, das Signal, andererseits gehen jedoch auch zufällige Fehlereinflüsse ein, also das Rauschen. Wie bereits vorab erwähnt wurde, beweist TURNEY sein Theorem für den Fall linearer Regressionsgleichungen in mehreren Variablen. Dies sind die r Inputvariablen. Wenn wir mit

$$\beta = (\beta_1, \beta_2, \ldots, \beta_r)^T$$

den Vektor der anpassbaren Parameter bezeichnen, so lässt sich der gefittete Daten-y-Wert des ersten Experimentes durch

$$x_{11}\beta_1 + x_{12}\beta_2 + x_{13}\beta_3 + \ldots + x_{1r}\beta_r$$

ausdrücken. Für den Daten-y-Wert des n-ten Experimentes gilt analog:

$$x_{n1}\beta_1 + x_{n2}\beta_2 + x_{n3}\beta_3 + \ldots + x_{nr}\beta_r.$$

Mithilfe der oben eingeführten Input-Matrix X und des Parametervektors β kann man dies für alle Experimente zusammenfassen zu:

$$X\beta = \begin{pmatrix} x_{11}\beta_1 + x_{12}\beta_2 + x_{13}\beta_3 + \ldots + x_{1r}\beta_r \\ x_{21}\beta_1 + x_{22}\beta_2 + x_{23}\beta_3 + \ldots + x_{2r}\beta_r \\ \vdots \\ x_{n1}\beta_1 + x_{n2}\beta_2 + x_{n3}\beta_3 + \ldots + x_{nr}\beta_r \end{pmatrix}. \qquad (3.6)$$

Ist z mit

$$z = (z_1, z_2, \ldots, z_n)^T$$

der Vektor der standardnormalverteilten Zufallsvariablen, so lässt sich der den wahren Zusammenhang wiedergebende Ausdruck 3.6 zu dem auf die vorliegende Situation angepassten Signal-Rauschen-Modell ergänzen:

$$\{y = X\beta + \sigma z \mid (\beta, \sigma) \in \mathbb{R}^r \times \mathbb{R}^+\}.$$

Hierbei ist - wie ebenfalls in Kapitel 3.3 ausgeführt wurde - die Varianz der Zufalls-variablen σz_i $(i = 1, \ldots, n)$ gleich σ^2. Für den Kleinste-Quadrate-Schätzer $b(y)$ des Parametervektors β ergibt sich:

$$b(y) = \left(X^T X\right)^{-1} X^T y. \qquad (3.7)$$

Mithilfe der Projektionsmatrix

$$P = X \left(X^T X\right)^{-1} X^T$$

lässt sich die Gleichung (3.7) einfacher darstellen als

$$Xb(y) = Py.$$

Diese Gleichung ist unter anderem deshalb deutlich einfacher, da die Projektions-matrix P die folgenden leicht zu beweisenden Eigenschaften besitzt:

$$P = P^2 \quad \text{und} \quad P = P^T.^8$$

Die Einschränkung der Allgemeinheit, um die es in diesem Kapitel geht, bezieht sich nun auf die Berechenbarkeit des Kleinste-Quadrate-Schätzers von β in Glei-chung (3.7). Um ihn berechnen zu können, muss die Matrix $X^T X$ invertierbar sein. Dazu schreibt TURNEY:

"We must assume that the column vectors of X are linearly independent, in order to calcultate the inverse of $X^T X$."([46]: 515)

Offensichtlich ist diese Annahme für die Berechenbarkeit des Kleinste-Qua-drate-Schätzers notwendig. Es stellt sich jedoch nun die wichtige Frage, ob diese mathe-matisch notwendige Annahme denn auch eine wissenschaftstheoretische Rechtfer-tigung besitzt. Könnte es sein, dass diese Annahme sich nur schwer oder eventuell sogar gar nicht im Rahmen des beabsichtigten Konzeptes begründen lässt? Diese Annahme stellt zwar keine konzeptionelle Inkonsistenz dar, jedoch eine die Allge-meinheit des Konzeptes einschränkende Nebenbedingung. Damit die Matrix $X^T X$ invertierbar ist, müssen die Spaltenvektoren der Matrix X linear unabhängig sein, das heißt keiner der Spaltenvektoren lässt sich als Linearkombination der übrigen Spaltenvektoren darstellen. In Anhang B werde ich ein Argument dafür angeben, dass die Annahme der linearen Unabhängigkeit eine Einschränkung der Allge-meinheit des TURNEY'schen Konzeptes darstellt.

---

[8] Eine Matrix P ist eine Projektionsmatrix, falls $P = P^2$ gilt. Sie ist also idempotent. Allgemein heißt eine Abbildung f idempotent, wenn gilt: $f \circ f = f$, wenn also die mehrfache Anwendung einer Abbildung auf ein Element das Resultat unverändert lässt.

In Kapitel 3.2 wurde ausgeführt, wie TURNEY von der Aussage seines Theorems über lineare Funktionen in mehreren Veränderlichen zu der zentralen Aussage über polynomielle Funktionen in einer Veränderlichen kommt. Der wesentliche Schritt hierbei war es, die Potenzen x^i für $0 \leq i \leq r$ als Variablen x_i aufzufassen, wobei r der Grad der betrachteten polynomiellen Funktion ist. Für $0 \leq i \leq r$ wurde also folgende Setzung vorgenommen: $x_i := x^i$. In TURNEYs Rahmen kommen nun Vektoren vor, deren Eingänge die Werte der entsprechenden Variablen in den einzelnen Durchläufen der Experimente sind. Aufgrund dieses Zusammenhangs ist offensichtlich, dass die Eingänge auf eine bestimmte Art und Weise voneinander abhängig sind, sind sie doch Potenzen gleicher Basen. Die entscheidende Frage, die hier gestellt werden muss, lautet jedoch: Sind die Vektoren auch linear abhängig im Sinne der linearen Algebra? Sollte dies so sein, so wäre der TURNEY'sche Beweis inkorrekt, denn er benötigt ja die lineare Unabhängigkeit der Spaltenvektoren von X. Ebenfalls in Anhang B wird dargstellt, dass dieser TURNEY'sche Übertragungsschritt auf polynomielle Funktionen keine Gefahr für die geforderte Invertierbarkeit der Matrix X darstellt. Letztendlich liegt dies an der Tatsache, dass man durch eine Linearkombination von Potenzen einer bestimmten Variablen nie auf eine andere Potenz derselben Variablen kommen kann.

Es existiert jedoch noch ein tatsächliches Problem bezüglich der Forderung nach linearer Unabhängigkeit der Spaltenvektoren der Matrix X: Für die Anpassung einer Kurve benötigt man stets mindestens so viele Datenpunkte wie die Kurve anpassbare Parameter hat, damit die anzupassende Kurve nicht unterbestimmt ist. Dies wurde bereits in der Einleitung der vorliegenden Arbeit ausgeführt. Zu einer solchen Unterbestimmtheit kommt es, falls in der dem TURNEY'schen Instabilitäts-Konzept zugrunde liegenden Black-Box mehr Inputvariablen vorkommen als Experimente durchgeführt werden. Das heißt, es gilt: $r > n$. Man betrachte für diesen Fall nun nochmals die in (B.1) dargestellten Spaltenvektoren. Die Anzahl r der Inputvariablen entspricht nämlich gerade der Anzahl der Spaltenvektoren der Input-Matrix. Diese ist dann also größer als die Zahl n, die in (B.1) gerade die Dimension der Spaltenvektoren bezeichnet. Die lineare Algebra lehrt uns jedoch, dass für den Fall $r > n$ unmittelbar folgt, dass die Menge der Spaltenvektoren der Input-Matrix linear abhängig ist.

Man könnte nun natürlich vor die Anwendung des Theorems von TURNEY auf eine konkret vorliegende Datenmenge zusammen mit einer Funktionenfamilie eine Art Kontrollmechanismus implementieren, der die Spaltenvektoren der Daten-Input-Matrix auf lineare Unabhängigkeit hin überprüft. Aus mathematischer Perspektive wäre dies ein sehr einfaches Unterfangen, da etwa mit dem GAUß'schen Eliminationsverfahren ein gleichsam einfacher wie effektiver Algorithmus zur

Prüfung auf lineare Abhängigkeit beziehungsweise Unabhängigkeit existiert. Liefert dieser Kontrollmechanismus nun ein positives Ergebnis, das heißt die Spaltenvektoren der Input-Matrix sind linear unabhängig, so kann das TURNEY'sche Konzept bis hin zum Theorem von TURNEY umgesetzt werden. Ist das Ergebnis des Kontrollmechanismus hingegen negativ, das heißt die Spaltenvektoren der Input-Matrix sind linear abhängig, so ist das TURNEY'sche Konzept nicht anwendbar.

Zusammenfassend ist also folgende Fallunterscheidung zweckmäßig:

(I) $r > n$:
Die Spaltenvektoren der Input-Matrix sind automatisch linear abhängig. Somit ist das Theorem von TURNEY in diesem Fall nicht anwendbar.

(II) $r \leq n$:
a) Falls die Spaltenvektoren der Input-Matrix linear abhängig sind, ist das Theorem von TURNEY nicht anwendbar.
b) Falls die Spaltenvektoren der Input-Matrix linear unabhängig sind, ist das Theorem von TURNEY anwendbar.

In TURNEY's Aufsatz [46] findet diese Problematik um die Nicht-Anwend-barkeit seines Theorems in den zuvor beschriebenen Fällen keinerlei Erwähnung. Ebenso findet sich keine Antwort auf die Frage, wie man denn in dem Falle der linearen Abhängigkeit der Spaltenvektoren der Input-Matrix verfahren solle. Nach TURNEY muss man die lineare Unabhängigkeit der Spaltenvektoren der Input-Matrix einfach voraussetzen, um die Matrix $X^T X$ berechnen zu können.[9] Eine deratige Annahme nur zum Zwecke der Beweisbarkeit seines Theorems und ohne statistische beziehungsweise wissenschaftstheoretische Rechtfertigung läuft aber Gefahr, im Kontext der Entwicklung einer Lösung des Problems der Kurvenanpassung ad hoc zu sein. Weiterhin handelt es sich bei der Annahme der linearen Unabhängigkeit der Spaltenvektoren der Input-Matrix um eine Einschränkung der Allgemeinheit des Theorems. Experimentelle Situationen, in denen die Spaltenvektoren der Daten-Input-Matrix linear abhängig sind - also die Fälle (I) und (IIa) der oben angeführten Fallunterscheidung -, lassen keine Anwendung des Theorems von TURNEY zu. Insofern ist das TURNEY'sche Instabilitäts-Konzept - zumindest in der in [46] dargestellten Form - keine allgemeine Lösung des Problems der Kurvenanpassung.

---

[9] vlg. das Zitat auf Seite 66 der vorliegenden Arbeit.

3.4.2. Das Theorem von TURNEY als Entscheidungskriterium

Im vorangegangenen Kapitel 3.4.1 wurde eine formal-mathematische Einschränkung in der grundlegenden Konzeption des Theorems von TURNEY dargestellt. Darüberhinaus existiert noch eine weitere Einschränkung. In Kapitel 3.2 der vorliegenden Arbeit findet sich die zentrale Aussage in TURNEYs Konzept. Demnach ist die Instabilität $I(F,D)$ einer Familie F linearer Funktionen bezüglich einer beliebigen Datenmenge D proportional zu der Anzahl r der die Funktionenfamilie determinierenden Parameter. Der Proportionalitätsfaktor ist hierbei die Fehlervarianz σ^2.

Um das Problem um das Theorem von TURNEY als Entscheidungskriterium für eine Kurvenfamilie herauszuarbeiten, nehmen wir nun beispielsweise an, ein Experiment hätte die Datenmenge D ergeben. Des Weiteren sei in diesem einfachen Beispiel davon ausgegangen, dass lediglich zwei Funktionenfamilien F_1 und F_2 miteinander konkurrieren. r_1 beziehungsweise r_2 seien die Anzahlen der die Funktionenfamilien F_1 beziehungsweise F_2 determinierenden Parameter. Die Fehlervarianz σ^2 ist die tatsächliche Fehlervarianz, also die Varianz des in Kapitel 3.4 dargestellten Signal-Rauschen-Modells. Das heißt, σ^2 ist ein Maß dafür, wie stark die bei der experimentellen Messung erhaltenen Datenwerte von den tatsächlichen (unbekannten) Werten abweichen. Daher ist der exakte Wert von σ^2 auch typischerweise unbekannt. Vor allem aber ist σ^2 ein Wert, der gewissermaßen an eine konkrete Datenmenge gekoppelt ist. Er hat nichts mit einer gegebenenfalls angepassten Kurve zu tun, denn er misst nicht den Abstand der tatsächlichen Daten-Werte von den Werten, die eine angepasste Kurve für die unabhängige Variable voraussagt. Dies darf an dieser Stelle nicht verwechselt werden, ist es doch wesentlich für den weiteren Gedankengang. Die Fehlervarianz nimmt also bei der Bestimmung der TURNEY'schen Instabilität die Rolle einer unbekannten Konstanten ein. Wenn ein Wissenschaftler in unserem Beispiel sich nun gemäß des TURNEY'schen Konzeptes für eine der Funktionenfamilien F_1 oder F_2 entscheiden muss, so muss er entscheiden, welcher der beiden Instabilitäts-Werte

$$I_1 := \sigma^2 r_1$$

oder

$$I_2 := \sigma^2 r_2$$

kleiner ist.[10] Wie in Kapitel 3.3 dargestellt wurde, ist dann die Funktionenfamilie mit der kleineren Instabilität - anders ausgedrückt: der größeren Stabilität - vor-

---

[10] Die beiden Instabilitäts-Werte I_1 und I_2 ergeben sich aus der Formel aus den Ausführungen TURNEYs in ([46]: 519)

zuziehen. Diese Entscheidung fällt für das betrachtete Beispiel offensichtlich sehr einfach aus, denn I_1 ist ja genau dann kleiner als I_2, wenn r_1 kleiner als r_2 ist. Dies liegt an der bereits erwähnten Tatsache, dass die Konstante σ^2 in dieser Situation in beiden Instabilitätswerten I_1 und I_2 vorkommt. Die einfachere Kurve ist also gemäß des TURNEY'schen Konzeptes gegenüber der komplexeren zu bevorzugen.

Soll lediglich das Theorem von TURNEY als Kriterium für eine Entscheidung für eine bestimmte Kurvenfamilie, also etwa eine Familie polynomieller Funktionen eines bestimmten Grades, fungieren, so würde es stets eine Präferenz für die einfachste Kurvenfamilie unterstützen. Für die beiden entscheidenden Größen der Anzahl der die Kurve determinierenden Parameter r und der Fehlervarianz σ^2 gilt

$$r \geq 0 \quad \text{und} \quad \sigma^2 \geq 0.$$

Der kleinstmögliche Instabilitätswert $I = \sigma^2 r = 0$ ergibt sich daher formal, wenn mindestens eine der beiden Größen gleich Null ist. Der Fall, dass die Fehlervarianz σ^2 gleich Null ist, kann aber nahezu ausgeschlossen werden, da dies bedeuten würde, dass die experimentell gewonnenen Daten exakt den tatsächlichen Werten entsprechen. Ein Einfluss von Fehlern wäre somit nicht gegeben. Dies könnte natürlich zufällig der Fall sein, jedoch ist es äußerst unwahrscheinlich. Richtet man sich also nur nach dem Theorem von TURNEY, so hätte eine strikte Minimierung der Instabilität die strikte Reduzierung der Anzahl der die Kurve determinierenden Parameter als Konsequenz, wobei das absolute Minimum der Instabilität erreicht würde, wenn diese Anzahl gleich Null ist. Würde man sich andererseits nur nach der Anpassungsgenauigkeit richten, so wäre man stets dazu gehalten, sich für komplexere Kurven zu entscheiden, da diese sich Daten in aller Regel besser anpassen lassen als einfachere Kurven. Ein Entscheidungskriterium im Rahmen des TURNEY'schen Konzeptes der Instabilität muss also auf Trade-Off-Abwägungen der beiden konkurrierenden Ansprüche der Stabilität und der Anpassungsgenauigkeit gründen. Wie genau ein solches Trade-Off-Kriterium aussehen könnte, zeigt TURNEY in [46] leider nicht.

Das Theorem von TURNEY zeigt jedoch - zumindest in den Fällen, in denen es anwendbar ist (vgl. Kapitel 3.4.1) - warum die Einfachheit einer Kurve wünschenswert ist: Die Einfachheit reduziert die Instabilität. Somit gibt TURNEY zwar eine Antwort auf das Teilproblem P2 des Problems der Kurvenanpassung, das die Frage nach einer Rechtfertigung für die Präferenz für einfachere Kurven stellt. Das Teilproblem P1, also die Frage nach einem Trade-Off-Kriterium, bleibt jedoch letztendlich offen. Zwar bilden die Stabilität und die Anpassungsgenauigkeit zwei konkurrierende Ansprüche, die es „optimal" zu balancieren gilt, jedoch bleibt unklar, was denn eine „optimale Balance" beider Ansprüche ist.

Ein weiteres Problem im Konzept um das Theorem von TURNEY besteht in dessen strikter Abhängigkeit von der Fehlervarianz σ^2. Ohne Kenntnis des tatsächlichen Zusammenhangs kann diese nur mittels unabhängiger Voraussagen geschätzt werden. In Kapitel 4 der vorliegenden Arbeit wird ein Konzept zur Lösung des Problems der Kurvenanpassung analysiert werden, das auf dem AKAIKE Information Criterion basiert. Mithilfe dieses Kriteriums ist es nach Malcolm FORSTER und Elliott SOBER möglich, die Genauigkeit solcher Voraussagen abzuschätzen.

3.5. Fazit zum Theorem von TURNEY

Wie in der Einleitung der vorliegenden Arbeit ausgeführt wurde, ergeben sich zu dem Problem der Kurvenanpassung drei zentrale Fragen:

1. Wie können die Ansprüche der Einfachheit einer Kurve und der Genauigkeit einer Anpassung einer Kurve an eine vorliegende Datenmenge charakterisiert werden?

2. Welchen Einfluss hat der Anspruch der Einfachheit auf unsere Meinung darüber, welche Kurve die wahre Tendenz hinter den Daten wiedergibt?

3. Wie können Approximationsgüte und Einfachheit balanciert werden? Also wann ist eine Kurve bezüglich einer Datenmenge hinreichend genau und dabei möglichst einfach?

Die zweite Frage entspricht dabei dem in der Einleitung als P2 und die dritte Frage dem als P1 bezeichneten Teilproblem. Die erste Frage lässt sich durch das TURNEY'sche Konzept wie folgt beantworten: In Kapitel 3.1 wurde dargestellt, dass TURNEY an der (kleinsten) Anzahl der eine Kurve determinierenden Parameter als Maß für die Einfachheit eben dieser Kurve festhält und was ihn dazu bewegt. Als Maß für die Genauigkeit einer Anpassung einer Kurve an eine Datenmenge greift TURNEY auf den Quadratsummenabstand zurück. Die Gründe hierfür führt TURNEY in [46] leider nicht an, jedoch ließe sich eine Verwendung des Quadratsummenabstandes - wie bereits in der Einleitung der vorliegenden Arbeit erwähnt wurde - durch das GAUß-MARKOW-Theorem begründen. In Anhang E wird das GAUß-MARKOW-Theorem ausführlich diskutiert werden. An dieser Stelle wird auch gezeigt werden, dass eine Rechtfertigung der Verwendung des Quadratsummenabstands mithilfe des GAUß-MARKOW-Theorem gewisse Probleme aufweist.

Die zweite Frage lässt sich mittels des TURNEY'schen Konzeptes ebenso klar

beantworten: Kurz gesagt sind einfachere Kurven zu präferieren, da sie die Instabilität reduzieren. TURNEYs Argumentation, warum nun eine Reduzierung der
Instabilität wünschenswert ist, findet sich in Kapitel 3.3.

Die dritte Frage ist nun für eine konkrete Anwendungssituation wesentlich. Letztendlich ist es die Frage nach einem Entscheidungskriterium für einen bestimmten
Kurventyp unter Berücksichtigung der relevanten Ansprüche der Anpassungsgüte
einerseits und der Einfachheit der angepassten Kurve andererseits. Wie ich im folgenden Kapitel ausführen werde, wird diese Frage im AKAIKE-FORSTER-SOBER-
Theorem durch eine Schätzung der Voraussagegenauigkeit beantwortet. Schema-
tisch wird die zentrale Aussage des Theorems die folgende Form haben:[11]

$$GVG = c \cdot (AG - E). \tag{3.8}$$

Hierbei bezeichnet GVG die geschätzte Voraussagegenauigkeit, AG die Anpassungsgüte und E die Einfachheit. c bezeichnet eine positive Konstante, die bei
einer Fokussierung auf das Balancieren der Ansprüche der Einfachheit und der
Anpassungsgüte zum Zwecke der Maximierung der geschätzten Voraussssagege-
nauigkeit keine Rolle spielt, denn die rechte Seite der Gleichung (3.8) ist genau
dann maximal, wenn die geklammerte Differenz $AG - E$ maximal wird.[12] Um nun
den Wert der geschätzten Voraussagegenauigkeit zu vergrößern, könnte man die
Anpassungsgüte AG im Allgemeinen leicht vergrößern, indem man die Komplexität der betrachteten Funktionen - bei polynomiellen Funktionen also deren Grad -
vergrößert. Dadurch vergrößert sich jedoch der Subtrahend E der rechten Seite der
Gleichung (3.8), was den Zuwachs von GVG durch ein Vergrößern von AG wieder
auszugleichen vermag. Den maximalen Wert der geschätzten Voraussagegenauigkeit GVG erhält man somit, wenn der Minuend und der Subtrahend der Differenz
$AG - E$ optimal balanciert werden.

Würde man ausschließlich das Theorem von TURNEY anwenden, um den Typ der
anzupassenden Kurve zu wählen, so wäre man - wie bereits in Kapitel 3.4.2 ausgeführt wurde - stets dazu gehalten, eine konstante Funktionen zu wählen, was in
konkreten Anwendungssituationen mit an Sicherheit grenzender Wahrscheinlichkeit zu falschen Ergebnissen führt. Daher muss die Stabilität mit der Anpassungsgüte der betrachteten Funktionen balanciert werden. Je mehr anpassbare Parameter
eine anzpassende Funktkion besitzt, desto besser ist in aller Regel ihre Anpassungsgüte an die Daten. Gleichzeitig steigt aber gemäß dem Theorem von TUR-

---

[11] Die genaue Formulierung des Theorems findet sich in Kapitel 4.1.

[12] Für die positive Konstante c gilt: $c = \frac{1}{N}$. Hierbei ist N die Anzahl der Datenpunkte der betrachteten
Datenmenge.

NEY bei einer Verwendung komplexerer Funktionen die Instabilität der betrachteten Funktionenklasse, da die Instabilität ja nach TURNEY proportional zur Anzahl der anpassbaren Parameter ist. Eine Verwendung des Theorems von TURNEY als Entscheidungskriterium erfordert also ein Trade-Off der beiden konkurrierenden Ansprüche der Stabilität und der Anpassungsgenauigkeit. In der schematischen Gleichung (3.8) wird deutlich, wie die Ansprüche der Anpassungsgenauigkeit und der Einfachheit im Rahmen des im kommenden Kapitel zu diskutierenden AKAIKE-FORSTER-SOBER-Theorems balanciert werden sollen: Die Balance zwischen beiden Ansprüchen ist dann erreicht, wenn die geschätzte Voraussagegenauigkeit GVG maximal wird. In TURNEYs Aufsatz [46] findet sich keine solche Möglichkeit des Herstellens einer Balance von Stabilität und Genauigkeit.

4. AIC-Statistik

Im Jahre 1994 veröffentlichten Malcolm FORSTER und Elliott SOBER den Artikel *How to tell when simpler, more unified, or less ad hoc theories will provide more accurate predictions* [15]. In diesem Artikel geben die Autoren nach eigenem Bekunden eine Lösung des Problems der Kurvenanpassung:

> „In this paper, we describe a result due to Akaike, which shows how the data can underwrite an inference concerning the curve's form based on an estimate of how predictively accurate it will be." ([15]: 1)

Die wesentlichen Begriffe in ihrem Konzept sind die Begriffe des geschätzten Abstands zur wahren Kurve und der geschätzten Voraussagegenauigkeit. Die mathematische Grundlage für dieses Konzept bildet das von dem Statistiker AKAIKE entwickelte AKAIKE Information Criterion (AIC). In diesem Kapitel werde ich FORSTERs und SOBERs Resultate vorstellen. Dabei werde ich über den von ihnen dargestellten Rahmen hinaus gehen und besonderes Augenmerk auf die Grundlagen des AIC legen, denn hierauf gründen einige Probleme in FORSTERs und SOBERs Konzept, die ich anschließend diskutieren werde. Darüberhinaus werden Computersimulationen durchgeführt, um das FORSTER'sche und SOBER'sche Konzept mittels simulierter Anwendungsbeispiele zu testen.

4.1. Das AKAIKE-FORSTER-SOBER-Theorem

In FORSTERs und SOBERs Ausarbeitung werden im Wesentlichen zwei Funktionenfamilien beispielhaft miteinander verglichen, nämlich die Familie *LIN* der linearen Funktionen und die Familie *PAR* der quadratischen Funktionen. Ich gebe an dieser Stelle gleich die Notationen inklusive des Fehlerterms an:

$$LIN \qquad Y = \alpha_0 + \alpha_1 X + \sigma U$$

$$PAR \qquad Y = \alpha_0 + \alpha_1 X + \alpha_2 X^2 + \sigma U$$

Wie üblich repräsentiert der jeweils letzte Summand den Einfluss der Fehlermöglichkeit. Lässt man diesen Summanden weg, so erhält man die Funktion, die den tatsächlichen - und in diesem Sinne wahren - Zusammenhang wiedergibt. Aufgrund der allgegenwärtigen Fehlermöglichkeit stellen FORSTER und SOBER richtig fest:

> „It is overwhelmingly probable that any curve that fits the data perfectly is false." ([15]: 5)

Und daher führen sie an gleicher Stelle weiter aus:

> „What we would like is a method for separating the 'trends' in the data from the random deviations from those trends generated by error. A solution to the curve fitting problem will provide a method of this sort."

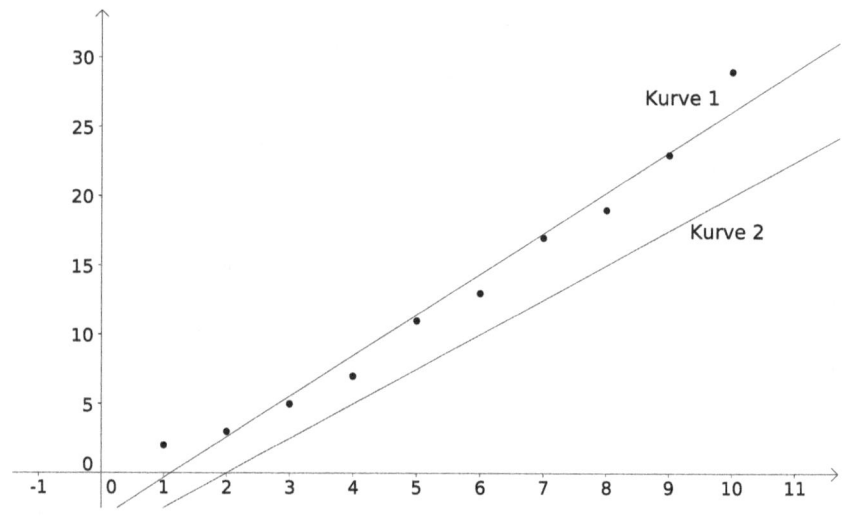

Abbildung 4.1.: Abstand einer Kurve zur wahren Kurve

In einem ersten Schritt führen FORSTER und SOBER nun ein Maß für die Güte einer Kurve beim Identifizieren der Trends hinter den Daten ein. Wurde der Abstand einer Kurve zu einer bestimmten Datenmenge noch mittels der Quadrat- summen-Methode gemessen, benötigt man nun ein Maß für den Abstand einer Kurve zur wahren Kurve. Es ist hierbei wichtig, die Nähe zur wahren Kurve von der Nähe zu den Daten zu unterscheiden. Denn wie zuvor ausgeführt wurde gilt: Eine Kurve mit maximaler Nähe zu den Daten - also eine den Daten strikt angepasste Kurve - besitzt höchstwahrscheinlich keine maximale Nähe zur wahren Kurve.

Nehmen wir an, die lineare Kurve 1 in Abbildung 4.1 sei die wahre Kurve. FOR-STER und SOBER wollen nun also messen, wie groß der Abstand der linearen Kurve 2 zur wahren Kurve 1 ist. Nehmen wir des Weiteren an, Kurve 1 habe die in Abbildung 1 dargestellten Datenpunkte generiert. Man kann also nun die Quadratsummen-Methode nutzen, um zu messen, wie groß der Abstand der Kurve 2 zu diesen Datenpunkten ist. FORSTERs und SOBERs Idee ist es, den Abstand von Kurve 1 zu Kurve 2 durch den durchschnittlichen Abstand der Kurve 2 zu den Datenmengen, die durch Kurve 1 generiert wurden, zu definieren. Die Idee besteht also in der Vorstellung, dass man unendlich viele Datenmengen, die alle von der Kurve 1 generiert wurden, heranzieht, um jeweils deren Quadratsummen-Abstand zur Kurve 2 zu berechnen und dann über alle diese Quadratsummen mittelt. Sie kommen auf Basis dieser Idee zu folgender Definition:

Abstand der wahren Kurve T zu einer Kurve C :=
Durchschnitt[Quadratsummenabstände von *C* bezüglich der durch *T* generierten Datenmenge *D*] - Durchschnitt[Quadratsummenabstände von *T* bezüglich der durch *T* generierten Datenmenge *D*].

Diese Definition ist durchaus geschickt gewählt. So ist der Abstand der wahren Kurve *T* zur Wahrheit[1] gemäß dieser Definiton gleich Null. Hingegen ist der durchschnittliche Quadratsummen-Abstand von *T* bezüglich der durch *T* generierten Datenmengen höchstwahrscheinlich ungleich Null. Dies liegt wiederum am Einfluss der Fehlermöglichkeit:

„[...] even the true curve won't fit the data perfectly." ([15]: 6)

Der zweite Schritt besteht nun darin, dieses Konzept auf den Begriff des Abstands der Wahrheit zu einer Familie *F* von Kurven zu übertragen. FORSTERs und SO-BERs Idee ist die folgende: Man nehme an, man habe zwei Datenmengen D_1 und D_2 vorliegen, die beide durch die wahre Kurve *T* generiert wurden. Man bestimme nun die Bestapproximation innerhalb der Familie *F* bezüglich der Datenmenge D_1. Anschließend berechne man den Quadratsummen-Abstand dieser Bestapproximation zu der Datenmenge D_2. Man stelle sich nun vor, dass dieser Schritt ständig wiederholt wird. Den Abstand der Funktionenfamilie *F* zur Wahrheit definieren FORSTER und SOBER dann als den Durchschnitt aller auf diese Art entstandenen Quadratsummen-Abstände:

Abstand der wahren Kurve T zu einer Familie F :=
Durchschnitt[Quadratsummenabstände von $B_1(F)$ bezüglich der durch *T*

---

[1] Den Ausführungen FORSTERs und SOBERs folgend, sei hier und im Weiteren unter *Wahrheit* stets die *wahre* Kurve verstanden, also diejenige Kurve, welche den tatsächlichen Zusammenhang zwischen der abhängigen und der unabhängigen Variablen beschreibt.

generierten Datenmenge D_2]
- Durchschnitt[Quadratsummenabstände von T bezüglich der durch T generierten Datenmenge D_2].

Hierbei bezeichnet $B_1(F)$ die Bestapproximation der Funktionenfamilie F bezüglich der Datenmenge D_1.

Möchte man nun zwei Funktionenfamilien bezüglich ihres Abstands zur Wahrheit
vergleichen, so ist zu beachten, dass es im Falle von polynomiellen Funktionenfamilien eine natürliche Hierarchie gibt. Die Komplexität einer Familie ist der maximale Grad ihrer Polynome plus Eins, da eine polynomielle Funktion n-ten Grades durch $n + 1$ Parameter determiniert wird.[2] Unmittelbar aus dieser Definition
folgt dann die Hierarchie. Später wird auf diesen Punkt noch weiter eingegangen;
an dieser Stelle sei dies aber für die Familien der linearen und der quadratischen
Polynome ausgeführt. Offensichtlich kann man ein lineares Polynom stets als ein
quadratisches Polynom auffassen, dessen Leitkoeffizient gleich Null ist. Daher gilt

$$LIN \subset PAR.$$

Ist also die wahre Kurve ein Element von *LIN*, so ist sie auch ein Element von
PAR. Wie FORSTER und SOBER richtig anmerken, könnte dies zu der Vermutung
führen, dass quadratische Funktionenfamilien stets einen geringeren Abstand zur
Wahrheit haben als lineare Funktionenfamilien. Um den Fehler in diesem Gedankengang deutlich zu machen, stelle man sich einfach vor, dass in einem konkreten
Beispiel die wahre Funktion linear sei. Aufgrund der Fehlermöglichkeit ist aber
höchstwahrscheinlich, dass die von dieser linearen Funktion generierten Datenpunkte nicht exakt auf einer Graden liegen. Somit wäre eine Parabel höchstwahrscheinlich näher an den Daten (im Sinne des Quadratsummen-Abstandes) als eine
gefittete Gerade. Trotzdem wäre in diesem Fall *LIN* näher an der Wahrheit (im
zuvor definierten FORSTER-SOBER'schen Sinne) als *PAR*.

An diesem Beispiel wird jedoch auch noch ein anderes Risiko beim Anpassen von
Kurven deutlich. Wenn in einem konkreten Beispiel *LIN* näher an der Wahrheit ist
als *PAR*, dann wird eine Gerade, die an die Daten angepasst wurde, bessere Voraus-

---

[2] Eine polynomielle Funktion n-ten Grades kann wie folgt bestimmt werden: In dem allgemeinen
Funktionsterm $f(x) = a_n x^n + a_{n-1} x^{n-1} + \cdots + a_1 x + a_0$ einer polynomiellen Funktion vom Grade n
sind die $n + 1$-vielen Parameter $a_0, a_1, \cdots, a_n$ zu bestimmen. Dazu setzt man die vorliegenden, auf
dem Graphen von f liegenden Punkte der Reihe nach in den allgemeinen Funktionsterm von f ein.
Es entsteht ein lineares Gleichungssystem in den Unbekannten $a_0, a_1, \cdots, a_n$. Damit dieses lineare
Gleichungssystem eine eindeutige Lösung ergibt, benötigt man genau so viele Punkte wie Unbekannte, also $n + 1$-viele Punkte. Das daraus resultierende lineare $(n + 1) \times (n + 1)$-Gleichungssystem
kann dann beispielsweise mit dem GAUß'schen Eliminationsverfahren gelöst werden.

sagen leisten, als dies eine den Daten angepasste Parabel leisten kann. In diesem Beispiel wäre die Eigenschaft der komplexeren Familie, dass sich ihre Bestapproximation den Daten besser anpassen lässt, ein deutlicher Nachteil:[3] Komplexere Kurven neigen zu einem Overfitting der Daten. Somit gilt:

> „If only we could correct the SOS[4] value for overfitting, then the corrected SOS value would be an unbiased indication of what we are interested in - viz. the distance from the true curve." ([15]: 8)

FORSTER und SOBER haben Definitionen für den Abstand einer Kurve zur Wahrheit und für den Abstand einer Funktionenfamilie zur Wahrheit festgelegt. Offensichtlich existiert bezüglich der bisher festgelegten Definitionen jedoch ein schwerwiegendes Problem: Ziel einer Kurvenanpassung ist ja gerade, den tatsächlichen Zusammenhang zwischen Größen aufgrund von erhobenen Daten zu ermitteln, da dieser Zusammenhang eben unbekannt ist. Um den Abstand einer Kurve zur Wahrheit oder den Abstand einer Funktionenfamilie zur Wahrheit mithilfe obiger Definitionen bestimmen zu können, wird jedoch dieser tatsächliche Zusammenhang T benötigt.

An dieser Stelle kommen nun die Überlegungen des Statistikers Hirotsugu AKAIKE ins Spiel. FORSTER und SOBER weisen explizit darauf hin, dass sie das AKAIKE'sche Konzept darstellen werden; und zwar

> „[...] without attempting to work through the mathematical argument that establishes its correctness." ([15]: 9)

Das Auslassen der mathematischen Fundierungen ist besonders schade, da es genau an dieser Stelle einige diskussionswürdige Einwände gibt. Doch darauf werde ich im nächsten Kapitel noch detaillierter eingehen. Das Besondere an der FORSTER'schen und SOBER'schen Umsetzung des AKAIKE-Theorems ist die Tatsache, dass man den Abstand einer Funktionenfamilie F zur Wahrheit schätzen kann, ohne diese wahre Funktion kennen zu müssen. Diese Schätzung ergibt:

$$\text{Schätzung[Abstand von F zur Wahrheit]} = AQ(B(F),D) + 2k\sigma^2 + c. \quad (4.1)$$

Hierbei ist $AQ(B(F),D)$ der Abstandsquadratsummenwert der Bestapproximation der Familie F bezüglich der vorliegenden Datenmenge, k ist die Anzahl der anpassbaren Parameter der Elemente der Familie und σ^2 ist die Varianz der Fehlerverteilung um die den tatsächlichen Zusammenhang wiedergebende Kurve. Den

---

[3] Unter einer „besseren Anpassung" sei an dieser Stelle eine angepasste Kurve verstanden, deren Abweichungsquadratsumme zu den Daten geringer ist.

[4] SOS: **S**um **O**f **S**quares. Dies ist die in der vorliegenden Arbeit schon bereits mehrfach betrachtete und mit AQ bezeichnete Abweichungsquadratsumme.

letzten Summanden auf der rechten Seite (die Konstante c) haben alle Familien gemeinsam. Daher spielt er in vergleichenden Betrachtungen keine Rolle. Der erste Summand repräsentiert die Aussagekraft der Daten in Kombination mit der Bestapproximation in F. Der Summand korrigiert den Einfluss eines potentiellen Overfittings. Mit zunehmender Komplexität der Kurven wächst das Risiko eines Overfittings. Einerseits passen sich komplexere Kurven den Daten stets besser an, daher wird der erste Summand, der Quadratsummenabstand, kleiner. Gleichzeitig steigt aber die Anzahl der die Kurve determinierenden Parameter. Die Abnahme des Quadratsummenabstandes wird also offenbar durch die Proportionalität des zweiten Summanden zur Anzahl k an Parametern mit Proportionalitätsfaktor σ^2 korrigiert. Der zweite Summand ist des Weiteren zu σ^2 proportional mit Proportionalitätsfaktor k. Auch dies ist nach FORSTER und SOBER plausibel, denn je größer die Varianz der Fehlerverteilung um die wahre Kurve ist, desto größer ist das Risiko von irreführenden Abweichungen in den Daten. Des Weiteren macht der zweite Summand deutlich, dass bei größeren Werten der Fehlervarianz σ^2 die Parameteranzahl k stärker ins Gewicht fällt. Je gröber also die Daten um die den tatsächlichen Zusammenhang wiedergebende Kurve streuen, desto mehr wird man für die Verwendung von komplexeren Kurven, also von Kurven mit einer größeren Anzahl k anpassbarer Parameter, „bestraft", denn man strebt ja eine Minimierung des geschätzten Abstand der Funktionenfamilie F zur Wahrheit an.

FORSTER und SOBER sprechen im Kontext von Gleichung 4.1 in ([15]: 9) von „Akaike's theorem". Diese Gleichung drückt aber noch nicht das aus, was heute als das AKAIKE *Information Criterion* bekannt ist. Vielmehr handelt es sich bei der Schätzung des Abstands einer Funktionenfamilie zur tatsächlichen Kurve um eine Abwandlung des von AKAIKE im Jahre 1969 - also bereits vor dem AKAIKE Information Criterion - entwickelten *Final Prediction Error* (FPE). In seinem Aufsatz *Fitting autoregressive models for predictions* [1] gibt AKAIKE den FPE-Wert $FPE(F|D)$ für eine Datenmenge D mit N Datenpunkten und eine Funktionenfamilie F, die durch k anpassbare Parameter determiniert wird, wie folgt an:

$$FPE(F|D) = \hat{\sigma}^2 \left(1 + \frac{2k}{N-k} \right). \tag{4.2}$$

Mit $\hat{\sigma}^2$ ist hierbei die nicht-korrigierte Stichprobenvarianz der Bestapproximation der betrachteten Funktionenfamilie bezüglich der Datenmenge D bezeichnet, so wie sie in Kapitel 2.8 dargestellt wurde. Das Auflösen der Klammer in Gleichung (4.2) ergibt:

$$FPE(F|D) = \hat{\sigma}^2 + 2k\hat{\sigma}^2 \cdot \frac{1}{N-k}.$$

Das Ausklammern von $\frac{1}{N}$ ergibt:

$$FPE(F|D) = \frac{1}{N}\left(N\hat{\sigma}^2 + 2k\hat{\sigma}^2 \cdot \frac{N}{N-k}\right).$$

Der erste Summand $N\hat{\sigma}^2$ in der Klammer ist gleich der Abweichungsquadratsumme der Bestapproximation der betrachteten Funktionenfamilie bezüglich der Datenmenge D und daher gilt:

$$FPE(F|D) = \frac{1}{N}\left(AQ(B(F),D) + 2k\hat{\sigma}^2 \cdot \frac{N}{N-k}\right).$$

In vergleichenden Betrachtungen für verschiedene Funktionenfamilien, aber auf Basis ein und derselben Datenmenge, spielt der Faktor $\frac{1}{N}$ vor der Klammer keine Rolle, er kann somit vernachlässigt werden. Der Term in der Klammer weist nun bereits eine sehr große Ähnlichkeit zu der rechten Seite von Gleichung (4.1) auf, einzig der Faktor $\frac{N}{N-k}$ des zweiten Summanden stört noch. FORSTER und SOBER geben in [15] ja leider keinerlei Hinweis, wie sie zu der Formel (4.1) kommen. Folgende Vermutung liegt diesbezüglich nahe: Für eine (im Vergleich zur Parameteranzahl k) große Anzahl N an Datenpunkten, liegt der Wert des Quotienten $\frac{N}{N-k}$ relativ nahe bei Eins. Den Fehler, den man macht, wenn man den Faktor $\frac{N}{N-k}$ aus diesem Grunde einfach weg lässt, gleichen FORSTER und SOBER in Gleichung (4.1) durch den Summanden c aus, der nach FORSTER und SOBER konstant ist. Sollte diese Vermutung korrekt sein, so ist ihnen jedoch ein Fehler unterlaufen, denn es lässt sich leicht zeigen, dass der Summand c sehr wohl noch von der Anzahl k der anpassbaren Parameter der betrachteten Kurvenfamilie sowie der nicht-korrigierten Stichprobenvarianz $\hat{\sigma}^2$ abhängt, denn aus

$$2k\hat{\sigma}^2 \cdot \frac{N}{N-k} = 2k\hat{\sigma}^2 + c$$

ergibt sich:

$$c = 2k\hat{\sigma}^2 \cdot \frac{k}{N-k}.^5$$

---

[5] An dieser Stelle sind die formalen Grundlagen für das FPE ausgelassen, da das FPE für den weiteren Verlauf der vorliegenden Arbeit nicht weiter von Bedeutung ist. Die hier angeführten Erläuterungen bezüglich des FPE sollen lediglich die „Herkunft" der FORSTER'schen und SOBER'schen Schätzung des Abstands einer Funktionenfamilie zum tatsächlichen Zusammenhang klären. Ausführlichere Darstellungen des FPE finden sich beispielsweise bei MCQUARRIE und TSAI in ([27]: 19 ff.) oder auch bei LÜTKEPOHL in ([24]: 128 ff.)

Im Weiteren benutzen FORSTER und SOBER den Begriff *Voraussagegenauigkeit*, um die Nähe zur Wahrheit einer Kurve oder einer Familie von Kurven zu beschreiben. Ein wesentlicher Schritt in ihrem Konzept ist der Übergang vom Quadratsummenabstand zum Log-Likelihood als Maß des Abstands zur Wahrheit.[6] Leider führen FORSTER und SOBER nicht aus, dass dieser Übergang dadurch motiviert ist, dass AKAIKE in der Einleitung von [2] eine Verbindung zwischen dem Maximum-Likelihood-Prinzip und einer bestimmten informationstheoretischen Größe, nämlich dem KULLBACK-LEIBLER-Abstand, beschreibt, die wiederum grundlegend für das gesamte AKAIKE'sche Konzept ist. Auf diesen Punkt werde ich an späterer Stelle noch näher eingehen. Des Weiteren wird der Übergang in [15] so dargestellt, als handle es sich hierbei um den nächsten Entwicklungsschritt derselben Konzeption. Ich werde jedoch in Kapitel 5 Argumente gegen diese innere Verbundenheit anführen.

Zwischen der Quadratsummen-Methode und der Log-Likelihood-Methode besteht jedoch ein enger Zusammenhang, auf den FORSTER und SOBER ebenfalls nicht eingehen. Ich werde diesen Zusammenhang zunächst näher erläutern:

Nehmen wir an, die Verteilung einer interessierenden Eigenschaft hängt von Parametern $\Theta_1, \Theta_2, \ldots, \Theta_k$ ab, die auf Basis einer Stichprobe $y_1, \ldots, y_n$ geschätzt werden sollen. Die gemeinsame Wahrscheinlichkeitsdichte sei

$$d(y_1, y_2, \ldots, y_n | \Theta_1, \Theta_2, \ldots, \Theta_k).$$

Wie bereits in Kapitel 2.6 ausgeführt wurde wird die Likelihoodfunktion

$$l(\Theta_1, \Theta_2, \ldots, \Theta_k) | D)$$

bezüglich der Datenmenge D und der Parameter $\Theta_1, \Theta_2, \ldots, \Theta_k$ definiert durch

$$l(\Theta_1, \Theta_2, \ldots, \Theta_k | D) := d(y_1, y_2, \ldots, y_n | \Theta_1, \Theta_2, \ldots, \Theta_k).$$

Werden also die Stichprobenwerte $y_1, y_2, \ldots, y_n$ beobachtet, dann stellt bei einer gemeinsamen Verteilung die Likelihoodfunktion gerade die Wahrscheinlichkeit in Abhängigkeit von den Parametern $\Theta = (\Theta_1, \Theta_2, \ldots, \Theta_k)$ dar, die konkrete Stichprobe zu erhalten. Im Kontext der vorliegenden Arbeit geht es hierbei um die Fehlereinflüsse, also um die Menge

$$\{y_i - \hat{y}_i \mid 1 \leq i \leq n\},$$

---

[6] Je größer der Log-Likelihood (und somit auch je größer der Likelihood selber) ist, desto kleiner ist der Abstand zu den Daten.

wobei y_i die Datenwerte und $\hat{y}_i$ die Werte der gefitten Kurve f sind, also $\hat{Y} = f(X)$. Die Fehlereinflüsse, also die Differenzen, die man mit ΔY bezeichnen kann, sind normalverteilt mit Erwartungswert Null und Varianz σ^2; in Zeichen: $\Delta Y \sim N(0, \sigma^2)$.

Der Maximum-Likelihood-Schätzer für Θ ist nun genau derjenige Parameter $\hat{\Theta} = (\hat{\Theta}_1, \hat{\Theta}_2, \ldots, \hat{\Theta}_k)$, der diese Wahrscheinlichkeit maximiert. Im Falle von unabhängigen Stichprobenvariablen kann man eine starke Vereinfachung erzielen, indem man von der Likelihoodfunktion zur Log-Likelihoodfunktion übergeht. Es gilt dann nämlich aufgrund der Unabhängigkeit der Stichprobenvariablen:

$$l(\Theta|D) = \prod_{i=1}^{n} d(y_i|\Theta_1, \Theta_2, \ldots, \Theta_k).$$

Logarithmiert man diese Gleichung und nutzt die Rechenregeln für Logarithmen aus, so ergibt sich der Log-Likelihood ll:

$$ll(\Theta|D) = \sum_{i=1}^{n} ln\left(d(y_i|\Theta_1, \Theta_2, \ldots, \Theta_k)\right).$$

Mit diesen Vorbereitungen kann man nun den direkten Zusammenhang der Quadratsummen-Methode und der Maximum-Likelihood-Methode aufzeigen. Dazu liege für $1 \leq j \leq N$ eine Datenmenge von Werten y_j für die entsprechenden Werte $\hat{y}_j$ der gefitteten Kurve f vor. Die Fehlereinflüsse, also die Differenzen $y_j - \hat{y}_j$, seien - wie bereits zuvor ausgeführt - normalverteilt mit dem Erwartungswert Null und der Varianz σ_j^2. Für die Dichtefunktion d gilt dann:

$$d(y_j - \hat{y}_j) = \frac{1}{\sqrt{2\pi\sigma_j^2}} e^{-\frac{1}{2}\left(\frac{y_j - \hat{y}_j}{\sigma_j}\right)^2}.$$

Für den Log-Likelihood benötigt man nun den Logarithmus dieser Funktion. Mit den Logarithmenrechengesetzen folgt:

$$ln\left(d(y_j - \hat{y}_j)\right) = -\frac{1}{2}ln(2\pi) - ln(\sigma_j) - \frac{1}{2\sigma_j^2}(y_j - \hat{y}_j)^2.$$

Nimmt man nun an, dass die Stichprobenvariablen unabhängig sind, so ist - wie bereits zuvor allgemein ausgeführt wurde - der Likelihood gleich dem Produkt der einzelnen Wahrscheinlichkeiten und der Log-Likelihood ist dann die Summe über all diese Logarithmen, also:

$$ll(f|y_1 - \hat{y}_1, \ldots, y_N - \hat{y}_N) = \sum_{j=1}^{N} -\frac{1}{2} ln(2\pi) - ln(\sigma_j) - \frac{1}{2\sigma_j^2} (y_j - \hat{y}_j)^2. \qquad (4.3)$$

An dieser Stelle empfiehlt es sich, die Gleichung (4.3) mit -1 zu multiplizieren. Es ergibt sich:

$$-ll(f|y_1 - \hat{y}_1, \ldots, y_N - \hat{y}_N) = \sum_{j=1}^{N} \frac{1}{2} ln(2\pi) + ln(\sigma_j) + \frac{1}{2\sigma_j^2} (y_j - \hat{y}_j)^2. \qquad (4.4)$$

Vergleicht man nun den negativen Log-Likelihood aus Gleichung (4.4) mit der gewichteten Abweichungsquadratsumme $GAQ(Y,\hat{Y})$, so lässt sich der Zusammenhang klar erkennen:

$$GAQ(Y,\hat{Y}) = \sum_{j=1}^{N} \frac{1}{\sigma_j^2} (y_j - \hat{y}_j)^2. \qquad (4.5)$$

Der Summand $\frac{1}{\sigma_j^2} (y_j - \hat{y}_j)^2$ kommt bis auf den Faktor $\frac{1}{2}$ sowohl in der Gleichung (4.4) als auch in der Gleichung (4.5) vor. Geht es nun darum, eine Kurve derart den Daten anzupassen, dass der Quadratsummenabstand in (4.5) minimal wird, so können die Standardabweichungen der Fehlerverteilung σ_j in den Gleichungen (4.4) und (4.5) als Konstante aufgefasst werden. Außerdem gilt bei identischen Experimenten, dass die Standardabweichungen alle gleich sind. Daher definiert man:

$$\sigma := \sigma_j \quad \text{für } j = 1, \ldots, N.$$

Mit dieser Definition ergibt sich aus Gleichung (4.5):

$$GAQ(Y,\hat{Y}) = \sum_{j=1}^{N} \frac{1}{\sigma_j^2} (y_j - \hat{y}_j)^2 = \frac{1}{\sigma^2} \sum_{j=1}^{N} (y_j - \hat{y}_j)^2 = \frac{N \cdot \sigma_D^2}{\sigma^2}, \qquad (4.6)$$

wobei σ_D^2 die nicht-korrigierte Stichprobenvarianz ist. Der Term

$$\frac{1}{\sigma^2} \sum_{j=1}^{N} (y_j - \hat{y}_j)^2$$

lässt sich dabei auch als durch den Faktor $\dfrac{1}{\sigma^2}$ gewichtete Abweichungsquadratsumme der gefitteten Kurve und der Daten auffassen.
Der Zusammenhang zwischen dem Log-Likelihood und dem (gewichteten) Qua-

dratsummenabstand lässt sich somit durch Kombination der Gleichungen (4.4) und (4.5) kompakt wie folgt darstellen:

$$-ll(f|y_1 - \hat{y}_1, \ldots, y_N - \hat{y}_N) = const. + \frac{1}{2}GAQ(Y, \hat{Y}), \tag{4.7}$$

wobei für die Konstante *const.* gilt:

$$const. = \frac{N}{2}ln(2\pi) + Nln(\sigma).$$

Somit wird der gewichtete Quadratsummenabstand in (4.5) genau dann minimal, wenn der negative Log-Likelihood in (4.4) minimal wird. Dies bedeutet aber gerade, dass der Log-Likelihood selber maximal wird. Unter den zuvor ausgeführten Annahmen ist eine Minimierung des Quadratsummenabstandes also äquivalent zu einer Maximierung des Log-Likelihoods.

Dies ist der zentrale Zusammenhang zwischen der Quadratsummen-Metho-de und der Maximum-Likelihood-Methode.

Doch kommen wir zurück zum FORSTER'schen und SOBER'schen Konzept: Der zentrale Begriff für den weiteren Verlauf von SOBERs und FORSTERs Konzept ist der Begriff der Voraussagegenauigkeit $A(C)$ einer Kurve C:

> „The predictive accuracy of a model is defined in terms of its average performance in a two-step process. First, the model is fitted to the data at hand (with adjustable parameters assigned values by maximum likelihood estimation), and then the fitted model is used to predict new data drawn from the same underlying distribution. The fitted model will come close to the new data or not (as measured by the logarithm of the likelihood). One then repeats this process, drawing data, finding the likeliest member $L(M)$ of the model M, and then seeing how well $L(M)$ does in predicting new data. The average (expected) fit of $L(M)$ to new data defines M's predicitve accuracy."([19]: 12)

Für die Voraussagegenauigkeit einer Kurvenfamilie ist also maßgeblich, wie gut sich die den vorliegenden Daten angepasste Bestapproximation der Kurvenfamilie anhand neuer unabhängiger Voraussagen bewährt. Es sei an die in Kapitel 2.4 eingeführte Notation $B(F)$ für die Bestapproximation einer Kurvenfamilie F erinnert. In den englisch-sprachigen Ausführungen findet sich hierfür - genau wie in zuvor angeführtem Zitat - die Notation $L(M)$ beziehungsweise $L(F)$ wieder, je nachdem, ob man eine Funktionenfamilie F oder allgemeiner ein Modell M betrachtet.

Diese Vorbereitungen führen sodann zu dem zentralen Punkt in FORSTERs und
SOBERs Konzept, den sie selber als AKAIKE's Theorem bezeichnen, auf das ich
mich jedoch als AKAIKE-FORSTER-SOBER-Theorem beziehen werde. Dieses
Theorem liefert eine Schätzung der Voraussagegenauigkeit $A(F)$ einer Funktionenfamilie F mit k anpassbaren Parametern bezüglich einer vorliegenden Datenmenge mit N Datenpunkten:

$$\text{Schätzung}[A(F)] = \frac{1}{N}[ll(B(F)|D) - k]. \tag{4.8}$$

Das Erstaunliche - und dies ist in FORSTERs und SOBERs Konzept auch ein wen-
sentlicher Punkt - an diesem AKAIKE-FORSTER-SOBER-Theorem ist seine vermeintliche Unabhängigkeit von der Varianz der Fehlerverteilung, denn die Größe
σ^2 kommt im Unterschied zu Gleichung (4.1) gar nicht mehr in Gleichung (4.8)
vor. Und weiter formulieren sie:

„This theorem, we believe, provides a solution to the curve-fitting problem.
It explains why fitting the data at hand is not the only consideration that
should affect our judgment about what is true. The quantity k is also relevant;
it represents the bearing of simplicity." ([15]: 11)

FORSTER und SOBER sehen also in ihrem Konzept eine Lösung des Problems der
Kurvenanpassung. Und tatsächlich leistet das AKAIKE-FORSTER-SOBER-
Theorem einen wichtigen Beitrag zu der diskutierten Problematik, allerdings basiert es auf gewissen Annahmen, die den Anspruch der Autoren, durch ihr Konzept eine allgemeine Lösung des Problems der Kurvenanpassung gegeben zu haben, widerlegen. Doch darauf werde ich an späterer Stelle noch genauer eingehen.
Zunächst seien die Stärken dargestellt - so wie sie FORSTER und SOBER selber
angeführt haben: Das AKAIKE-FORSTER-SOBER-Theorem ermöglicht einen ba-
lancierenden Vergleich der Ansprüche der Genauigkeit beim Anpassen der Kurven
und der Einfachheit der dabei verwendeten Kurven. Eine komplexere Funktionenfamilie, also eine Familie, deren Kurven durch eine höhere Anzahl an anpassbaren
Parametern determiniert wird, wird eine Bestapproximation besitzen, die einen
hohen Likelihood besitzt. Dieser Wert würde somit die geschätze Voraussagegenauigkeit in Gleichung (4.8) vergrößern. Davon wird jedoch der größere Wert der
Parameteranzahl subtrahiert. Umgekehrt könnte eine einfachere bestapproximie-
rende Kurve, also eine Kurve, die durch eine geringere Anzahl anpassbarer Parameter determiniert wird, einen geringeren Likelihood haben. Gleichzeitig ist der
Wert k jedoch auch geringer. Das AKAIKE-FORSTER-SOBER-Theorem zeigt, wie
die durch den Likelihood gemessene Anpassungsgüte gegen die durch die Anzahl
der die Kurve determinierenden Parameter gemessenen Einfachheit aufgewogen

werden kann. Nimmt man beispielweise an, die Datenpunkte einer Datenmenge liegen recht gleichmäßig um eine Gerade verteilt, so läge die lineare Bestapproximation recht nahe bei der quadratischen Bestapproximation. Die Quadratsummen-Abstände beider Bestapproximationen wären folglich kaum verschieden. In diesem Beispiel liefert das AKAIKE-FORSTER-SOBER-Theorem einen - vermeintlich - klaren Grund für eine Präferenz der linearen Bestapproximation, denn bei ähnlichen Likelihood-Werten besitzt diejenige Kurve die größere Voraussagegenauigkeit, die die kleinere Anzahl k an anpassbaren Parametern hat. Diese Überlegungen verallgemeinernd kann man nach FORSTER und SOBER sagen, dass eine geringe Verbesserung der Anpassungsgüte nicht ausreichen wird, um einen Übergang zu einer komplexeren Kurve zu rechtfertigen. Damit beispielsweise der Übergang von einer bestapproximierenden linearen Kurve $B(LIN)$ zu einer bestapproximierenden quadratischen Kurve $B(PAR)$ mit dem AKAIKE-FORSTER-SOBER-Theorem gerechtfertigt werden kann, muss gelten:

$$ll\,(B(PAR)|D) > ll\,(B(LIN)|D) + 1.$$

In Kapitel 6.3 werde ich noch einmal auf das Problem der rationalen Rechtfertigung der Präferenz für einfachere Kurven gegenüber ihren komplexeren Konkurrenten mithilfe des AKAIKE-FORSTER-SOBER-Theorems zurückkommen.

Nach FORSTER und SOBER liefert ihr um das AKAIKE-FORSTER-SOBER-Theorem herausgearbeitete Konzept eine Lösung des Kurvenanpassungsproblems. In der vorangegangenen Darstellung ihrer Ideen und deren Umsetzungen habe ich mehrmals erwähnt, dass es durchaus diskussionswürdige Punkte gibt. In den folgenden Kapiteln werde ich aufzeigen, dass diese Punkte nicht nur diskussionswürdig sind, sondern dass sie sogar - zumindest in der von FORSTER und SOBER angeführten Allgemeinheit - nicht haltbar sind.

4.2. Voraussagegenauigkeit versus Voraussageerfolg

Der Begriff der geschätzten *Voraussagegenauigkeit* ist streng zu unterscheiden von dem Begriff des (tatsächlichen) *Voraussageerfolges*, so wie ihn Gerhard SCHURZ ([36]: 159) herausgearbeitet hat. Die strenge Unterscheidung von Voraussagegenauigkeit und Voraussageerfolg ist besonders wichtig, da es einen großen Unterschied in den konzeptionellen Ideen hinter diesen Begriffen gibt. Bei ersterem sucht man nach einer möglichst präzisen Schätzung der Voraussagegenauigkeit auf Basis einer vorliegender Datenmenge. Diese Vorgehensweise hat zwar den Vorteil, dass man keine neue Datenmenge zum Bestätigen der angepassten Kurve benötigt, allerdings ist das Risiko eines Overfittings sehr groß. Zum Begriff „Overfitting" schreiben FORSTER und SOBER in ([15]: 8):

> „Curves that fit a given data set perfectly will usually be false; they will perform poorly when they are asked to make predictions about new data sets. Perfectly fitting curves are said to 'overfit' the data."

Und nur wenig später auf der gleichen Seite schreiben sie:

> „Overfitting: The higher the number of adjustable parameters, the more prone the family is to fit to noise in the data." ([15]: 8)

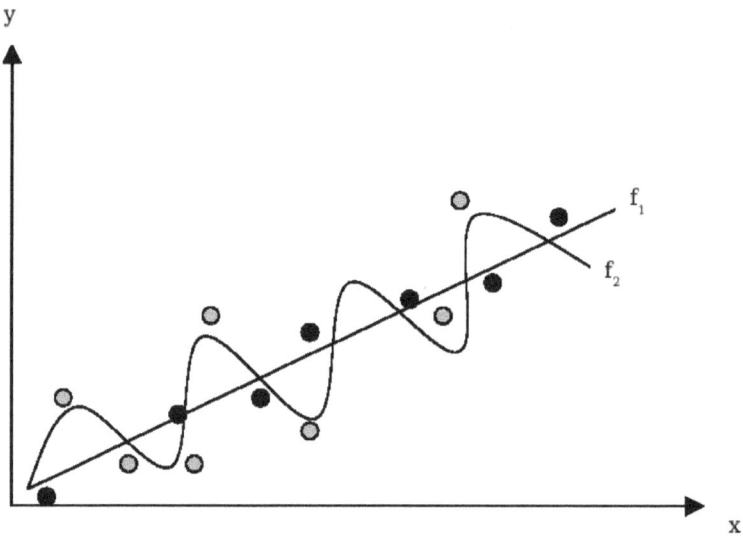

Abbildung 4.2.: Die Gefahr des Fittens auf Zufälligkeiten

Prinzipiell lassen sich zwei Arten des Overfittings unterscheiden. Bei der ersten Art handelt es sich um ein Overfitting, dass aus der Eigenschaft komplexerer Kurven resultiert, sich in aller Regel Daten besser anpassen zu lassen, als einfachere Kurven. Der Grad der „geoverfitteten" Kurve ist in dieser Art des Overfittings höher als der Grad der den tatsächlichen Zusammenhang wiedergebenden Kurve. Bei der zweiten Art des Overfittings ist die Situation nun eine andere. Bei dieser Overfitting-Variante handelt es sich um die Gefahr des Fittens auf Zufälligkeiten. Der Prozess der Stichprobengewinnung könnte nämlich einen unbeabsichtigten Mechanismus enthalten, der zufälligerweise Datenpunkte generiert, die

ein gänzlich verfremdetes, also bezüglich der Grundgesamheit nicht repräsenta-
tives Bild des tatsächlichen Zusammenhangs von unabhängiger und abhängiger
Variable zeichnet. Das Fitten auf Zufälligkeiten könnte etwa wie in Abbildung 4.2
passiert sein: Angenommen, alle Punkte in Abbildung 4.2 zusammen genügen der
zentralen Tendenz hinter den Daten und die polynomielle Kurve f_2 sei die wahre Kurve, das heißt der tatsächliche Zusammenhang zwischen den unabhängigen
und der abhängigen Größe. Wählt man nun die x-Werte der Stichprobe derart, dass
die entsprechenden Datenpunkte gerade die schwarz dargestellten Punkte sind, so
würde man fälschlicherweise die Gerade f_1 als zentrale Tendenz erhalten. Man
hätte somit die Kurve versehentlich der Zufälligkeit der Daten-x-Werte statt der
zentralen Tendenz angepasst.

Eine Unterscheidung dieser beiden Arten von Overfitting findet bei FORSTER und
SOBER in [15] nicht statt. Das erste der beiden zuvor angeführten Zitate lässt noch
beide Arten zu. Das zweite Zitat zeigt jedoch, dass FORSTER und SOBER unter
Overfitting wesentlich ein Overfitting der ersten Art in der hier beschriebenen Unterscheidung verstehen.

Die Gefahr des Fittens auf Zufälligkeiten stellt eine große Schwierigkeit im Konzept rund um das Bestimmen der geschätzten Voraussagegenauigkeit mithilfe des
AKAIKE-FORSTER-SOBER-Theorems dar, denn das Theorem bezieht sich ausschließlich auf die bereits vorliegende Datenmenge, die möglicherweise versehentlich mittels eines bereits zuvor erwähnten, die zentrale Tendenz der Daten
verfremdenden Prozesses generiert wurde.

Im Gegensatz dazu existiert für das SCHURZ'sche Kriterium des Voraussage-
folges genau diese Schwierigkeit nicht. Es besagt:

> „[...] eine durch Fitten auf eine Datenmenge gewonnene Kurve ist nur dann
> bestätigt, wenn sich ihre Voraussagen anhand neuer Datenmengen bestäti-
> gen." ([36]: 159)

Wendet man dieses Voraussageerfolgs-Kriterium auf das in Abbildung 4.2 veran-
schaulichte Beispiel an, so lassen sich die Stärken dieses Kriteriums klar erkennen.
Nehmen wir wie zuvor an, der Mechanismus zur Datengewinnung hätte versehentlich die nicht-repräsentative Datenmenge ergeben, die in Abbildung 4.2 durch die
schwarzen Punkte dargestellt wird. Hätte man sich bei der Anpassung einer Kurve
an diese Datenmenge nun fälschlicherweise für die lineare Kurve f_1 entschieden,
so hätte die Erhebung einer neuen Datenmenge, also dann etwa die in Abbildung
4.2 dargestellten grauen Punkte, die lineare Kurve f_1 geschwächt, da diese Punkte
ganz deutlich eine nicht-lineare Tendenz aufzeigen.

Natürlich hätte auch eine weitere Datenmenge zufälligerweise derart sein können, dass sie die lineare Kurve f_1 bestätigt. Nehmen wir jedoch einmal an, in dem Beispiel wäre die polynomielle Kurve f_2 die wahre Kurve. Dann ist es sehr unwahrscheinlich, dass ein iteriertes Erheben von neuen Datenmengen stets den linearen Zusammenhang bestätigt. Ganz im Gegenteil: Es ist hochwahrscheinlich, dass frühzeitig Datenmengen erhoben werden, die eine Hypothese über einen linearen Zusammenhang schwächen.

Eine weitere wichtige Eigenschaft des Kriteriums des Voraussageerfolges sei bereits an dieser Stelle angemerkt: Eine Überprüfung einer angepassten Kurve mittels des Kriteriums des Voraussageerfolges ist unabhängig von jeglicher Art der Varianzschätzung. Dies ist ein wesentlicher Unterschied zu dem in diesem Kapitel dargestellten AKAIKE-FORSTER-SOBER-Theorem, der auch im weiteren Verlauf der vorliegenden Arbeit noch von besonderer Bedeutung sein wird.

Das Kriterium des Voraussageerfolges nach Gerhard SCHURZ ist also von eminenter Bedeutung bei der Bestätigung beziehungsweise Schwächung einer den Daten angepassten Kurve. Bei der Konstruktion eines zum AKAIKE-FORSTER-SOBER-Theorem alternativen Kurvenwahl-Kriteriums wäre eine Integration des Kriteriums des Voraussageerfolges daher sehr wünschenswert, da - wie zuvor beschrieben wurde - das in diesem Sinne aposteriorische Konzept einer Bestätigung durch tatsächlichen Voraussageerfolg dem apriorischen Konzept der geschätzten Voraussagegenauigkeit deutlich überlegen ist. Auf diesen Sachverhalt wird in Kapitel 8.2.2 noch detailliert eingegangen.

4.3. AKAIKE-FORSTER-SOBER-Theorem: Große Datenmengen

Bei großen Datenmengen ist eine Anwendung des AKAIKE-FORSTER-SOBER-Theorems als Kurvenwahlkriterium problematisch. Interessant hierbei ist, dass das entscheidende Argument von SOBER selber stammt. Die entsprechenden Ausführungen finden sich in seinem Buch *Evidence and Evolution - The logic behind the science* ([43]: 88 ff.).

Nehmen wir einmal an, wir wüssten, dass der wahre Zusammenhang zwischen der abhängigen und der unabhängigen Größe in den Daten linear sei. Nehmen wir des Weiteren an, dass nur die beiden Funktionsfamilien *LIN* der linearen Funktionen und *PAR* der quadratischen Funktionen einer vergleichenden Betrachtung mithilfe des AIC unterzogen werden. Vergrößert man die Anzahl der Daten, so sinkt fast sicher sowohl der Log-Likelihood der Bestapproximation $B(LIN)$ in LIN als auch der Log-Likelihood der Bestapproximation $B(PAR)$ in PAR. Dies liegt an den Fehlereinflüssen, die in jeden einzelnen Datenpunkt eingehen. Noch deutlicher wird dies, wenn man den in Kapitel 4.1 herausgearbeiteten Zusammenhang zwischen dem Log-Likelihood und dem Quadratsummenabstand heranzieht: Vergrößert sich die Anzahl der Datenpunkte, so kommen bei einer Berechnung des Quadratsummenabstands mehr und mehr (aufgrund der Fehlereinflüsse von Null verschiedene) Summanden hinzu. Der Quadratsummenabstand steigt dann also an. Aufgrund des erwähnten Zusammenhangs folgt unmittelbar, dass der Log-Likelihood sinkt. Für die mittels des AKAIKE Information Criterion geschätzte Voraussagegenauigkeit in Gleichung 4.8 bedeutet dies, dass die Anzahl der anpassbaren Parameter für eine steigende Anzahl N an Datenpunkten eine immer geringere Rolle spielt.

Doch kommen wir zurück zu unserem Beispiel: Der wahre Zusammenhang ist linear. Nutzt man das AIC als Kurvenwahlkriterium und führt das AIC zur wahren Kurve, so müsste der entsprechenden AIC-Wert von LIN größer als der AIC-Wert von PAR sein. Nach Gleichung (4.8) in Kapitel 4.1 bedeutet dies für eine Datenmenge mit N Elementen

$$\frac{1}{N}[ll(B(LIN)|D) - 2] > \frac{1}{N}[ll(B(PAR)|D) - 3],$$

da LIN ja durch zwei und PAR durch drei Parameter determiniert wird. Nach Multiplikation mit N kommt die Anzahl N der Datenpunkte der zugrunde liegenden Dagenmenge nicht mehr explizit in der Ungleichung vor. Trotzdem hat die Anzahl der Datenpunkte noch einen Einfluss auf den AIC-Wert einer Funktionenfamilie bezüglich einer Datenmenge. Genauer gesagt besteht dieser Einfluss auf den Likelihood-Wert, aus dem sich der AIC-Wert zusammen mit der Anzahl der anpassbaren Parameter der betrachteten Funktionenfamilie zusammensetzt. Vergrößert sich die Anzahl der Datenpunkte, so verringert sich fast sicher der Log-Likelihood-Wert. Da dieser ja negativ ist und von ihm dann innerhalb des AIC noch die Anzahl der anpassbaren Parameter abgezogen wird, fällt eben diese Anzahl der anpassbaren Parameter immer weniger ins Gewicht, wenn die Anzahl der Datenpunkte vergrößert wird. Nach der Multiplikation mit N kann man die beiden Log-Likelihoods auf die linke Seite bringen sowie die beiden Konstanten miteinander verrechnen. Es ergibt sich:

$$ll(B(LIN)|D) - ll(B(PAR)|D) > -1.$$

Mithilfe der Rechengesetze für Logarithmen kann man die beiden Logarithmen auf der linken Seite der Ungleichung zusammenfassen zu:

$$ln\left(\frac{l(B(LIN)|D)}{l(B(PAR)|D)}\right) > -1.$$

Durch Potenzieren zur Basis e ergibt sich:

$$\frac{l(B(LIN)|D)}{l(B(PAR)|D)} > \frac{1}{e}. \tag{4.9}$$

In dem betrachteten Beispiel wurde angenommen, dass der wahre Zusammenhang linear ist. Auf die gezeigte Art und Weise bekommt man also eine Abschätzung des Likelihood-Verhältnisses von *LIN* und *PAR* nach unten. Besonders wichtig hierbei ist, dass die untere Schranke $\frac{1}{e} \approx 0,37$ konstant ist. SOBER schreibt nun genau hierzu:

> „This inequality describes what it takes for *LIN* to have the higher of the two AIC scores. It must be true for small and middling sized data sets, but, with sufficiently large data sets, the inequality must be false; *PAR* must score better. This is a sensible feature of AIC; the greater simplicity of *LIN* over *PAR* can compensate for (LIN)'s lower likelihood for some sample size, but eventually it cannot.[...] If *LIN* scores better than *PAR*, given the data you have at hand, it does not follow, that *LIN* would score better on a data set that is vastly larger." ([43]: 89)

Letztendlich liegt dies daran, dass die Größe der Datenmenge nur implizit in den Minuend der Differenz auf der rechten Seite von Gleichung (4.8), also in den Log-Likelihood-Wert, eingeht. Der Subtrahend, also die Anzahl k der anpassbaren Parameter, ist unabhängig von der Größe der Datenmenge. Der Faktor $\frac{1}{N}$ vor der Differenz fällt bei vergleichenden Betrachtungen - wie im obigen Beispiel dargestellt - durch Multiplikation mit N weg.

Komplexere Kurven lassen sich den Daten in aller Regel besser anpassen als einfachere. Deshalb ist es durchaus denkbar, dass sich im betrachteten Beispiel eine Bestapproximation in *PAR* findet, deren Anpassungsgenauigkeit höher ist als die Anpassungsgenauigkeit der Bestapproximation der Familie *LIN*, die im Beispiel ja die Familie des wahren Kurventyps ist. Trotzdem müsste die geschätzte Voraussagegenaugkeit im Sinne des AKAIKE-FORSTER-SOBER-Theorem von *LIN* größer sein als die von *PAR*, sofern das Theorem zu verlässlichen Ergebnissen führt. Das Argument, das sich hinter dem angeführten Zitat SOBERs verbirgt, ist nun das Folgende: Vergrößert man die Datenmenge, so steigt nahezu sicher sowohl der

Quadratsummenabstand der Bestapproximation in *LIN* an die Daten als auch der Quadratsummenabstand der Bestapproximation in *PAR* an die Daten. Die Quadratsummenabstände würden bei einer Vergrößerung von N nur dann nicht steigen, falls die hinzukommenden Datenpunkte exakt auf den jeweiligen Kurven lägen. Dies ist jedoch aufgrund von Fehlereinflüssen nicht zu erwarten. Der in Kapitel 4.1 herausgearbeitete Zusammenhang zwischen dem Log-Likelihood und dem Quadratsummenabstand zeigt, dass in dieser Situation der Log-Likelihood sinkt. Befindet man sich nun in einer Situation, in der die Bestapproximation $B(PAR)$ aus *PAR* sich den Daten besser anpassen lässt als die Bestapproximation $B(LIN)$ aus *LIN*, so steigt bei einer Vergrößerung der Datenmenge der Quadratsummenabstand von $B(LIN)$ schneller als der Quadratsummenabstand von $B(PAR)$. Der Log-Likelihood von $B(LIN)$ sinkt folglich schneller als der Log-Likelihood von $B(PAR)$. Da der Logarithmus monoton ist, sinkt somit auch das Likelihood von $B(LIN)$ schneller als das Likelihood von $B(PAR)$. In dieser Situation sinkt also der Wert des Quotienten von der linken Seite der Ungleichung (4.9). Für ein hinreichend großes N ist also durchaus denkbar, dass der Schwellenwert $\frac{1}{e}$ unterschritten wird, was der Ungleichung widerspricht.

Die Güte des AIC als Kurvenwahlkriterium hängt nach SOBER also von der Größe der Datenmenge ab. Im Rahmen des obigen Beispiels wurde angenommen, dass *LIN* die Familie des wahren Kurventyps ist. Falls das AKAIKE-FORSTER-SOBER-Theorem verlässlich zum tatsächlichen Kurventyp führt, so muss also die Ungleichung (4.9) gelten. Die angeführten Überlegungen haben jedoch gezeigt, dass es durchaus möglich ist, dass die in Ungleichung (4.9) angeführte Abschätzung falsch ist. Sie wird nicht zwingend falsch, falls die Anzahl der Datenpunkte der betrachteten Datenmenge vergrößert wird, aber es ist zumindest möglich, dass sie falsch wird. Dies schränkt die erhoffte Verlässlichkeit des Kurvenwahlkriteriums natürlich ein.

Im obigen Beispiel würde es daher dem SOBER'schen Argument zu Folge eine Art Schwellenwert für die Größe der Datenmenge geben, unterhalb dessen das AIC zum wahren Zusammenhang *LIN* führen würde, oberhalb dessen jedoch das AIC versagt hätte. Dies widerspricht aber einer der statistischen Minimalforderungen an Schätzer: der sogenannten Konsistenz. Dabei heißt ein Schätzwert $\hat{k}$ des wahren Wertes k_0 der Parameteranzahl (in unserem Beispiel also $k_0 = 2$) konsistent, wenn er mit wachsender Größe der Datenmenge stochastisch gegen den wahren Wert konvergiert, also:

$$\lim_{N \to \infty} P\left(\hat{k} = k_0\right) = 1.$$

Die Anforderung der Konsistenz formalisiert die starke Intuition, dass mit wachsendem Stichprobenumfang auch die Güte eines Schlusses auf den wahren Kurventyp wachsen sollte, da dann - intuitiv gesprochen - „mehr Informationen" in den Daten stecken. In der Statistik wird diese Intuition durch die Tatsache gestärkt, dass die empirische Verteilungsfunktion mit wachsendem Stichprobenumfang gegen die tatsächliche Verteilungsfunktion konvergiert. Genau dies ist die Aussage des Satzes von GLIWENKO und CANTELLI, der manchmal sogar als Hauptsatz der Statistik bezeichnet wird.[7]

Insofern erfüllt das AKAIKE-FORSTER-SOBER-Theorem eine Anforderung nicht, die jedoch eine rationale Rechtfertigung besitzt. Ich werde in Kapitel 7, in dem ich das BAYES'sche Informationskriterium darstellen sowie einen Vergleich zum AIC anstellen werde, noch einmal auf diesen Punkt zu sprechen kommen.

4.4. Geschätzte Voraussagegenauigkeit und Varianz der Fehlerverteilung

In der zweiten Version des Theorems von AKAIKE formulieren FORSTER und SOBER eine Schätzung für die Voraussagegenauigkeit einer Funktionenfamilie F:

$$\text{Schätzung}\left[A\left(F\right)\right] = \frac{1}{N}\left[ll(B(F)|D) - k\right]. \tag{4.10}$$

Wie ich bereits erwähnte, ist für FORSTER und SOBER ein wesentlicher Vorteil dieses Theorems, dass die Varianz σ^2 nicht mehr vorkommt.

Doch wie kann eine Schätzung der Vorhersagegenauigkeit unabhängig von der Fehlervarianz sein? Schließlich ist doch in empirischen Untersuchungen eine Fehlermöglichkeit aufgrund von Fehlereinflüssen stets vorhanden und je stärker die Auswirkungen der Fehlereinflüsse sind, desto schlechter ist die Voraussagegenauigkeit.

Um die diesbezügliche Argumentation FORSTERs und SOBERs nachzuvollziehen, betrachten wir erneut den in Kapitel 4.1 dargestellten Zusammenhang zwischen der Abweichungsquadratsumme und dem Log-Likelihood. Dabei seien die Werte $\hat{y}_i$ die Funktionswerte der Bestapproximation $B(F|D)$ einer Funktionenfamilie F,

---

[7] Die präzise Formulierung des Satzes von GLIWENKO und CANTELLI findet sich in Kapitel 2.5.

die durch k Parameter determiniert wird, bezüglich der Datenmenge D. Dann gilt:

$$ll(B(F)|D) = -\frac{N}{2}ln(2\pi) - Nln(\sigma) - \frac{1}{2\sigma^2}\sum_{j=1}^{N}(y_j - \hat{y}_j)^2.$$

Wichtig ist nun eine Umformung, die ebenfalls bereits in Kapitel 4.1 vorgenommen wurde. Die Summe der quadrierten Abweichungen lässt sich ja auch als nicht-korrigierte Varianz σ_D^2 der Daten um den betrachteten Zusammenhang multipliziert mit der Anzahl N der Datenpunkte auffasen, also:

$$ll(B(F)|D) = -\frac{N}{2}ln(2\pi) - Nln(\sigma) - \frac{N \cdot \sigma_D^2}{2\sigma^2}. \qquad (4.11)$$

Der Log-Likelihood-Wert geht ja explizit in die Formel (4.10) ein. Somit lässt sich klar erkennen, dass zwei verschiedene Varianzen in die Schätzung der Voraussagegenauigkeit mittels des AKAIKE Information Criterions eingehen:

1. σ^2: Die Varianz der Fehlerverteilung um den wahren Zusammenhang.

2. σ_D^2: Die nicht-korrigierte Stichprobenvarianz um die Bestapproximation des betrachteten Kurventyps.

Die Varianz der Fehlerverteilung um den wahren Zusammenhang ist jedoch zumeist unbekannt, sodass sich auch im Kontext konkreter Berechnungen die Frage stellt, wie denn diese Varianz geschätzt wird. Allan D. R. MCQUARRIE führt in seinem Buch *Regression and time series model selection* [27] aus, dass diese Varianz mittels der Maximum-Likelihood-Methode geschätzt wird. Wie bereits in Kapitel 2.8 ausgeführt wurde liefert dies aber gerade die nicht-korrigierte Stichprobenvarianz als Schätzer, das heißt σ^2 wird durch σ_D^2 geschätzt. Setzt man nun also - genau wie MCQUARRIE in ([27]: 21) oder auch Kenneth P. BURNHAM and David R. ANDERSON in ([9]: 268-269) - in Gleichung (4.11) für σ^2 die nicht-korrigierte Varianz σ_D^2 um den betrachteten Kurventyp ein, so ergibt sich:

$$ll(B(F)|D) = -\frac{N}{2}ln(2\pi) - Nln(\sigma_D) - \frac{N}{2}.$$

Setzt man dies nun in Gleichung 4.10 ein und löst die eckige Klammer auf, so ergibt sich:

$$\text{Schätzung}[A(F)] = \frac{1}{N}\left[-\frac{N}{2}ln(2\pi) - Nln(\sigma_D) - \frac{N}{2} - k\right]$$
$$= -\frac{1}{2}ln(2\pi) - ln(\sigma_D) - \frac{1}{2} - \frac{k}{N}.$$

In vergleichenden Betrachtungen spielen die Konstanten $-\frac{1}{2}ln(2\pi)$ und $-\frac{1}{2}$ keine Rolle, sie können daher ignoriert werden. Als endgültige Schätzung der Voraussagegenauigkeit der Funktionenfamilie F, die durch k Parameter determiniert wird, erhält man auf Basis der Maximum-Likelihood-Schätzung der Varianz um den wahren Zusammenhang also:

$$\text{Schätzung}\,[A\,(F)] = -ln(\sigma_D) - \frac{k}{N}. \tag{4.12}$$

Diese Formel für die Schätzung der Voraussagegenauigkeit ist in der Tat unabhängig von der Varianz der Fehlerverteilung um den tatsächlichen Zusammenhang. Dies liegt jedoch - wie ausgeführt wurde - nicht daran, dass das AKAIKE Information Criterion an sich schon von dieser Varianz unabhängig ist, sondern an der Schätzung eben dieser Varianz durch die nicht-korrigierte Stichprobenvarianz. Diese hängt aber natürlich vom betrachteten Kurventyp ab. Wenn FORSTER und SOBER in [15] von einer Unabhängigkeit der Schätzung der Voraussagegenauigkeit von der Varianz um den tatsächlichen Zusammenhang im Sinne einer totalen Unabhängigkeit sprechen, ist dies sicherlich zu stark formuliert. Eine solche totale Unabhängigkeit würde sich nur dann ergeben, wenn die nicht-korrigierte Varianz mit der Varianz der Fehlerverteilung um den tatsächlichen Zusammenhang übereinstimmt. Genau genommen kann man davon jedoch nur dann ausgehen, wenn die gerade betrachtete Funktionenfamilie den tatsächlichen Zusammenhang enthält. Hierauf gründet auch eine Vermutung, die auf Gerhard SCHURZ zurückgeht und die besagt, dass man, um das AKAIKE-FORSTER-SOBER-Theorem beweisen zu können, davon ausgehen muss, dass sich die wahre Kurve in der betrachteten Funktionenfamilie befindet.

Weitere Anzeichen hierfür finden sich im Beweis eines Spezialfalls des AKAIKE-FORSTER-SOBER-Theorems, so wie er in Anhang B von [15] dargestellt ist:

Der Beweis des Spezialfalls beginnt mit der Annahme, dass man eine Stichprobe aus einer Grundpopulation zieht. Die entsprechende Zufallsvariable X sei normalverteilt mit dem wahren Mittelwert μ^* und der Varianz σ^2, also

$$X \sim N(\mu^*, \sigma^2).$$

Für die Dichtefunktion $p(x)$ gilt somit:

$$p(x) = \frac{1}{\sqrt{2\pi\sigma^2}}\, e^{-\frac{(x-\mu^*)^2}{2\sigma^2}}.$$

Nun betrachten FORSTER und SOBER eine Hypothese, bei der man (fälschlicherweise) davon ausgeht, dass der Mittelwert μ beträgt. Man geht also davon aus, dass für die Dichtefunktion $q(x)$ der Wahrscheinlichkeitsverteilung der gemessenen Werte der Zufallsvariable X gilt:

$$q(x) = \frac{1}{\sqrt{2\pi\sigma^2}}\, e^{-\frac{(x-\mu)^2}{2\sigma^2}}.$$

Mit einigen Umformungen, auf die ich an dieser Stelle nicht weiter eingehen werde, können FORSTER und SOBER nun zeigen, dass sich die noch explizit vorkommende Varianz σ^2 „wegkürzen" lässt. Dies gelingt ihnen, da sie davon ausgehen, dass sich die Fehlervarianz nicht ändert. Sowohl in der Dichtefunktion $p(x)$ der wahren Verteilung der Werte als auch in der Dichtefunktion $q(x)$ mit falschem Mittelwert kommt die gleiche Fehlervarianz σ^2 vor. In beiden Dichten, also in der tatsächlichen Dichte p wie auch in der „falschen" Dichte q kommt die gleiche Fehlervarianz vor, da davon ausgegangen wird, dass die Stichprobe in beiden Fällen mit dem gleichen Zufallsprozess aus der gleichen Grundpopulation gezogen wird.

Genau wie Gleichung (4.10) erlaubt auch die hergeleitete Gleichung (4.12) eine balancierende Betrachtung der beiden Ansprüche der Anpassungsgenauigkeit und der Einfachheit des verwendeten Kurventyps. σ_D ist dabei das Maß für die Anpassungsgüte. Je genauer sich die Bestapproximation der betrachteten Funktionenfamilie den Daten anpasst, desto kleiner ist σ_D. Verbessert man die Güte der Anpassung durch Verwendung komplexerer Kurventypen, so nähert sich σ_D immer mehr dem Wert Null. Der Logarithmus nimmt für Werte zwischen Null und Eins negative Werte an. $-ln(\sigma_D)$ ist dann positiv und wächst für gegen Null gehendes σ_D an. Dieses Anwachsen bei einer Verwendung komplexerer Kurventypen wird aber durch den ebenfalls wachsenden Subtrahenden $\frac{k}{N}$ kompensiert, da ja k die Anzahl der anpassbaren Parameter ist und die Anzahl N der Datenpunkte für eine vorliegende Datenmenge als Konstante behandelt wird.

Ich werde in Kapitel 5 noch einmal auf diese Art der Berechnung der geschätzten Voraussagegenauigkeit, das heißt auf die mittels Gleichung (4.12) berechnete Schätzung der Voraussagegenauigkeit, zurückkommen.

4.5. Die KIESEPPÄ'sche Kritik

In seinem Aufsatz *Akaike Information Criterion, Curve-fitting, and the Philosophical Problem of Simplicity* arbeitet I.A. KIESEPPÄ einige Schwächen des AKAIKE-FORSTER-SOBER-Theorems heraus. Eine erste Schwäche ist nach KIESEPPÄ die mangelnde Ausarbeitung der Hintergrund-Annahmen:

> „However, this proof is based on background assumptions whose validity is often difficult to prove (or to disprove) in the applications in which one would wish to use AIC, for example, in actual curve-fitting problems." ([21]: 23)

Diese Aussage deckt sich mit der in Kapitel 4.4 festgestellten Schwäche des FORSTER'schen und SOBER'schen AIC-Konzeptes. Eine solche - in [15] gänzlich unerwähnte - Hintergrund-Annahme ist nämlich auch die zuvor behandelte Annahme, dass die wahre Kurve bereits in der betrachteten Familie von Kurven liegt. Diese Annahme war notwendig, damit FORSTER und SOBER in ihrem Spezialfall beweisen konnten, dass sich die Varianz der Fehlerverteilung wegkürzen lässt.

Ein weiterer Punkt, den KIESEPPÄ erwähnt, ist die Tatsache, dass das AKAIKE-FORSTER-SOBER-Theorem auf informationstheoretichen Grundlagen basiert. Eine besondere Rolle hierbei spielt der Begriff der *Entropie*. Darauf werde ich im nächten Kapitel noch gesondert und detailliert eingehen.

Darüberhinaus führt KIESEPPÄ aus, dass FORSTER und SOBER nicht auf die Tatsache eingehen, dass die Unabhängigkeit der Verteilungen der Daten-y-Werte notwendig für eine Anwendung des AKAIKE Information Criterion ist:

> „[...] the authors do not explicitly state that the probability distributions of the y_i values must be independent of each other - an assumption which is, of course, presupposed not only by the Akaikean claim but also by most of the more standardmethods of regression analysis." ([21]: 32)

Und weiter:

> „Thus, it is not clear how the Akaikean rule should be applied in a situation in which the probability distributions of the y values are not independent and

in which the precise nature of their dependence is not known."
([21]: 33)

Der zentrale Punkt in KIESEPPÄs Kritik ist jedoch die Definition einer Hierarchie von Kurven. Ich werde diesen Gedanken ein wenig näher ausführen:

In KIESEPPÄs Notation bezeichnen $z_1, z_2, \ldots, z_N$ die Datenpunkte eines zugrunde liegenden Raumes Z und $\Theta_1, \Theta_2, \ldots, \Theta_K$ bezeichnen die Parameter, die auf Basis der Datenpunkte geschätzt werden sollen. Die Idee des Maximum-Likelihood-Prinzips, das in AKAIKEs Konzept Anwendung findet, hat zur Folge, dass für jedes K-Tupel $\Theta = (\Theta_1, \Theta_2, \ldots, \Theta_K)$ der Parameter eine auf Z definierte Wahrscheinlichkeitsverteilung $p(\cdot | \Theta)$ existiert. Jedes solche K-Tupel geht mit einer speziellen Kurve einher. Das AKAIKE Information Criterion erlaubt nun eine Entscheidung für Teilmengen der Kurvenfamilie U, wenn U die Menge aller K-Tupel $(\Theta_1, \Theta_2, \ldots, \Theta_K)$ bezeichnet, die unterschiedliche Anzahlen an freien Parametern haben. Für KIESEPPÄ ist die offensichtlichste Art, solche Teilmengen zu definieren, die Folgende:

$$U_k := \big\{ (\Theta_1, \Theta_2, \ldots, \Theta_K) \mid \text{wenn } j \in \mathbb{N} \text{ und } k < j \leq K \text{, dann } \Theta_j = 0 \big\}. \quad (4.13)$$

Die schon mehrmals betrachteten polynomiellen Familien können auf diese Art und Weise repräsentiert werden. Genauer gesagt würde in diesem Fall U_k die Familie der Polynome mit maximalen Grad $k - 1$ bezeichnen, denn ein konkretes Tupel $\bar{\Theta} = (\bar{\Theta}_1, \bar{\Theta}_2, \ldots, \bar{\Theta}_k)$ würde beispielsweise die polynomielle Funktion $\bar{f}(x) = \bar{\Theta}_k x^{k-1} + \bar{\Theta}_{k-1} x^{k-2} + \ldots + \bar{\Theta}_2 x + \bar{\Theta}_1$ repräsentieren.[8] Darüberhinaus liefert diese Definition eine geschachtelte Hierarchie:

$$U_1 \subset U_2 \subset \ldots \subset U_K = U.$$

Für die Familie *LIN* der linearen Polynome und für die Familie *PAR* der quadratischen Polynome haben FORSTER und SOBER dies bereits selbst erwähnt, wenn auch in sehr eingeschränktem Rahmen.[9] Nun könnte man sich aber nach KIESEPPÄ eine Situation vorstellen, in der es a priori Gründe gibt, in einem U_k den Werten Θ_j mit $k < j \leq K$ nicht einfach wie in Defintion (4.13) den Wert Null zuzuweisen, sondern der Situation angemessene Werte, die nicht notwendig gleich

---

[8] Bei dieser aus KIESEPPÄs Ausführungen folgenden Darstellung ist zu beachten, dass entgegen der üblichen Konvention die Indizes der Parameter bezüglich der Exponenten der dazugehörigen Potenzsummanden um Eins verschoben sind. Typischerweise - und so werde auch ich es in weiten Teilen der vorliegenden Arbeit handhaben - indiziert man derart, dass der Exponent der Variablen mit dem Index des zugehörigen Koeffizienten übereinstimmt.

[9] Man vergleiche hierzu die Ausführungen in Kapitel 4.1.

Null sein müssen. Man kommt somit zu einer modifizierten Version der Definiton
(4.13):

$$U_k := \left\{ (\Theta_1, \Theta_2, \dots, \Theta_K) \mid \text{wenn } j \in \mathbb{N} \text{ und } k < j \leq K, \text{ dann } \Theta_j = \Theta_{j,0} \right\} \quad (4.14)$$

Wie KIESEPPÄ selber anführt, definieren derartige Sequenzen $U_1, U_2, \dots, U_K$ implizit einen Einfachheitsbegriff - einerseits für Familien von Kurven, andererseits
für einzelne Kurven. Der entscheidende Einwand KIESEPPÄS lautet in seinen Wor-
ten:

> „The intuitive idea behind the choice of the sequence is that the smaller the
> value of k is, the simpler the hypotheses in U_k are. If this notion of simpli-
> city and the corresponding sequence $U_1, U_2, \dots, U_K$ of subspaces of U were
> changed in the subsequent definitions, also the results that the Akaikean rule
> leads to would normally change." ([21]: 39)

Das Problem ist also an einem kurzen Beispiel verdeutlicht das Folgende: Betrachtet man die lineare Funktion f_1 und die quadratische Funktion f_2, die durch
die allgemeinen Funktionsterme

$$f_1(x) = a_1 x + a_0 \quad \text{und} \quad f_2(x) = b_2 x^2 + b_1 x + b_0 \quad (4.15)$$

definiert sind, so ist nach dem Kriterium der Anzahl an determinierenden Parametern die lineare Funktion f_1 offensichtlich einfacher als die quadratische Funktion
f_2, da f_1 durch die beiden Parameter a_0 und a_1, f_2 jedoch durch die drei Parameter
b_0, b_1 und b_2 determiniert wird. Hätte man nun gute Gründe, einen Parameter der
quadratischen Funktion f_2 konstant zu setzen - etwa $b_0 := 0$ -, so hätte diese Fixierung zur Konsequenz, dass die beiden Funktionen in (4.15) nun die gleiche Anzahl
an anpassbaren Parametern besitzen, nämlich jeweils zwei. Nach dem Kriterium
der Anzahl an derterminiereden Parametern wären die beiden Funktionen

$$f_1(x) = a_1 x + a_0 \quad \text{und} \quad f_2(x) = b_2 x^2 + b_1 x \quad (4.16)$$

also gleich einfach, obwohl immer noch gilt, dass f_1 eine lineare und f_2 eine
quadratische Funktion ist. Und eigentlich sollte eine lineare Funktion ja als einfacher gelten als eine quadratische Funktion. Die weitreichenden Probleme, die
sich hieraus ergeben können, wurden schon durch obiges Zitat KIESEPPÄS verdeutlicht. Wesentlich ist also: Die Ergebnisse, die eine Anwendung des AIKAIKE
Information Critrions liefern könnten, hängen von der Wahl der Hierarchie und
somit vom verwendeten Maß der Einfachheit von Kurven ab. Ein Wechsel von
einem Einfachheitsbegriff zu einem anderen oder gar eine Vermischung von verschiedenen Einfachheitsbegriffen stellt somit ein Problem für jedes Konzept eines

Kurvenwahlkriteriums dar. Man stelle sich etwa zwei Wissenschaftler vor, die beide voneinander verschiedene Einfachheitsbegriffe präferieren und die beide vor der Aufgabe stehen, an eine gegebene Datenmenge eine Kurve anzupassen. Nach KIESEPPÄ wäre es durchaus möglich, dass beide verschiedene Kurven erhalten, obwohl ihre Überlegungen im Rahmen ihrer jeweiligen Konzepte durchaus korrekt waren. Doch welche der Kurven sollte nun als die wahre Kurve angesehen werden? Diese Frage geht weit über das Betätigungsfeld des Statistikers hinaus und man ist mitten in der Diskussion der Frage, welcher Einfachheitsbegriff denn der adäquate sei. Da es dennoch üblich ist, im Kontext des Problems der Kurvenanpassung stets die (kleinste) Anzahl der die Kurve determinierenden Parameter als Maß für deren Einfachheit zu nutzen, spielt das zweite Problem, also die Gefahr der Vermischung von Einfachheitsbegriffen, eine größere Rolle. Wie ich im nächsten Kapitel ausführen werde, hat SOBER nämlich zunächst ein anderes Maß der Einfachheit präferiert.

Es darf an dieser Stelle aber nicht unerwähnt bleiben, dass die von KIESEPPÄ ausgeführte Verringerung der Komplexität einer Kurve durch Konstantsetzung eines determinierenden Parameters bereits in Karl POPPERs *Logik der Forschung* ([33]: 93 ff.) Erwähnung findet. In Kapitel VI mit dem Titel *Grade der Prüfbarkeit* findet sich eine wichtige Unterscheidung, auf die KIESEPPÄ in [21] nicht eingeht. Die für diese Unterscheidung wesentlichen Begriffe werden schon im Titel des besagten Kapitels eingeführt: *"Formale" und "materiale" Einengung der Dimension einer Kurvenklasse.* Den Übergang von einer Kurve einer bestimmten Form zu einer Kurve einer anderen Form, also etwa von der Parabel zur Geraden oder von der Ellipse zum Kreis, nennt POPPER formale Einengung.[10] Verallgemeinert man die Überlegungen auf das Problem der Theoriewahl, so würde diese formale Einengung nach POPPER einer Einengung der Dimension einer Theorie selbst entsprechen. Hingegen wäre eine materiale Einengung die Angabe einer Randbedingung einer Theorie. Im Bereich der Kurven wäre dies die Fixierung eines die Kurve determinierenden Parameters. Die von KIESEPPÄ beschriebene Konstantsetzung von anpassbaren Parametern ist also nichts anderes als eine materiale Einengung der Dimension einer Kurvenklasse im POPPER'schen Sinne.

KIESEPPÄs und POPPERs Ausführungen implizieren die Existenz eines Mischfalles, mit dem ich in folgender Fallunterscheidung beginnen werde:

---

[10] Der von POPPER an dieser Stelle verwendete Begriff „Form" kann leicht missverstanden werden. Natürlich unterscheiden sich auch etwa zwei Parabeln in ihrer Form, wenn die eine gestreckt und die andere gestaucht ist. POPPER meint hier jedoch die für einen bestimmten Kurventyp typische Form. In diesem Sinne wären also beispielsweise Geraden, Parabeln, kubische Kurven, usw. Kurven verschiedener Form.

1. Fixierung des Leitkoeffizienten einer polynomiellen Funktion n-ten Grades:
   Hat man gute Gründe, den Leitkoeffizienten einer polynomiellen Funktion
   n-ten Grades auf den Wert Null zu fixieren, so hat diese Funktion einen Grad,
   der echt kleiner als n ist, also etwa $n-1$ oder $n-2$, etc. - je nachdem welcher
   Exponent einer Potenz als nächstkleinerer in der Funktion vorkommt. Eine solche Fixierung hätte als Einengung sowohl materialen Charakter, denn
   schließlich wurde ein anpassbarer Parameter fixiert und somit die Anzahl an
   anpassbaren Parametern verringert, andererseits hat sie aber auch formalen
   Charakter, denn durch den Wegfall der Leitpotenz ändert sich der Kurventyp
   und somit auch die Kurvenform.

2. Fixierung eines Parameters, der nicht der Leitkoeffizient ist: Hat man gute
   Gründe, einen anpassbaren Parameter zu fixieren, der nicht der Leitkoeffizi-
   ent der polynomiellen Funktion ist, so handelt es sich um eine rein materiale
   Einengung.

Auch wenn KIESEPPÄ in [21] nicht erwähnt, dass POPPER bereits vor ihm um
das grundlegende Problem der Verringerung der Komplexität einer Kurve durch
Konstantsetzung von Parametern wusste, so sind seine Ausführungen doch ein
wichtiger Beitrag für ein Verständnis der Probleme im Konzept um das AKAI-
KE-FORSTER-SOBER-Theorem.

Das beschriebene Problem um die Fixierung von Parametern findet in FORSTERs
und SOBERs Aufsatz [15] noch keine Erwähnung. Ein erster Hinweis auf dieses
Problem findet sich erst in SOBERs Aufsatz *What is the Problem of Simplicity?*
[42] aus dem Jahr 2002:

> „Consider, for example, the following two hypotheses; the first says that x
> and y are linearly related, the second says that their relation is parabolic:
>
> $$(LIN) \quad y = a + bx$$
>
> $$(PAR) \quad y = a + bx + cx^2$$
>
> (LIN) has two adjustable parameters (a and b); (PAR) has three (a,b, and
> c). Once values for these parameters are specified, a unique straight line
> and a unique parabola are obtained. Notice that (LIN) is simpler than (PAR)
> if simplicity is calculated by counting adjustable parameters. However, if
> simplicity involves paucity of assumptions, the opposite conclusion follows.
> (LIN) is equivalent to the conjunction of (PAR) and the further assumption
> that c=0." ([42]: 7-8)

Ein wesentlicher Aspekt bleibt jedoch bei KIESEPPÄ ebenso wie bei SOBER unerwähnt: So wird wie erwähnt dafür argumentiert, dass im Falle des Vorliegens *guter Gründe*, ein Parameter schon vor der Anwendung einer Kurvenanpassungsprozedur fixiert werden könnte und dass sich in diesem Falle die Anzahl der Parameter um Eins verringert. Doch wie könnten solche guten Gründe aussehen? Kehren wir dazu noch einmal zu dem bereits oben betrachteten Beispiel zurück. Viele Experimente, etwa in der Physik, ergeben Daten, bei denen man schon im Vorfeld jedlicher Analyse einen Parameter fixieren kann. So ist es etwa für viele Zusammenhänge zwischen der abhängigen und der unabhängigen Variablen klar, dass die entsprechende Kurve durch den Koordinatenursprung verlaufen muss. Man denke beispielsweise an eine Stahlkugel, die erhitzt wird. Dabei misst man die Temperatur der Erhitzung und die Ausdehnung der Kugel. Die unabhängige Größe wäre die Temperatur, von der die Ausdehnung der Kugel abhängt. Führt man keine Erhitzung durch, so dehnt sich die Kugel auch nicht aus. Die Daten enthalten also sicher den Datenpunkt $(0,0)$. Die sichere Kenntnis dieses Punktes führt bei Einsetzung in die zweite Funktion in (4.15) zu dem Fall, dass ein anpassbarer Parameter fixiert wird. KIESEPPÄ beachtet dabei jedoch nicht, dass eben dieser Grund für eine Fixierung auf alle Kurventypen angewendet werden muss, denn die beschriebene Tatsache, die den Grund für die Fixierung ausmacht, hängt in keinster Weise vom Kurventyp ab. Setzt man den Datenpunkt $(0,0)$ also nun auch in die erste Funktion in (4.15) ein, so ergeben sich statt der beiden Funktionen (4.16) die beiden Funktionen

$$f_1(x) = a_1 x \quad \text{und} \quad f_2(x) = b_2 x^2 + b_1 x.$$

In beiden Funktionen bewirkte die sichere Kenntnis des Datenpunktes $(0,0)$ die Fixierung des konstanten Summanden auf den Wert Null. Dadurch verringert sich die Anzahl der anpassbaren Parameter in beiden Funktionen um Eins. Einzeln betrachtet hat sich also sehr wohl etwas geändert.

In vergleichenden Betrachtungen ist jedoch f_1 im Sinne des Einfachheitsmaßes der Parameteranzahl wieder um einen Parameter einfacher als f_2.

Das AKAIKE-FORSTER-SOBER-Theorem liefert einen Schätzwert für die Voraussagegenauigkeit eines Kurventyps bezüglich einer Datenmenge. Dabei ist nun zu beachten, dass ein einzelner dieser Werte, also ein Schätzwert für einen bestimmten Kurventyp und eine vorliegende Datenmenge, nicht bewertet werden kann. Eine Bewertung mittels des AKAIKE-FORSTER-SOBER-Theorems kann nur vergleichend erfolgen. Gemäß des FORSTER'schen und SOBER'schen Konzeptes sollte man sich dabei für den Kurventyp mit der höheren geschätzten Voraussagegenauigkeit entscheiden. Der zuvor dargestellte KIESEPPÄ'sche Einwand bezüglich der

Fixierung eines anpassbaren Parameters ist also im Kontext der Wahl des Kurventyps mithilfe des AKAIKE-FORSTER-SOBER-Theorems nicht haltbar.

Ein weiterer Punkt, auf den KIESEPPÄ hinweist, ist, dass es bislang keine statistischen Ausarbeitungen gibt, die die Korrektheit des AKAIKE Information Criterions in dem Falle einer Anpassung von periodischen Funktionen (beispielsweise trigonometrischen Funktionen) beweisen. Ebenso außen vor blieben stückweise definierte polynomielle Funktionen, die sogenannten Splines. Auch wenn an dieser Stelle auf Splines nicht detailliert eingegangen werden kann, sei eine grundlegende und an obigen Ausführungen anschließende Schwierigkeit bei einer Einbeziehung von Splines in die Problematik der Kurvenanpassung kurz umrissen: Das Problem der Definition der Einfachheit im Falle von Splines.

Als Splines werden bestimmte Funktionen aus der Analysis mit Anwendungen in der numerischen Mathematik bezeichnet. Ein polynomieller Spline n-ten Grades ist eine Funktion, die stückweise aus Polynomen mit maximalem Grad n zusammengesetzt ist. Dabei werden an die Stellen, an denen zwei Polynomstücke zusammenstoßen (man spricht auch von Knoten) häufig bestimmte Bedingungen gestellt, etwa dass der Spline $(n-1)$-mal stetig differenzierbar ist. Splines werden vor allem zur Interpolation und Approximation benutzt. Durch die stückweise Definition sind Splines flexibler als Polynome und dennoch relativ „einfach" und „glatt". Handelt es sich bei dem Spline um eine stückweise lineare Funktion, so nennt man den Spline linear (es handelt sich dann um einen Polygonzug), analog gibt es quadratische, kubische usw. Splines.

Betrachten wir für weitere Überlegungen ein einfaches Beispiel eines linearen Splines. Dazu seien die beiden linearen Funktionen f und g gegeben mit

$$f(x) = x + 1 \quad \text{und} \quad g(x) = \frac{1}{3}x + \frac{5}{3}.$$

Der lineare Spline $sp_{f,g}$ sei dann definiert durch

$$sp_{f,g}(x) := \begin{cases} f(x) & : & x \leq 1 \\ g(x) & : & x > 1 \end{cases}$$

Der Plot in Abbildung 4.3 zeigt diesen Spline. Das Bestimmen von Splines ist eine in der Praxis häufig benutzte Methode.

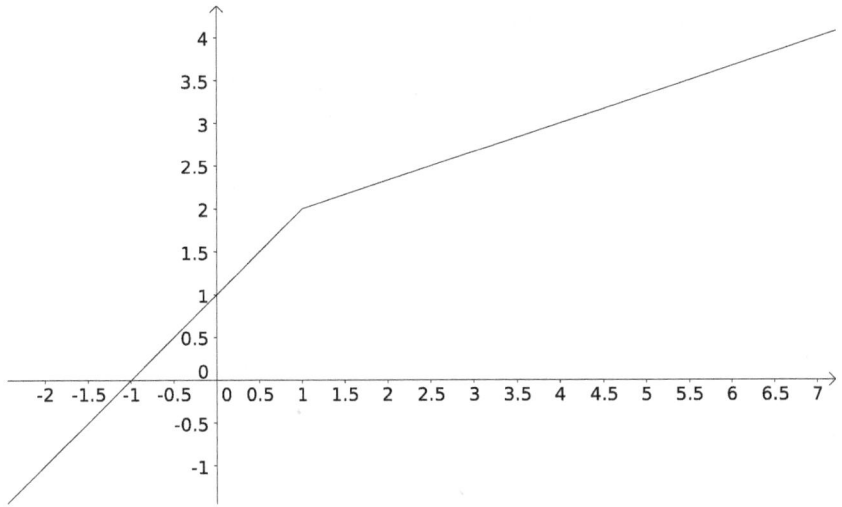

Abbildung 4.3.: Der aus den Funktionen f und g gebildete Spline $sp_{f,g}$

Im bekannten *Taschenbuch der Mathematik* [8] von BRONSTEIN, SEMENDJA-
JEW, MUSIOL und MÜHLIG wird als eine der wesentlichen Eigenschaften eines
Spline die folgende Forderung angeführt ([8]: 927):

$$\sum_{i=1}^{n} \left(\frac{f_i - S(x_i)}{\sigma_i} \right)^2 + \lambda \int_{x_1}^{x_N} \left(S''(x) \right)^2 dx \; = \; \text{min!}[11]$$

Hierbei wird mit $D = \{(x_i, f_i) \mid i = 1, \ldots, N\}$ die vorliegende Datenmenge, mit
σ_i die Standardabweichung und mit S die gesuchte Splinefunktion bezeichnet.
Der Parameter λ ($\lambda \geq 0$) wird als *Glättungsparameter* bezeichnet. Dies beruht
auf der Tatsache, dass in dem obigen, zu minimierendem Ausdruck der Integral-
Summand, also

$$\lambda \int_{x_1}^{x_N} \left(S''(x) \right)^2 dx,$$

ein Maß für die Gesamtkrümmung ist, dem durch variierende Werte für λ variie-
rendes Gewicht zukommt.

---

[11] Diese Minimierungsforderung wird am besten von den kubischen Splines erfüllt.

Diese relative *Einfachheit* und *Glattheit* bezahlt man aber sehr teuer mit einem drastischen Anstieg der Anzahl der Parameter. Zählt man im obigen Beispiel die Parameter, die den Spline determinieren, so ergibt sich die Parameter-Anzahl fünf, nämlich zwei Parameter für jedes lineare Teilstück des Splines plus einen Parameter für den Knoten.

Ist allgemein ein Spline definiert durch k Teilstücke, das heißt ist ein Spline festgelegt durch k Funktionen f_i mit $1 \leq i \leq k$, also

$$
sp_{f_1,f_2,\ldots,f_k}(x) := \left\{
\begin{array}{lll}
f_1(x) & : & x \leq x_1 \\
f_2(x) & : & x_1 < x \leq x_2 \\
\ldots & : & \ldots \\
f_{k-1}(x) & : & x_{k-2} < x \leq x_{k-1} \\
f_k(x) & : & x > x_{k-1},
\end{array}
\right.
$$

und bezeichnet $\lambda(f_i)$ die Anzahl der anpassbaren Parameter der Funktion f_i, so gilt für die gesamte Anzahl λ_{ges} der einen Spline definierenden Parameter:

$$
\lambda_{\text{ges}}\left(sp_{f_1,f_2,\ldots,f_k}\right) = k - 1 + \sum_{i=1}^{k} \lambda(f_i).
$$

Der Wert dieser Größe wächst sehr schnell. Es stellt sich somit die Frage, was die Gründe für eine Verwendung von Splines beziehungsweise die Gründe für eine Bevorzugung von Splines gegenüber polynomiellen Funktionen sind.[12] Als wesentlicher Vorteil von Splines wird in der Standard-Literatur die Einfachheit genannt. Carl DE BOOR schreibt hierzu:

> „Der Erfolg der (polynomiellen) Splinefunktionen basiert auf der Tatsache, dass sie *lokal sehr einfach* sind und dennoch *global sehr flexibel*." ([10]: 2. Hervorhebung im Original unterstrichen.)

Um das Problem der vergleichenden Bewertung der Einfachheit zweier Splines zu verdeutlichen, betrachte man das folgende Beispiel. Die weiteren für Splines verlangte Eigenschaften, wie etwa zuvor erwähnte Differenzierbarkeitseigenschaften, seien in diesem Beispiel vernachlässigt.

---

[12] An dieser Stelle wurden eventuelle Zusatzbedingungen an den Spline, wie etwa die oben bereits erwähnte Differenzierbarkeit in den Knoten, aufgrund einer besseren Darstellbarkeit ausgespart. Das hierauf aufbauende Argument funktioniert aber trotzdem, da bei Beachtung solcher Zusatzbedingungen die den Spline determinierede Parameteranzahl dann sogar noch größer ist als die hier betrachtete Anzahl λ_{ges}.

1. Spline: Der Spline besteht aus drei Stücken, hat also zwei Knoten. Alle Stücke seien linear. Man benötigt also insgesamt acht Parameter, um diesen Spline determinieren zu können.

2. Spline: Der Spline besteht aus zwei Stücken, hat also einen Knoten. Ein Stück sei quadratisch, das andere kubisch. Man benötigt also wiederum acht Parameter, um diesen Spline determinieren zu können.

Beide Splines in diesem Beispiel sind durch die gleiche Anzahl an Parametern determiniert. Doch sind sie daher auch im gleichen Maße einfach? Denn im ersten Spline kommen ausschließlich lineare Stücke vor, im zweiten Spline jedoch die vergleichsweise komplexen quadratischen und kubischen Stücke.

Und wie sollte beziehungsweise könnte man in diesem Fall sinnvoll eine Hierachie definieren? Genau dies sind die hier entscheidenden problematischen Fragen.

Die Definition der Einfachheit einer Kurve beziehungsweise der Einfachheit einer Kurvenfamilie ist also wesentlich für die mittels des AKAIKE Information Criterion ermittelten Werte für die geschätzte Voraussagegenauigkeit einer Kurvenfamilie. SOBER hat in [40] eine Definition der Einfachheit von Hypothesen gegeben, die auf den Begriff der informationstheoretischen Entropie zurückgeht. Und gerade die Entropie - beziehungsweise genauer: die relative Entropie - ist Grundlage für AKAIKEs Informationskriterium, dessen sich FORSTER und SOBER zur Schätzung der Voraussagegenauigkeit bedienen. Da sie jedoch in [15] explizit die (kleinste) Anzahl der eine Kurve determinierenden Parameter als Maß für deren Einfachheit anführen, scheint es hier offenbar zu einem konzeptionellen Konflikt zu kommen. Ich werde diesen Sachverhalt im nächsten Kapitel noch näher erläutern und zeigen, dass dem nicht so ist.[13]

Dieses Kapitel abschließend gehe ich noch auf ein weiteres Problem ein, dass KIE-SEPPÄ beim Definieren einer Hierarchie von Funktionenfamilien sieht: Die Definition (4.14) stellte eine Verallgemeinerung der Definition (4.13) dar. Die Verallgemeinerung bestand in dem Schritt, dass die fixierten Parameter, also die $\Theta_{j,0}$ mit $k < j \leq K$ durchaus von Null verschieden gesetzt werden können. Nun ist es nach

---

[13] Zu erwähnen ist in diesem Kontext auch noch ein eher kleines Versäumnis von FORSTER und SOBER: Sie sprechen nämlich stets nur von der Anzahl der eine Kurve determinierenden Parameter statt von der kleinsten Anzahl eben solcher. Dabei ist dieser Begriff ohne diese Minimalitätsforderung nicht wohldefiniert. Determinieren beispielsweise k Parameter eine polynomielle Funktion, so kann man "künstlich" die Parameteranzahl vergrößern, etwa zu $k + 1$. Zum Beispiel: $f(x) = ax^2 + bx + c$. Hier ist die kleinste Anzahl an Parametern, durch die man eine quadratische polynomielle Funktion determinieren kann, gleich drei. Man könnte eine solche quadratische Funktion aber auch in der Form $\hat{f}(x) = ax^2 + bx + cx + d$ angeben. Die Parameteranzahl wäre somit vier.

KIESEPPÄ aber durchaus denkbar, dass der Anwender einer Kurvenanpassungs-
methode die fixierten Werte $\Theta_{j,0}$ erst nach einer ersten Betrachtung der erhaltenen
Datenwerte festlegt, um so gegebenenfalls eine Verbesserung der Anpassungsgüte zu erzielen. Solange es keine Gründe gibt, die über diese Absicht hinaus noch
für diese speziellen Festlegungen sprächen, ist eine Festlegung auschließlich zum
Zwecke einer Anpassungsverbesserung immer mit dem großen Risiko behaftet, ad
hoc zu sein.
FORSTER und SOBER beanspruchen für ihr AIC-Konzept, dass es eine allgemeine
Lösung des Problems der Kurvenanpassung darstellen würde.

Auch wenn ich gezeigt habe, dass der wesentliche Einwand KIESEPPÄs nicht haltbar ist, stimme ich dennoch mit ihm überein, wenn er die von FORSTER und SO-
BER postulierte Allgemeinheit ihrer Lösung kritisiert:

> „It has also been seen that AIC methods cannot be applied in all situations
> in which simple and complicated theories are being compared." ([21]: 41)

Darüberhinaus werde ich in den Kapiteln 5 und 7 weitere Argumente anführen,
die gegen eine Verwendung des AKAIKE Information Criterion zum Zwecke des
Lösens des Problems der Kurvenanpassung sprechen.

4.6. Parameteranzahl und Entropie: Konzeptionelle Inkonsistenz?

Bereits im Kapitel zuvor habe ich darauf hingewiesen, dass es den Anschein hat,
als käme es in der Konzeption des AKAIKE-FORSTER-SOBER-Theorems zu einer
konzeptionellen Inkonsistenz. In [15] wird explizit die (kleinste) Anzahl der eine
Kurve determinierenden Parameter als Maß für deren Einfachheit angeführt. Als
Grundlage des AKAIKE Information Criterions fungiert ein Maß für den Informationsgehalt: die Entropie. In seiner früheren Arbeit [40] argumentiert SOBER für
seinen Einfachheitsbegriff:

> „I claim that the more informative a hypothesis is [...], the simpler it is."
> ([40]: VII)

Auch wenn seit dem Verfassen des Aufsatzes [40] im Jahre 1975 schon einige
Zeit vergangen ist, fällt hier die Verwendung des Begriffs „Informationsgehalt" in
zweierlei Kontexten auf, sodass in diesem Kapitel der Frage nachgegangen wird,
ob denn hierbei eine Gefahr einer konzeptionellen Inkonsistenz aufkommt: Einerseits benutzen FORSTER und SOBER die Anzahl der eine Kurve determinierenden Parameter als Maß der Einfachheit dieser Kurve. Andererseits benutzen sie

zur Schätzung der Voraussagegenauigkeit das AKAIKE Information Criterion, das aber wiederum auf den Begriffen des Informationsgehaltes und der Entropie basiert. Und genau für diesen Informationsgehalt hat SOBER in [40] als Maß für die Einfachheit argumentiert.

Um ein wenig mehr Licht ins Dunkel der Gefahr einer konzeptionellen Inkonsistenz werfen zu können, werde ich zunächst die dafür grundlegenden Begriffe erläutern. Ich beginne mit dem Begriff der Entropie.

4.6.1. Entropie

In der Informationstheorie ist die Entropie ein Maß für den Informationsgehalt. In [38] definierte Claude Elwood SHANNON die Entropie $H(X)$ einer diskreten gedächtnislosen Quelle (diskreten Zufallsvariable) X über einem Alphabet einer höchstens abzählbaren Menge $Z = \{z_1, z_2, \ldots\}$ mit der Wahrscheinlichkeit $P(X \in Z) = 1$. Dazu wird jeder Wahrscheinlichkeit p eines Ereignisses sein Informationsgehalt $I(p) = -log_2(p)$ zugewiesen. Die Entropie eines Zeichens wird sodann als der Erwartungswert des Informationsgehalts definiert:

$$H_1 = \sum_{z \in Z} p_z \cdot I(p_z) = - \sum_{z \in Z} p_z \cdot log_2(p_z), \qquad (4.17)$$

wobei $p_z = P(X = z)$ die Auftrittswahrscheinlichkeit des Zeichens z des Alphabets bezeichnet. Die Entropie H_n für Wörter w der Länge n ergibt sich dann durch

$$H_n(X) = - \sum_{w \in Z^n} p_w \cdot log_2(p_w), \qquad (4.18)$$

wobei $p_w = P(X = w)$ die Auftrittswahrscheinlichkeit des Wortes w bezeichnet. Die Entropie H ist dann der über die Wortlänge n gemittelte Grenzwert von H_n für $n \to \infty$:

$$H = \lim_{n \to \infty} \frac{H_n}{n}. \qquad (4.19)$$

Der Logarithmus wird an dieser Stelle zumeist - wie hier angegeben - zur Basis 2 betrachtet, damit die Einheit der Information in Bit angegeben wird.[14] Genauer gesagt liefert die Entropie einen durchschnittlichen Informationsgehalt in Bit pro

---

[14] Der Begriff *Bit* entstand durch eine Kreuzung der Begriffe **binary digit**. Es gibt auch ternäre Bits, die dann aber üblicherweise Trits genannt werden. Sie erhält man beispielsweise, wenn man in Gleichung (4.18) den Logarithmus zur Basis Zwei durch den Logarithmus zur Basis Drei ersetzt. Die Kernidee der Entropie bliebe davon sogar unbeeinflusst, da sich zwei Logarithmen zu verschiedenen Basen nur um einen konstanten Faktor unterscheiden. Hier und im Weiteren sei der Begriff *Bit* immer in seiner eigentlichen Bedeutung verstanden.

Zeichen:

$$[H(X)] = \frac{\text{bit}}{\text{Zeichen}}.$$

Die mindestens notwendige Anzahl von Bits, die zur Darstellung der Information (des Textes) notwendig sind, ergibt sich aus dem Produkt des durchschnittlichen Informationsgehalts eines Zeichens und der Anzahl verschiedener Zeichen
im Informationstext (=Alphabetgröße): $H(X) \cdot |Z|$. Dabei ist auch noch folgender
Sachverhalt interessant:

$$\lim_{p_i \to 0} p_i \log_2(p_i) = 0.$$

Diese mathematisch evidente Grenzwertaussage hat eine ebenso evidente Deu-
tung: Strebt die Auftrittswahrscheinlichkeit p_i eines Zeichens z_i gegen Null, so
konvergiert der entsprechende Summand in der Entropie-Formel ebenfalls gegen
Null. Zeichen, deren Auftrittswahrscheinlichkeiten gegen Null gehen, haben also
so gut wie keinen Einfluss auf die Entropie und somit keinen Einfluss auf den Informationsgehalt.

In der Informationstheorie ist es durchaus üblich, bei Information ebenso von
einem Maß für beseitigte Unsicherheit zu sprechen. Man erhält im Allgemeinen
umso mehr Informationen, je mehr Zeichen von einer Quelle empfangen werden.
Damit sinkt die Unsicherheit über das, was hätte gesendet werden können. Die
Entropie ist also ein Maß für den Informationsgehalt. Bei einer kleinen Entropie
enthält der Informationstext Redundanzen oder statistische Regelmäßigkeiten.[15]

4.6.2. Relative Entropie: Der KULLBACK-LEIBLER-Abstand

Die zuvor beschriebene, auf SHANNON zurückgehende Entropie ist ein Maß für
den Informationsgehalt. Für eine effiziente Kodierung eines stochastischen Prozesses benötigt man seine (wahre) Wahrscheinlichkeitsverteilung. Die Annahme
einer falschen Verteilung würde zur Verschwendung von Bits führen. Doch wie
kann man die Verschwendung von Bits messen, wenn man (fälschlicherweise) eine Verteilung Q statt der wahren Verteilung P annimmt? Eine Antwort auf diese
Frage gaben Solomon KULLBACK und Richard LEIBLER in ihrem Aufsatz *On
information and sufficiency* [22]. Der nach ihnen benannte KULLBACK-LEIBLER-

---

[15] Der Begriff der Redundanz in der Informationstheorie gibt an, wie viel überflüssige Information
im Mittel pro Zeichen in einer Informationsquelle vorhanden ist. Eine Informationseinheit ist dann
redundant, wenn sie ohne Informationsverlust weggelassen werden kann. Es gibt also eine enge
Beziehung zwischen den Begriffen der Redundanz einer Informationseinheit und der Relevanz von
Gesetzeshypothesen. Genauer gesagt besteht dieser Zusammenhang zwischen der Non-Redundanz
einer Informationseinheit und der Relevanz von Gesetzeshypothesen.

Abstand bezeichnet ein Maß für die Unterschiedlichkeit zweier Wahrscheinlich-keitsverteilungen desselben Ereignishorizonts. Typischerweise repräsentiert P Be-obachtungen oder eine präzise Wahrscheinlichkeitsverteilung und Q repräsentiert ein Modell oder eine Approximation.

Formal lässt sich der KULLBACK-LEIBLER-Abstand $D_{KL}(P\|Q)$ für die Wahr-scheinlichkeitsfunktionen P und Q diskreter Werte folgendermaßen bestimmen:

$$D_{KL}(P\|Q) = \sum_{x \in X} P(x) \ln \frac{P(x)}{Q(x)}. \tag{4.20}$$

Sind im Falle einer kontinuierlichen Verteilung für P und Q die entsprechenden Dichtefunktionen p und q bekannt, so erhält man aus (4.20) den folgenden Aus-druck:

$$D_{KL}(P\|Q) = \int_{-\infty}^{\infty} p(x) \ln \frac{p(x)}{q(x)} \, dx.$$

Der KULLBACK-LEIBLER-Abstand gibt aus informationstheoretischer Sicht also an, wieviele Bits durchschnittlich verschwendet werden, wenn eine auf q basie-rende Kodierung auf Ereignisse angewendet wird, die eigentlich p folgen. Später wird noch von Bedeutung sein, dass der KULLBACK-LEIBLER-Abstand lediglich ein Maß für die oben beschriebene Unterschiedlichkeit zweier Wahrscheinlich-keitsverteilungen ist. Stattdessen wird in praktischen Anwendungen häufig die so-genannte Kreuzentropie verwendet, welche qualitativ vergleichbare Werte liefert. Doch darauf kann an dieser Stelle nicht weiter eingegangen werden.

Trotzdem ist die Wahl des KULLBACK-LEIBLER-Abstandes als Maß für die Un-terschiedlichkeit zweier Wahrscheinlichkeitsverteilungen seitens AKAIKE sehr gut motiviert. AKAIKEs Ziel war es, das Maximum-Likelihood-Prinzip auf informa-tionstheoretische Fragestellungen auszudehnen. Nehmen wir wie AKAIKE in [2] an, es läge eine Menge an Schätzungen $\hat{\Theta}$ eines Parametervektors Θ einer Wahr-scheinlichkeitsverteilung mit Dichte $f(x|\Theta)$ vor. Der erwartete Log-Likelihood er-gibt sich zu:

$$E \ln f(X|\hat{\Theta}) = E \int f(x|\Theta) \ln f(x|\hat{\Theta}) dx, \tag{4.21}$$

wobei X eine Zufallsvariable ist, die verteilt ist gemäß der Wahrscheinlichkeits-dichte $f(x|\Theta)$ und die unabhängig von $\hat{\Theta}$ ist. Hierzu schreibt AKAIKE:

„This seems to be a formal extension of the classical maximum likelihood principle but a simple reflection shows that this is equivalent to maximizing an information theoretic quantity which is given by the definition:

$$E \ln \left(\frac{f(X|\hat{\Theta})}{f(X|\Theta)} \right) = E \int f(x|\Theta) \ln \left(\frac{f(x|\hat{\Theta})}{f(x|\Theta)} \right) dx. \text{"}([2]:267) \qquad (4.22)$$

Und tatsächlich weisen die Gleichungen (4.21) und (4.22) doch recht deutliche Gemeinsamkeiten auf. AKAIKE führt weiterhin aus:

> „This obervation makes it clear that what we are proposing here is the adoption of an information theoretic quantity of the discrepancy between the estimated and the true probability distributions to define the loss function of an estimate $\hat{\Theta}$ of Θ." ([2]: 267)

Auch wenn es mehrere Maße für die Unterschiedlichkeit zweier Wahrscheinlichkeitsverteilungen gibt, existieren also durchaus gute Gründe für eine Verwendung des KULLBACK-LEIBLER-Abstandes.

4.6.3. SOBERs Einfachheitsbegriff

Schon der Titel des ersten Kapitels seines Buches *Simplicity* [40] zeigt, in welche Richtung SOBERs Auffassung bezüglich des Begriffs der Einfachheit geht: *Simplicity as Informativeness*. Ich werde nun folgend grob skizzieren, was der Kern von SOBERs Idee ist:

SOBER führt in [40] aus, dass diejenigen Gesetzesaussagen am einfachsten sind, die am wenigsten Zusatzinformation benötigen, um aus ihnen Prognosen abzuleiten. Er verdeutlicht dies an einem einfachen Beispiel. Man betrachte dazu die Hypothese

$$\forall x (Fx \supset Gx). \qquad (4.23)$$

Nehmen wir nun an, wir seien an der Frage interessiert, ob ein Individuum a die Eigenschaft G habe. Entweder hat a die Eigenschaft G, oder a hat die Eigenschaft G nicht. Daher kann man diese Frage durch folgendes Alternativen-Tupel repräsentieren:

$$(Ga, \neg Ga). \qquad (4.24)$$

Wenn wir nun an die Wahrheit der Implikation (4.23) glauben, dann können wir diese nutzen, um die Frage (4.24) zu beantworten. Dazu müsste man den Wahrheitswert von

$$Fa \qquad (4.25)$$

in Erfahrung bringen. Nehmen wir an, a habe die Eigenschaft F. Wenn man nun (4.23) und (4.25) kombiniert, so erhält man den Schluss auf die Antwort der Frage (4.24):

$$(Fa \wedge \forall x (Fx \supset Gx)) \Rightarrow Ga.$$

Ersetzt man nun in diesem Beispiel die Hypothese (4.23) durch die Hypothese

$$\forall x(Fx \wedge Hx \supset Gx), \tag{4.26}$$

so benötigt man als Zusatzinformationen, um auf Ga schließen zu können, die Kenntnis über die Wahrheit von $Fa \wedge Ha$. In diesem Kontext ist (4.23) informativer als (4.26), da weniger Zusatzinformationen benötigt werden. Im Allgemeinen ergibt sich hieraus für Konditionale: Je weniger unnegierte Konjunkte das Antecedenz enthält, desto einfacher ist das Konditional. SOBER beschreibt den Zusammenhang zwischen den Ansprüchen des Informationsgehaltes und der Einfachheit bei der Wahl von Hypothesen wie folgt:

> „The theory that I have been elaborating and defending can be said to justify the use of simplicity in hypothesis choice on the grounds that informativeness is one of our goals in choosing hypotheses and, according to the theory, simplicity is informativeness." ([40]: 160)

Die Tatsache, dass SOBER Einfachheit mit Informationsgehalt identifiziert, begründet sich wesentlich dadurch, dass eine Anwendung einer Gesetzesaussage schwieriger wird, wenn man mehr Zusatzinformationen (Anfangsbedingungen, Randbedingungen, usw.) benötigt. Auch wenn an dieser Stelle nicht weiter auf das SOBER'sche Verständnis von Einfachheit als Informationsgehalt eingegangen werden kann, sei noch einmal herausgestellt, dass dieses Verhältnis ein wesentlicher Punkt in SOBERs frühen Arbeiten zur Theorie der Wahl von Hypothesen ist. Daher scheint es auch zunächst wenig überraschend, dass FORSTER und SOBER auf das Konzept der AIC-Statistik zurückgreifen, wird doch hier genau dieser Informationsgehalt in Verbindung zum Maximum-Likelihood-Prinzip gebracht. Genau darauf weist AKAIKE selber hin, wie das Zitat auf Seite 111 zeigt. Mit dieser informationstheoretischen Größe meint AKAIKE genau den in Kapitel 4.6.2 dargestellten KULLBACK-LEIBLER-Abstand.

Es scheint also durchaus Grund zu der Annahme zu geben, dass es im FORSTER'schen und SOBER'schen Konzept rund um das AKAIKE Information Criterion zu einer Art Vermischung zweier verschiedener Maße der Einfachheit gekommen ist: Informationsgehalt versus Anzahl der determinierenden Parameter. Dieser Anschein gründet jedoch auf einer ungenauen Unterscheidung. Tatsächlich verstehen SHANNON und SOBER unter „Informationgehalt" zwei verschiedene Dinge. Bei SOBERs Informationsgehalt in [40] handelt es sich um einen semantischen Informationsgehalt im Sinne der logischen Stärke. Der von SHANNON entwickelte Begriff der Entropie bildet jedoch einen statistischen Zugang zur Information.[16]

---

[16] Vgl. Kapitel 4.6.1.

Die zuvor beschriebene Gefahr einer konzeptionellen Inkonsistenz löst sich also schon mittels der angeführten Unterscheidung der semantischen Information im SOBER'schen Sinne und der statistischen Information im SHANNON'schen Sinne auf.

Inzwischen hat SOBER seine in [40] vertretende Meinung bezüglich des Informationsgehaltes verworfen. Wie er mir in einer Email vom 23.03.2009 mitteilte, hat er jedoch nie die Gründe seines Meinungswechsels veröffentlicht. Auch wenn diese Gründe sehr interessant gewesen wären, ist dennoch erst einmal wesentlich, dass keine Gefahr einer konzeptionellen Inkonsistenz existiert.

5. Simulationen: Das Konzept von FORSTER und SOBER

Um das Konzept um das AKAIKE-FORSTER-SOBER-Theorem in konkreten Anwendungssituationen zu testen, habe ich Computersimulationen durchgeführt.[1] Die grundlegende Idee hierbei war, dass eine Bewertung eines Kurvenwahlkriteriums dann am einfachsten ist, wenn man bereits vorab weiß, was eigentlich herauskommen müsste. Im folgenden Kapitel gehe ich zuerst auf entsprechende Simulationen für den geschätzten Abstand zur wahren Kurve im FORSTER'schen und SOBER'schen Sinne ein. Im daran anschließenden Kapitel werden die Simulationen analog für das AKAIKE-FORSTER-SOBER-Theorem durchgeführt.

5.1. Simulationen I: Geschätzter Abstand zur wahren Kurve

Auf Basis dieser grundlegenden Idee entstand zunächst der folgende Simulationsalgorithmus, der aus drei Schritten besteht:

1. Man gibt diejenige Funktion an, die in der Simulation die Rolle der wahren Funktion übernimmt.

2. Das Programm erzeugt dann mithilfe des Signal-Rauschen-Modells und nach gewissen Vorgaben eine Datenmenge. Bei diesen Vorgaben handelt es sich um verschiedene Parameter, die in der Simulation variiert werden können, um ein möglichst breites Spektrum verschiedener Anwendungssituationen simulieren zu können. So sind die Intervall-Grenzen der unabhängigen Variablen x frei wählbar. Ebenso ist die äquidistante Schrittweite für die Generierung der x-Werte frei wählbar. Darüberhinaus kann auch der Perturbationskoeffizient σ für das Signal-Rauschen-Modell frei gewählt werden. Wählt man ihn etwa gleich Null, so entspricht die simulierte Messdatenmenge exakt der wahren Datenmenge.

---

[1] Sämtliche Simulationen wurden in dem Programmpaket MATLAB implementiert.

3. Dann werden polynomielle Kurven vorher festgelegten Typs, also vorher festgelegten Grades, an diese Datenmenge angepasst und für jede dieser Kurven wird die FORSTER'sche und SOBER'sche Schätzung des Abstands einer Kurvenfamilie zur wahren Kurve gemäß Gleichung (4.1) in Kapitel 4.1 berechnet. Zudem wird ein Plot erzeugt, der die wahre Kurve, die perturbierten Datenpunkte sowie die angepassten Kurven darstellt.

Die Datenmenge, die im zweiten Schritt erzeugt wird, übernimmt in dieser Simulation also die Rolle einer Datenmenge, die ein Wissenschaftler etwa als Resultat eines Experimentes erhalten könnte und auf Basis derer er nun auf den tatsächlichen Zusammenhang zwischen den untersuchten Größen schließen möchte. In der Simulation ist dieser Zusammenhang aber aufgrund des ersten Schrittes bekannt. Der Algorithmus wurde sodann in dem Programmpaket MATLAB implementiert.

Der folgende Plot zeigt die Ergebnisse des Simulationsalgorithmus für das Beispiel der wahren Funktion $f(x) = 2x^4 - 2x^3 + 3x^2 - 3x + 1$, einem Perturbationskoeffizienten $\sigma = 1$ (die simulierten Fehlereinflüsse sind also standardnormalverteilt) und angepasste Kurven der Grade Zwei und Drei.

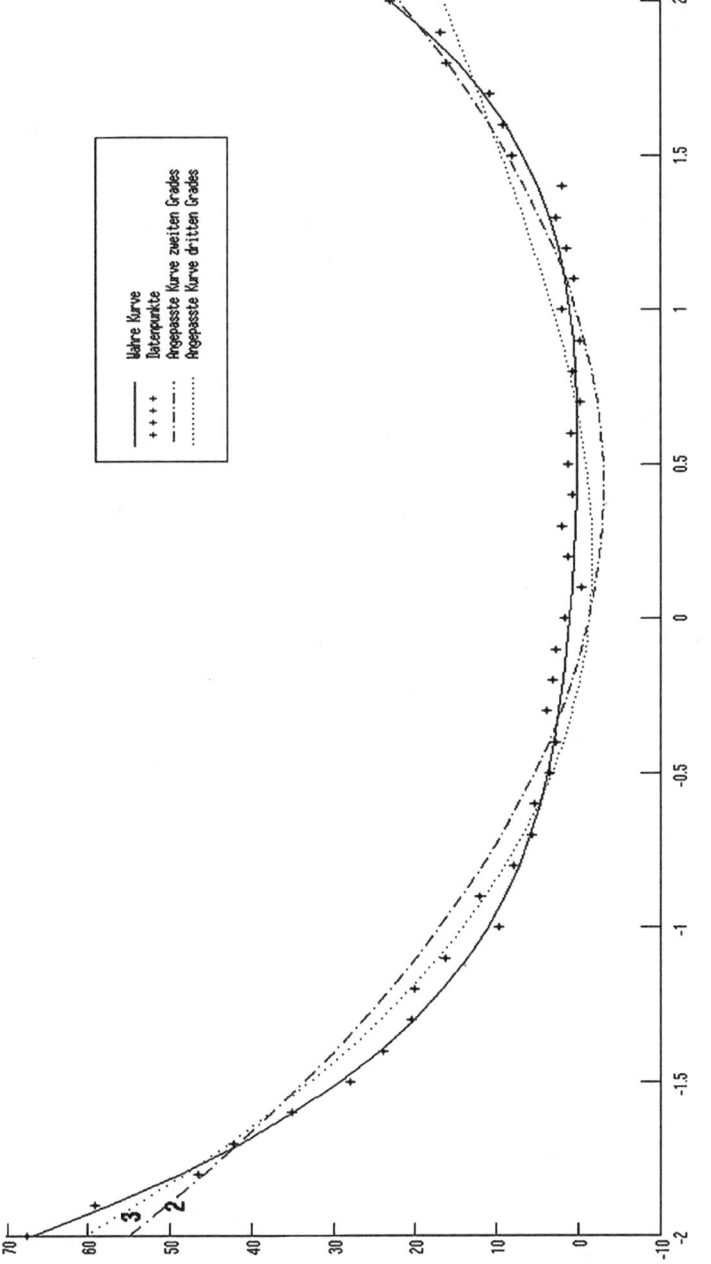

Abbildung 5.1.: Der Simulationsalgorithmus: Ein Beispiel

Die wahre Kurve ist in einer durchgehenden Linie dargestellt. Die Kreuze im Plot sind die simulierten Datenpunkte, auf denen die Kurvenanpassung basiert. Die mit „2" und „3" beschrifteten gepunkteten beziehungsweise durch wechselnde Punkte und Striche dargestellten Kurven sind die angepassten Kurven vom Grade Zwei beziehungsweise Drei. Man kann vor allem an den Rändern, also bei x-Werten zwischen -2 und etwa -1,7 und auch auf der anderen Seite bei x-Werten zwischen etwa 1,7 und 2 sehr gut erkennen, dass sich die Bestapproximation der Kurven dritten Grades den Daten besser anpasst als die Bestapproximation der Kurven zweiten Grades. Dies wird auch anhand der in der Simulation berechneten Werte des geschätzten Abstands zur wahren Kurve im FORSTER'schen und SOBER'schen Sinne deutlich: Der entsprechende geschätzte Abstandswert der Kurve zweiten Grades beträgt (gerundet) 572,1252 und der geschätzte Abstandswert der Kurve dritten Grades beträgt (ebenfalls gerundet) 351,1161. Aus Gründen der Erkennbarkeit wurde die angepasste Kurve vierten Grades nicht mit in den Plot aufgenommen. Ihr geschätzter Abstand zur wahren Kurve beträgt 30,4925. Hätte sich somit in diesem Beispiel ein Wissenschaftler in der Situation befunden, unter diesen drei konkurrierenden Kurventypen entscheiden zu müssen, so hätte ihn die FORSTER'sche und SOBER'sche Schätzung des Abstands zur wahren Kurve zum Kurventyp der wahren Kurve geführt.

Wiederholte Durchläufe dieser Simulation mit variierenden Parametern (variierende wahre Zusammenhänge, variierenden Größen der Datenmenge, usw.) haben jedoch ergeben, dass das AKAIKE-FORSTER-SOBER-Theorem auffällig oft nicht zu einer Wahl des wahren Zusammenhanges führen würde. Besonders auffällig ist hierbei die Tatsache, dass es in den simulierten Fällen keinen Unterschied machte, ob für σ^2 in Gleichung (4.1) in Kapitel 4.1 die Stichprobenvarianz der angepassten Kurve bezüglich der Daten oder die innerhalb der Simulation ja bekannte Varianz der Fehlerverteilung um den tatsächlichen Zusammenhang benutzt wurde.

Um diese Effekte genauer zu untersuchen, habe ich obigen Algorithmus um die folgenden beiden Schritte ergänzt:

4. Die Schritte 2. und 3. werden für eine im Vorfeld angegebene Anzahl wiederholt: 400 mal, 4000 mal, 40000 mal.

5. Für jeden 400er-, 4000er- beziehungsweise 40000er-Datensatz wird die Fehlerquote berechnet.

Die Fehlerquote im fünften Schritt ist das Verhältnis von denjenigen Fällen, in denen die FORSTER'sche und SOBER'sche Schätzung des Abstandes zur Wahrheit

Durchgang	Grad 1	Grad 2	Grad 3	Grad 4	Grad 5	Grad 6	Grad 7	Grad 8	Grad 9	
1	1474547416,20	140303043,98	121367796,33	**244,50**	246,22	248,22	249,17	251,06	252,63	Fehler: 10609
2	1474422521,61	140281433,56	121350191,89	**198,73**	199,78	201,70	199,54	200,39	201,16	
3	1474395511,73	140279906,81	121356316,08	**214,56**	215,36	217,10	219,10	216,06	218,02	Fehlerquote:
4	1474288018,86	140209132,82	121286494,95	**195,79**	196,51	**195,52**	197,21	198,53	197,25	26,52 %
5	1474392032,08	140259514,85	121342174,96	**190,08**	192,07	193,76	195,75	197,58	199,13	
6	1474574812,57	140292690,30	121361725,98	**219,40**	221,39	222,83	220,55	221,74	223,42	
7	1474459785,79	140267918,20	121349704,95	**225,40**	226,85	228,42	228,45	229,40	231,24	
8	1474517541,64	140304191,40	121371559,17	**207,09**	207,88	207,82	209,74	211,33	213,30	
9	1474622203,38	140252032,49	121323025,64	**167,53**	169,39	171,14	169,78	170,45	170,76	
10	1474486944,08	140260303,92	121335657,31	**221,00**	222,96	222,95	224,19	225,96	227,69	
11	1474569318,88	140296215,18	121356937,22	**216,75**	218,52	220,23	222,19	220,39	222,30	
12	1474532247,94	140323912,77	121383290,10	**190,52**	191,60	193,19	192,83	194,63	196,56	
13	1474734486,30	140311937,98	121376319,01	**262,64**	263,79	265,34	266,50	265,33	267,33	
14	1474578382,13	140281442,65	121335851,92	**205,64**	207,09	208,28	209,39	210,72	212,56	
15	1474533414,74	140276247,46	121343714,48	**182,48**	184,47	186,47	188,34	190,33	191,35	
16	1474314141,10	140286219,05	121354677,11	**195,44**	196,51	198,45	200,38	202,37	204,16	
17	1474604668,41	140264522,56	121334882,00	**191,46**	193,38	195,12	196,81	198,64	200,51	
18	1474589152,97	140316628,00	121381060,33	**201,71**	202,54	204,47	203,43	204,42	205,25	
19	1474565339,91	140262389,46	121342350,74	**230,21**	230,26	**229,86**	231,69	232,74	**229,85**	
20	1474523687,96	140293578,70	121362112,65	**192,45**	193,44	192,54	193,87	195,05	196,51	
21	1474483132,79	140285815,29	121368164,87	**248,53**	**247,99**	249,95	251,15	252,02	253,80	
22	1474642861,88	140262058,57	121328819,03	**223,62**	225,61	226,88	224,80	225,98	226,58	
23	1474511501,47	140280772,62	121348845,38	**211,20**	212,60	214,47	216,43	216,77	217,68	
24	1474577596,43	140264000,18	121341966,51	**242,93**	244,88	246,46	246,54	246,96	248,94	
25	1474470206,91	140263384,60	121341205,98	**233,62**	234,67	236,65	237,64	239,17	237,23	
26	1474584148,95	140296406,71	121367496,84	**196,40**	198,22	**195,82**	196,68	197,70	198,93	
27	1474531117,87	140274709,20	121343391,75	**168,67**	170,67	172,43	174,38	176,20	177,28	
28	1474523758,48	140252759,99	121331122,68	**203,81**	205,77	206,80	208,77	210,10	211,98	
29	1474533847,71	140269005,55	121339775,76	**184,84**	186,35	188,29	187,72	189,72	189,98	
30	1474565057,04	140271591,65	121343178,15	**213,00**	214,99	215,24	216,71	218,59	220,08	
31	1474502485,48	140280635,64	121357893,05	**199,11**	200,42	202,12	204,12	205,64	207,64	
32	1474601868,31	140275161,20	121332199,62	**224,16**	224,88	226,77	227,60	228,28	229,68	
33	1474512276,39	140285742,33	121354406,13	**157,85**	159,85	161,47	163,47	165,43	166,10	
34	1474572604,18	140261437,79	121319832,70	**211,38**	213,38	214,35	216,01	217,95	216,09	

Abbildung 5.2.: Tabelle der Simulationsergebnisse, 1. Beispielseite

(Gleichung (4.1) in Kapitel 4.1) nicht zu einer Wahl des wahren Zusammenhanges führen würde, zu den Bewertungen der einzelnen Kurventypen mittels selbiger Schätzung insgesamt. Der „Fehler" besteht also darin, dass die Schätzung des Abstandes zur Wahrheit im FORSTER'schen und SOBER'schen Sinne bei einem Kurventyp, der nicht dem wahren funktionalen Zusammenhang entspricht, geringer als beim wahren funktionalen Zusammenhang ist. Die Abbildungen 5.2 und 5.3 zeigen exemplarisch die ersten beiden Seiten derjenigen Tabelle, die eine Simulation mit 40000 Wiederholungen und einem Perturbationskoeffizienten $\sigma = 1$ erbracht hat. Die dabei verwendeten x-Werte sind die Werte des Intervalls $[-10; 10]$ bei einer äquidistanten Schrittweite von 0,1. Die vollständige Tabelle für diese Simulation besteht bei gleicher Formatierung wie der erwähnte Auszug aus 1177 Seiten. In jeder Zelle der Tabelle findet sich der FORSTER'sche und SOBER'sche Schätzwert des Abstands zur wahren Kurve. In den Spalten „Grad 1" bis „Grad 9" sind jeweils die entsprechenden Werte für die angepassten Polynome der Grade 1 bis 9 festgehalten, während in den Zeilen - in der vollständigen Tabelle also in den Zeilen 1 bis 40000 - die Werte der einzelnen Simulationsdurchgänge festgehalten sind. In der Zelle „Grad 2 - 34" findet sich also beispielsweise der geschätzte Abstand zur Wahrheit eines angepassten quadratischen Polynoms im 34. Simulationsdurchgang. Das Polynom, das in dieser Simulation als wahres Polynom fungiert, hat den Funktionsterm:

$$f(x) = -x^4 + 2x^3 + x^2 - x + 3.$$

Würde die Schätzung des Abstands zur Wahrheit nach FORSTER und SOBER

Durchgang	Grad 1	Grad 2	Grad 3	Grad 4	Grad 5	Grad 6	Grad 7	Grad 8	Grad 9
35	1474559547,39	140285024,52	121359407,95	**203,27**	205,17	206,75	208,75	210,15	211,91
36	1474375414,49	140267463,49	121345479,31	**212,56**	**210,48**	**212,37**	213,39	215,19	217,10
37	1474566211,69	140230665,89	121324111,75	**249,04**	250,99	252,97	254,69	256,68	258,23
38	1474560341,61	140255110,33	121334329,38	**238,87**	240,87	242,30	243,81	244,24	245,47
39	1474536929,14	140263704,44	121337994,51	**173,46**	175,21	177,07	178,65	179,28	180,91
40	1474471248,32	140270227,24	121331311,59	**204,71**	206,66	208,64	210,01	211,58	213,53
41	1474496419,95	140268660,69	121338541,47	**180,63**	182,56	184,44	186,32	188,18	190,18
42	1474504319,08	140272949,74	121338964,49	**198,62**	200,53	201,88	203,07	202,34	203,88
43	1474615511,59	140241796,99	121334947,01	**217,30**	219,07	218,46	219,47	221,22	222,26
44	1474589829,81	140314303,52	121375559,08	**227,34**	229,34	231,11	232,97	234,36	235,69
45	1474488904,35	140269705,50	121339546,51	**198,32**	200,31	201,07	202,67	203,78	202,90
46	1474509083,70	140259751,56	121335859,27	**238,27**	**237,84**	**235,61**	**237,38**	239,22	240,80
47	1474500970,58	140281114,18	121347863,70	**171,57**	172,44	173,90	175,63	177,19	179,09
48	1474425188,37	140260967,14	121331117,39	**221,74**	223,59	225,26	225,18	226,94	228,94
49	1474606820,58	140293294,52	121364047,62	**188,86**	189,00	190,96	189,29	190,29	190,18
50	1474629028,06	140284049,50	121350171,53	**200,86**	202,01	201,55	**198,55**	**199,42**	201,41
51	1474577415,44	140283060,29	121338086,49	**180,14**	182,10	183,84	185,47	187,42	188,34
52	1474523357,26	140282212,58	121374662,12	**175,61**	177,26	178,98	180,96	182,95	182,71
53	1474538797,50	140300743,68	121374635,88	**217,43**	218,59	**216,92**	218,92	220,60	222,55
54	1474682365,93	140319833,37	121380723,84	**220,97**	220,08	**216,15**	**214,91**	**215,58**	**217,57**
55	1474386339,10	140280252,72	121352942,33	**185,21**	**184,27**	185,22	**184,86**	**181,36**	**183,31**
56	1474597715,91	140288713,87	121353015,79	**184,02**	186,01	187,84	189,16	189,22	190,80
57	1474435507,98	140261984,77	121331418,01	**190,65**	192,55	194,38	196,20	198,19	200,18
58	1474613237,05	140277116,78	121345998,75	**232,09**	234,06	236,05	238,00	239,16	241,16
59	1474482041,35	140236846,12	121326091,43	**195,59**	197,59	199,44	201,42	201,97	203,90
60	1474379653,45	140288621,44	121343715,68	**204,73**	206,65	208,62	209,90	209,75	210,96
61	1474453304,02	140231701,03	121316125,50	**200,30**	202,25	204,19	206,13	208,13	209,04
62	1474437690,62	140276699,04	121345017,81	**201,90**	202,48	204,44	206,02	208,02	210,01
63	1474354690,32	140210298,00	121302915,74	**193,02**	194,12	196,12	197,67	198,58	199,54
64	1474581774,00	140272076,65	121353198,48	**161,84**	**159,95**	**161,78**	163,60	165,55	167,53
65	1474515910,90	140278335,88	121350622,48	**201,93**	203,16	205,12	202,60	204,59	206,43
66	1474386517,96	140277330,45	121360604,72	**195,26**	196,60	**195,19**	197,18	199,18	201,14
67	1474604114,47	140284553,31	121369328,98	**202,47**	204,46	206,27	206,04	203,72	205,67
68	1474607144,95	140274782,45	121348194,10	**215,41**	216,21	217,95	218,54	220,35	218,57

Abbildung 5.3.: Tabelle der Simulationsergebnisse, 2. Beispielseite

nun stets zuverlässige Ergebnisse liefern, so müsste der kleinste geschätzte Abstandswert für jeden Simulationsdurchgang, also für jede der Zeilen, immer in der Grad-4-Spalte stehen, denn hier sind die Werte für die angepassten polynomiellen Funktionen vierten Grades aufgelistet und das wahre Polynom ist ja gerade vierten Grades. Zum Zwecke einer besseren Übersichtlichkeit habe ich die Werte innerhalb einer jeden Zeile, die kleiner oder gleich dem Wert in der Grad-4-Spalte sind, fett gedruckt und unterstrichen dargestellt. Schon bei den beiden Beispielseiten der Simulationsdaten sieht man sofort, dass der kleinste geschätzte Abstand zur Wahrheit eben nicht immer in der Grad-4-Spalte steht. In diesen Fällen liefert die FORSTER'sche und SOBER'sche Schätzung des Abstands zur Wahrheit also falsche Ergebnisse. In der Simulation mit 40000 Simulationsdurchläufen haben sich 10609 solcher *Fehler* ergeben. Dies entspricht einer Fehlerquote von gerundeten 26,52%.

Grad	Funktion	Fehlerquote (%)
1	$f(x) = 2x - 1$	27,78
2	$f(x) = -x^2 + 2x - 3$	25,18
3	$f(x) = 2x^3 - x^2 + 7x - 1$	24,48
4	$f(x) = -7x^4 - 2x^2 + 3x + 4$	25,03
5	$f(x) = x^5 + x^4 - x^3 + x^2 - 7x + 2$	26,55
6	$f(x) = 25x^6 + x^5 - 7x^4 + 2x^3 - x^2 + 3x - 3$	27,43
7	$f(x) = x^7 + x^6 + x^5 + x^4 + x^3 + x^2 + x + 1$	27,98
8	$f(x) = -3x^8 + x^6 - x^4 + x^2 - 2$	25,83
9	$f(x) = x^9 + x^8 - x^7 + x^6 - 7x^5 + 2x^2 + x + 1$	24,5
10	$f(x) = -x^{10} - 3x^9 - 2x^8 - 4x^7 + 2x^6 + 7x^5 + x^4 - 3x^3 + x^2 - x + 3$	25,5
11	$f(x) = 7x^{11} + x^{10} - 5x^9 + x^8 - 7x^7 - x^6 - 2x^5 - x^4 - x^3 + 2x^2 - 2x + 1$	26,88
12	$f(x) = -x^{12} - x^{11} + x^9 + 2x^8 + x^7 - 4x^6 + 2x^5 - 2x^3 + x^2 - 7x - 5$	27,55
13	$f(x) = 6x^{13} + 2x^{11} + 2x^{10} + 2x^9 + 2x^8 + 2x^7 + 2x^6 + 2x^5 + 2x^4 - x^3 - x^2 - 2x + 3$	24,73
14	$f(x) = -9x^{14} - 6x^{13} + x^{12} - 9x^{11} + 6x^{10} + x^9 - 2x^8 - 3x^7 + 9x^6 + x^5 - x^4 - 7x^3 - 2x^2 - 2x - 1$	25,3

Tabelle 3

Umfangreiche Wiederholungen der Simulationen mithilfe dieses Algorithmus unter Verwendung variierender Startparameter (variierende wahre Zusammenhänge, variierende Größen der Datenmengen, variierende Perturbationskoeffizienten, usw.) ergaben nun folgende interessanten und überraschenden Resultate: So haben die Simulationen gezeigt, dass bei einer Anwendung der FORSTER'schen und SOBER'schen Gleichung (4.1) in Kapitel 4.1 als Kurvenwahlkriterium stets eine Fehlerquote von ca. 25% auftritt, das heißt in rund einem Viertel der Simulationsdurchgänge gab es (mindestens) eine Kurve, deren geschätzter Abstand zur wahren Kurve niedriger war als der geschätzte Wahrheitsabstand der wahren Kurve. Die Tabelle 3 zeigt dies exemplarisch für einige polynomielle Funktionen verschiedener Grade. Dabei wurden Daten über dem x-Werte-Intervall $[-20; 20]$ bei einer äquidistanten Schrittweite $s = 0,1$ und einem Perturbationskoeffizienten $\sigma = 1$ generiert. Die Anzahl der Wiederholungen zur Berechnung der Fehlerquote betrug 4000. Die Fehlerquote wurde auf zwei Dezimalen gerundet.

Dies ist in mehrfacher Hinsicht interessant:

1. Mit ca. 25% ist die Fehlerquote schlichtweg sehr hoch.

2. Die Fehlerquote liegt in den Simulationen immer bei ca. 25%, egal welche Beispiele betrachtet wurden und wie groß die Anzahl der Simulationsdurchläufe war.

3. In denjenigen Fällen, in denen der wahre funktionale Zusammenhang nicht den geringsten Abstand zur wahren Kurve hat, sind es stets die komplexeren Funktionen, also die polynomiellen Funktionen höheren Grades, die einen geringeren Abstand zur Wahrheit aufweisen.

4. Im Allgemeinen ist die Fehlervarianz um den tatsächlichen Zusammenhang unbekannt, sodass sie aus den Daten relativ zu der betrachteten Bestapproximation geschätzt werden muss. Doch selbst wenn für σ^2 in Gleichung (4.1) in Kapitel 4.1 die innerhalb der Simulationen bekannte Fehlervarianz eingesetzt wurde, zeigen sich die in 1. bis 3. dargestellten Effekte, das heißt: Selbst in dem gewissermaßen „optimalen" Fall, dass die wahre Fehlerverteilung bekannt ist, weist die FORSTER'sche und SOBER'sche Schätzung des Abstands zur wahren Kurve eine (zu) hohe Fehlerquote auf.

Um diese Effekte weiter zu untersuchen, wurde für eine ganze Reihe von verschiedenen Funktionen - genauer: für verschiedene polynomielle Funktionen verschiedener Grade - der Einfluss der Anzahl der Datenpunkte auf die Simulationsergebnisse untersucht. Die Anzahl der Datenpunkte wurde dabei auf zwei Arten variiert:

1. Bei fixierten Intervallgrenzen a und b wird die Anzahl der Datenpunkte im Daten-Intervall $[a;b]$ durch eine variierende äquidistante Schrittweite s variiert.

2. Bei einer fixierten äquidistanten Schrittweite s wird die Anzahl der Datenpunkte im Daten-Intervall $[a;b]$ durch variierende Intervallgrenzen a und b variiert.

In einem weiteren Schritt wurde dann zusätzlich noch der Perturbationskoeffizient σ variiert. Die Tabelle 4 gibt die Ergebnisse dieser Untersuchungen exemplarisch für die Funktion f_1 mit

$$f_1(x) = -x^4 + 2x^3 + x^2 - x + 3$$

und dem Daten-Intervall $[-10;10]$ sowie dem Perturbationskoeffizienten $\sigma = 1$ wieder.

s	0,001	0,01	0,1	0,25	0,75	1	1,25	1,5	2
DM	0,58	0,57	0,59	0,56	0,55	0,53	0,58	0,59	0,6
MD	17,62	16,17	17,8	12,94	21,26	17,75	14,15	19,51	15,36

Tabelle 4

Hierbei bezeichnet s die äquidistante Schrittweite. *DM* ist der Differenz-Mittelwert. Dies ist der Mittelwert der Differenzen des Minimalabstands einer jeden Zeile der Tabelle von Abbildung 5.2 beziehungsweise Abbildung 5.3 und des geschätzten wahren Abstands. Wäre das FORSTER'sche und SOBER'sche Konzept um den geschätzten Abstand zur wahren Kurve absolut verlässlich, so müsste jede einzelne dieser Differenzen den Wert Null ergeben und folglich wäre somit auch der Differenz-Mittelwert gleich Null. Da diese Differenzen aber in denjenigen Fällen, in denen die Schätzung des Abstands zur wahren Kurve auf den falschen Kurventyp führen würde, ungleich Null sind, ist auch der Differenz-Mittelwert stets ungleich Null. Der kleinste Wert, der innerhalb der Simulations-Wiederholungen als derartige Differenz auftaucht, ist gleich Null, denn schließlich führt die Schätzung des Abstands zur wahren Kurve manchmal auch zum korrekten Kurventyp. Die maximalen Differenzwerte *MD* variieren jedoch recht stark. Daher wurden sie mit in die obige Tabelle aufgenommen.

Die Schrittweiten wurden also, wie man der Tabelle 4 entnehmen kann, zwischen 0,001 und 2 variiert. Auffällig ist nun, dass obwohl die maximalen Differenzen *MD* teilweise sehr deutlich schwanken, der Differenz-Mittelwert *DM* für die verschiedenen Schrittweiten s nahezu konstant ist. Der gleiche Effekt zeigte sich auch für alle anderen betrachteten Funktionen, beispielsweise auch für die

Funktion f_2 mit

$$f_2(x) = 2x^5 - \frac{1}{2}x^3 + 7x^2 + 2x - 5.$$

Der Perturbationskoeffizient und das Daten-Intervall blieben unverändert $\sigma = 1$ und $[-10; 10]$.

s	0,001	0,01	0,1	1
DM	0,56	0,54	0,57	0,52
MD	12,46	16,15	16,54	14,95

Tabelle 5

Wiederum schwanken die maximalen Differenzen *MD* recht deutlich während die Differenz-Mittelwerte *DM* erneut nahezu konstant sind. Zusätzlich fällt nun auf, dass die Differenz-Mittelwerte aus Tabelle 4, also für die Beispiel-Funktion f_1, nahezu übereinstimmen mit den Differenz-Mittelwer-ten aus Tabelle 5 für die Beispiel-Funktion f_2.

Wird die Anzahl der Datenpunkte also bei festen Intervallgrenzen durch die Variation der äquidistanten Schrittweite s variiert, so bleiben bei allen verschiedenen Funktionstypen die Differenz-Mittelwerte nahezu konstant. Dies ist zweifelsohne überraschend, läge doch die Vermutung nahe, dass die Güte eines Kurvenwahlkriteriums wie der FORSTER'schen und SOBER'schen Schätzung des Abstands zur wahren Kurve mit steigender Anzahl an Datenpunkten ebenfalls steigen sollte. Der betrachtete Differenz-Mittelwert widerspricht jedoch dieser Vermutung. Diese Effekte zeigen sich unverändert, wenn man die Anzahl der Datenpunkte über eine Variation der Intervallgrenzen bei konstanter äquidistanter Schrittweite variiert. Für die Funktion f_2, $\sigma = 1$ und $s = 1$ ergibt sich beispielsweise:

I	[-50; 50]	[-75; 75]	[-100; 100]	[-150; 150]	[-175; 175]
DM	0,5	0,54	0,56	0,53	0,51
MD	15,65	14,89	15,88	13,22	16,2

Tabelle 6

I bezeichnet hierbei das Daten-Intervall. Auch hier schwanken die maximalen Differenzen deutlich, während die Differenz-Mittelwerte einerseits innerhalb der Tabelle 6 nahezu konstant bleiben, andererseits sich aber vor allem auch über die Tabellen 4 und 5 hinweg kaum unterscheiden.

σ	I	DM	MD
2	[-10; 10]	2,16	55,06
2	[-100; 100]	2,35	83,89
2	[-250; 250]	2,13	62,75
2,5	[-10; 10]	3,43	87,48
2,5	[-100; 100]	3,36	75,25
2,5	[-250; 250]	3,54	87,33
3	[-10; 10]	5,01	150,67
3	[-100; 100]	5,06	149,93
3	[-250; 250]	5,12	166,41
10	[-10; 10]	57,6	2439,38
10	[-100; 100]	56,19	1754,07
10	[-250; 250]	57,54	1875,43

Tabelle 7

Es ist also festzuhalten: Bei einer Vergrößerung der Anzahl der Datenpunkte - sei es durch Variation der äquidistanten Schrittweite oder durch Variation der Intervallgrenzen - bleiben die Differenz-Mittelwerte nahezu unverändert. Würde die FORSTER'sche und SOBER'sche Schätzung des Abstands zur wahren Kurve - so wie es von einem Kurvenwahlkriterium im Allgemeinen zu erwarten wäre - mit steigender Anzahl an Datenpunkten immer verlässlichere Ergebnisse liefern, so müssten die Differenz-Mittelwerte immer kleiner werden, denn immer mehr Differenzen, die in den Mittelwert eingehen, wären gleich Null. Die Simulationen, die hier in beispielhaften Auszügen dargestellt wurden, zeigen jedoch, dass dem nicht so ist.

Doch wie verhält es sich, wenn nun zusätzlich auch noch der Perturbationskoeffizient variiert wird? Die beiden Tabellen 7 und 8 fassen beispielhaft die Ergebnisse der diesbezüglich angestellten Analyse für die bereits betrachteten Funktioen f_1 und f_2 zusammen; zunächst für f_1 mit einer konstanten äquidistanten Schrittweite $s = 1$, dann für f_2 zusammen mit einer konstanten äquidistanten Schrittweite $s = 1$.[2]

---

[2] Die relevanten Werte werden hier aus Platzgründen nicht wie zuvor in Zeilen, sondern in Spalten, angeführt.

σ	I	DM	MD
2	[-10; 10]	2,21	67,49
2	[-50; 50]	2,03	97,87
2	[-75; 75]	2,19	72,75
2	[-100; 100]	1,95	64,13
2	[-150; 150]	2,16	91,76
2	[-175; 175]	2,16	48,96
2	[-200; 200]	1,95	53,41
2	[-250; 250]	2,12	47,54
2,5	[-10; 10]	3,46	112,26
2,5	[-50; 50]	3,35	100,24
2,5	[-150; 150]	3,05	78,37
2,5	[-250; 250]	3,21	84,88
3	[-10; 10]	4,82	140,99
3	[-150; 150]	4,66	149,32
3	[-250; 250]	4,67	140,14
10	[-10; 10]	53,43	1587,14
10	[-150; 150]	53,22	2023,04
10	[-250; 250]	51,68	0,62,98

Tabelle 8

Auch an diesen Tabellen lässt sich erkennen, dass bei gleichem Perturbations-koeffizienten σ und bei variierenden Breiten des Daten-Intervalls die Differenz-Mittelwerte DM nahezu konstant bleiben. Für $\sigma = 2$ ergibt sich hier beispielsweise ein Differenz-Mittelwert, der immer sehr knapp um 2 herum liegt. Erhöht sich nun der Perturbationskoeffizient auf 2,5, so erhält man für alle Intervall-Breiten einen größeren Differenz-Mittelwert (hier: immer knapp um 3,3 liegend).

Anders als der zuvor beschriebene und im Zwischenfazit zusammengefasste Effekt, dass die Differenz-Mittelwerte offenbar unabhängig von der Anzahl der Datenpunkte sind, ist die Abhängigkeit der Differenz-Mittelwerte von dem Perturbationskoeffizienten - also der Standardabweichung der Fehlerverteilung - nicht überraschend. Dies lässt sich indirekt durch die Tatsache erklären, dass bei einem größeren Einfluss von Fehlern in der Datenmenge ein Schließen auf den wahren funktionalen Zusammenhang erschwert wird. Je stärker fehlerbehaftet Messwerte sind, desto unschärfer zeigt sich der wahre Trend hinter den Daten. Folglich würde das Risiko, mittels eines Kurvenwahlkriteriums auf einen falschen Kurventyp zu schließen, größer. Darüberhinaus lässt sich der Effekt auch direkt anhand der FORSTER'schen und SOBER'schen Schätzung des Abstands zur wahren Kurve erklären: Der zweite Summand auf der rechten Seite von Gleichung 4.1 aus Kapitel 4.1 ist proportional zum Quadrat der Standardabweichung σ.

Alle zuvor betrachteten Simulationen wurden mit 4000 Wiederholungen durchgeführt.[3] Um zu überprüfen, ob sich ein Einfluss der Anzahl der Simulationswiederholungen auf den Differenz-Mittelwert ergibt, habe ich die Simulationen für verschiedene Wiederholungsanzahlen durchgeführt. Hier seien wieder stellvertretend für alle betrachteten Beispiele die Ergebnisse für die beiden Beispielfunktionen f_1 und f_2 angeführt. Für beide Funktionen wurde der Perturbationskoeffizient $\sigma = 1$, das Datenintervall $[-10; 10]$ und die äquidistante Schrittweite $s = 0,1$ gewählt. Die folgende Tabelle zeigt die Ergebnisse für die Funktion $f_1(x) = -x^4 + 2x^3 + x^2 - x + 3$:

Zahl der Wiederholungen	40	400	4000	10000	40000
DM	0,3	0,62	0,54	0,58	0,56
MD	5,61	10,29	27,83	19,63	20,32

Tabelle 9

Für die Funktion $f_2(x) = 2x^5 - \frac{1}{2}x^3 + 7x^2 + 2x - 5$ ergibt sich:

Zahl der Wiederholungen	40	400	4000	10000	40000
DM	0,5	0,46	0,51	0,53	0,55
MD	5,39	14,1	13,93	16,25	23,54

Tabelle 10

Die Tabellen 9 und 10 zeigen exemplarisch, dass die Anzahl der Simulationswiederholungen für den Differenz-Mittelwert offenbar keine Rolle spielt.

Bevor ich auf das Fazit dieses Kapitels zu sprechen komme, sei noch ein interessanter Effekt erwähnt, der bei den Simulationen zu beobachten war: Hat die wahre polynomielle Funktion der Simulationen die Form

$$f(x) = a_n x^n + a_{n-1} x^{n-1} + \ldots + a_1 x + a_0,$$

---

[3] Die Anzahl der Wiederholungen wurde deshalb auf 4000 festgelegt, da die Simulationen somit einerseits eine relativ glatte Fehleranzahl von stets um die 1000 Fehler ergaben (die Fehlerquote liegt ja bei ca. 25%) und andererseits die für einen Simulationsdurchgang benötigte Zeit noch vertretbar war.

so steigt die Fehlerquote, falls der Leitkoeffizient a_n gegen 0 geht. Als Beispiel hierfür diene die Funktion

$$f(x) = \frac{1}{10000}x^2 + x + 1.$$

Bei einer äquidistanten Schrittweite von 1 und dem Daten-Intervall $[-25; 25]$ ergibt sich bei 4000 Wiederholungen eine Fehleranzahl von 3428, was eine Fehlerquote von 85,7% ergibt. Dieser Effekt ist aber nun relativ einfach zu erklären: Durch den verhältnismäßig kleinen Leitkoeffizienten $a_2 = \frac{1}{10000}$ ist der Einfluss des quadratischen Summanden recht gering. Dies hat vor allem einen Effekt für Daten-Intervalle, die vergleichsweise kleine Zahlen (hier von -25 bis 25) umfassen. Die Tatsache, dass die Fehlerquote bei 85,7%, und nicht wie erwartet bei ca. 25% liegt, erklärt sich in der Tat durch den geringen Leitkoeffizienten. So hätte die FORSTER'schen und SOBER'schen Schätzung des Abstands zur wahren Kurve fast immer dazu geführt, eine lineare Funktion als wahren Zusammenhang zu vermuten. In den Simulationen äußert sich das dadurch, dass das Minimum der Zeilen in den entsprechende Tabellen, also das Minimum der Abstände zur wahren Kurve der betrachteten Funktionen, fast immer in der ersten Spalte, also bei den linearen Funktionen, zu finden war. Nun hängt dieser Effekt aber maßgeblich mit dem zugrunde liegenden Daten-Intervall zusammen. Umfasst das Daten-Intervall etwa die Zahlen von -400 bis 400, so ergibt sich eine Fehleranzahl von 1084 bei 4000 Wiederholungen, was eine Fehlerquote von 27,1% bedeutet. Dies entspricht dann wiederum den zuvor erläuterten Ergebnissen. Erklären lässt sich dies durch die einfache Tatsache, dass für größere Zahlen das Quadrieren einen deutlich stärkeren Effekt hat, als die Multiplikation mit einer vergleichsweise kleinen Zahl wie 0,0001.

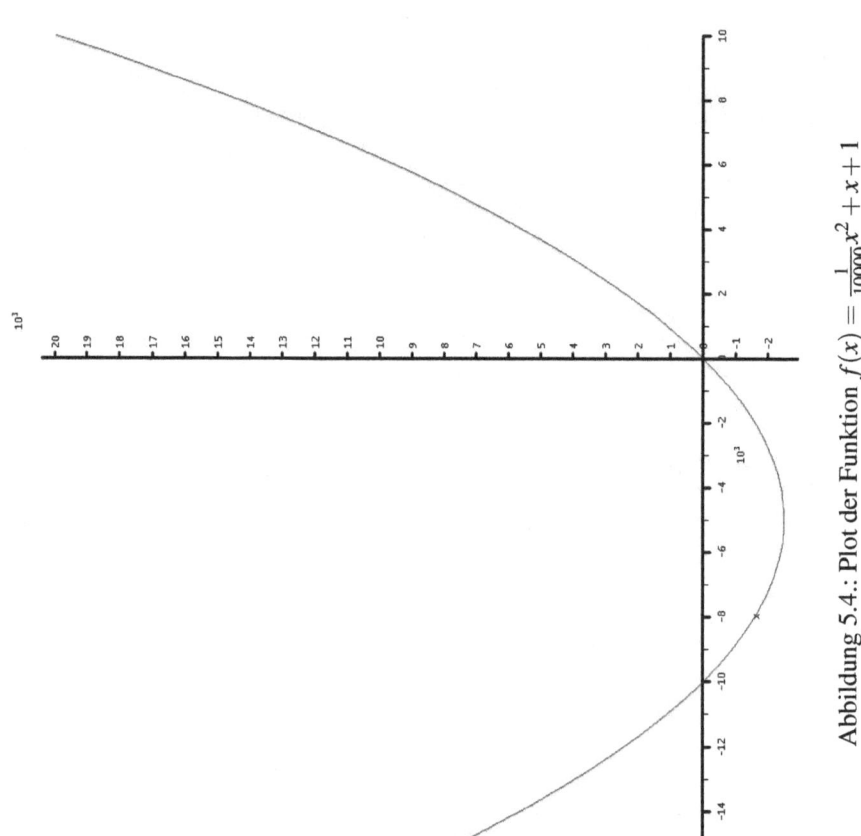

Abbildung 5.4.: Plot der Funktion $f(x) = \frac{1}{10000}x^2 + x + 1$

Die Abbildung 5.4 zeigt den Graphen der Funktion f. Dem Koordinatensystem - genauer: dem Maßstab des Koordinatensystems - gilt hier besondere Beachtung. Die Nullstellen der dargestellten Parabel liegen bei $x_1 = -1,000100020$ und $x_2 = -9998,999900$. Die erste Ableitung der Funktion lautet

$$f'(x) = \frac{1}{5000}x + 1.$$

Über dem kleineren Intervall $[-25; 25]$ wächst die Steigung von f von $f'(-25) = 0,995$ um $0,01$ auf $f'(25) = 1,005$. Über dem vergleichsweise großen Intervall $[-400; 400]$ hingegen wächst die Steigung von f von $f'(-400) = 0.92$ um $0,16$ auf $f'(400) = 1,08$. Auf den ersten Blick scheint der Unterschied in diesem Wachstum eher gering. Tatsächlich ist das Wachstum bei dem größeren Intervall aber 16 mal so groß wie bei dem kleineren Intervall. Da sich die Steigung von f nun über dem kleineren Intervall nur sehr schwach ändert, ist der Trend hinter den Daten sehr „ähnlich" zu einem linearen Trend. Dadurch ist in diesem Sonderfall die hohe Fehlerquote bei einer Anwendung der FORSTER'schen und SOBER'schen Schätzung des Abstands zur wahren Kurve als Kurvenwahlkriterium zu erklären. Bei dem größeren Intervall ist die Änderung der Steigungen offenbar groß genug, damit der Trend hinter den Daten als nicht-linear erkannt wird.

Das Fazit dieses Kapitels lautet also: Die Gleichung (4.1) aus Kapitel 4.1 ist als Kriterium für die Wahl des Kurventyps nicht haltbar. Auch der Punkt, den FORSTER und SOBER in ihrem Aufsatz explizit anführen und demnach ihr Theorem den Effekt eines Overfittings erklärt und vor allem auch korrigiert, ist nicht haltbar. Sie schreiben dazu:

„The second term corrects for the average degree of overfitting for the family."([15]: 9)

Mit dem „second term" ist hier der zweite Summand in Gleichung (4.1) gemeint. Der dritte Punkt auf Seite 123 der Resultate der durchgeführten Simulationen zeigt nun aber gerade, dass das AKAIKE-FORSTER-SOBER-Theorem im Allgemeinen sehr wohl stark anfällig für ein Overfitting der komplexeren Kurventypen ist, denn schließlich finden sich die kleineren Werte bis hin zum kleinsten Wert für den geschätzten Abstand zur Wahrheit in den Fällen, in denen das FORSTER-SOBER-Kriterium nicht auf den wahren Funktionstyp führt, im Allgemeinen stets bei polynomiellen Funktionen höherer Ordnung. Es ist zu vermuten, dass sich diese Effekte auch in dem AKAIKE-FORSTER-SOBER-Theorem, also in Gleichung (4.8) auf Seite 86 der vorliegenden Arbeit, ergeben werden.

5.2. Simulationen II:
AKAIKE-FORSTER-SOBER-Theorem

Der Simulationsalgorithmus aus Kapitel 5.1 wurde zum Zwecke des Testens des AKAIKE-FORSTER-SOBER-Theorems entsprechend modifiziert. Dabei wird nur der dritte Schritt wie folgt abgwandelt:

3a. Dann werden polynomielle Kurven vorher festgelegten Typs, also vorher festgelegten Grades, an diese Datenmenge angepasst und für jede dieser Kurven wird die FORSTER'sche und SOBER'sche Schätzung der Voraussagegenauigkeit einer Kurvenfamilie gemäß Gleichung (4.8) aus Kapitel 4.1 berechnet.

Bei der Auswertung der zu Kapitel 5.1 analogen Simulationen ist zu beachten, dass es einen kleinen, aber wichtigen, Unterschied in der Konzeption gibt: Suchte man bei der Schätzung des Abstands zur wahren Kurve nach dem Kurventyp, der den kleinsten Wert ergab, so sucht man nun bei der Schätzung der Voraussagegenauigkeit nach dem Kurventyp, der den größten Wert ergibt.

Schon die ersten Überlegungen im Rahmen der Simulationen zeigen einen vermeintlichen Unterschied zu den Effekten in den durchgeführten Simulationen um die FORSTER'sche und SOBER'sche Schätzung des Abstands zur wahren Kurven, so wie sie in Kapitel 5.1 dargestellt wurden. So war die Fehlerquote bei einer Anwendung der Schätzung des Abstands zur wahren Kurve als Kurvenwahlkriterium invariant gegenüber dem Grad desjenigen Polynoms, das innerhalb der Simulation als wahres Polynom herangezogen wurde. Bei der FORSTER'schen und SOBER'schen Schätzung der Voraussagegenauigkeit einer Kurvenfamilie verhält es sich nun anders. Auffällig ist hierbei, dass es eine Art Sprung in der Fehlerhäufigkeit gibt. So haben umfangreiche Simulationen gezeigt, dass die Fehlerquote bei einer Schätzung der Voraussagegenauigkeit in den Fällen, in denen das wahre Polynom vom Grad Zwei, Drei, Vier oder Fünf war, fast auschließlich zwischen 22 und 30% lag. So auch für die wahre polynomielle Funktion f vom Grade fünf, die hier als Beispiel angeführt sei:

$$f(x) = -x^5 + 3x^4 - 2x^3 + x + 17.$$

Bei einem Perturbationskoeffizienten $\sigma = 1$, einem Datenintervall $[-200; 200]$, einer äquidistanten Schrittweite $s = 0,1$ und 100 Wiederholungen ergaben sich 24 Fehler, also 24 Simulationsdurchläufe, in denen das den Daten angepasste Polynom fünften Grades nicht die höchste geschätzte Voraussagegenauigkeit im Sinne FORSTERs und SOBERs ergab. Dies entspricht einer Fehlerquote von 24 %. Die folgende Abbildung 5.5 zeigt beispielhaft die erste Seite der entsprechenden Tabelle:

Durchgang	Grad 1	Grad 2	Grad 3	Grad 4	Grad 5	Grad 6	Grad 7	Grad 8	Grad 9	Grad 10	Grad 11	Grad 12	Grad 13	Grad 14	Grad 15
1	-1,52E+21	-1,52E+21	-7,53E+19	-7,52E+19	-1,4204	-1,4205	-1,4208	-1,4210	-1,4211	-1,4213	-1,4215	-1,4218	-1,4220	-1,4222	-1,4225
2	-1,52E+21	-1,52E+21	-7,53E+19	-7,52E+19	-1,4171	-1,4174	-1,4174	-1,4172	-1,4174	-1,4174	-1,4176	-1,4178	-1,4180	-1,4181	-1,4178
3	-1,52E+21	-1,52E+21	-7,53E+19	-7,52E+19	-1,4152	-1,4154	-1,4157	-1,4159	-1,4160	-1,4162	-1,4164	-1,4163	-1,4165	-1,4167	-1,4170
4	-1,52E+21	-1,52E+21	-7,53E+19	-7,52E+19	-1,4077	-1,4080	-1,4078	-1,4075	-1,4077	-1,4073	-1,4076	-1,4078	-1,4080	-1,4082	-1,4083
5	-1,52E+21	-1,52E+21	-7,53E+19	-7,52E+19	-1,4483	-1,4485	-1,4487	-1,4489	-1,4488	-1,4490	-1,4482	-1,4484	-1,4486	-1,4483	-1,4485
6	-1,52E+21	-1,52E+21	-7,53E+19	-7,52E+19	-1,4227	-1,4229	-1,4232	-1,4234	-1,4236	-1,4238	-1,4241	-1,4243	-1,4245	-1,4246	-1,4249
7	-1,52E+21	-1,52E+21	-7,53E+19	-7,52E+19	-1,4124	-1,4126	-1,4129	-1,4131	-1,4131	-1,4132	-1,4135	-1,4135	-1,4137	-1,4140	-1,4140
8	-1,52E+21	-1,52E+21	-7,53E+19	-7,52E+19	-1,4226	-1,4228	-1,4226	-1,4228	-1,4229	-1,4232	-1,4234	-1,4236	-1,4238	-1,4241	-1,4243
9	-1,52E+21	-1,52E+21	-7,53E+19	-7,52E+19	-1,4319	-1,4320	-1,4323	-1,4323	-1,4323	-1,4324	-1,4325	-1,4327	-1,4327	-1,4327	-1,4326
10	-1,52E+21	-1,52E+21	-7,53E+19	-7,52E+19	-1,4179	-1,4182	-1,4184	-1,4184	-1,4184	-1,4186	-1,4185	-1,4187	-1,4189	-1,4192	-1,4193
11	-1,52E+21	-1,52E+21	-7,53E+19	-7,52E+19	-1,4182	-1,4184	-1,4185	-1,4187	-1,4186	-1,4188	-1,4191	-1,4192	-1,4194	-1,4196	-1,4198
12	-1,52E+21	-1,52E+21	-7,53E+19	-7,52E+19	-1,4105	-1,4107	-1,4109	-1,4104	-1,4106	-1,4109	-1,4112	-1,4112	-1,4114	-1,4114	-1,4117
13	-1,52E+21	-1,52E+21	-7,53E+19	-7,52E+19	-1,4064	-1,4066	-1,4069	-1,4071	-1,4073	-1,4074	-1,4074	-1,4076	-1,4079	-1,4080	-1,4083
14	-1,52E+21	-1,52E+21	-7,53E+19	-7,52E+19	-1,4190	-1,4193	-1,4195	-1,4196	-1,4195	-1,4197	-1,4198	-1,4200	-1,4202	-1,4204	-1,4206
15	-1,52E+21	-1,52E+21	-7,53E+19	-7,52E+19	-1,4132	-1,4134	-1,4136	-1,4138	-1,4140	-1,4142	-1,4144	-1,4143	-1,4145	-1,4145	-1,4147
16	-1,52E+21	-1,52E+21	-7,53E+19	-7,52E+19	-1,4062	-1,4064	-1,4066	-1,4065	-1,4065	-1,4067	-1,4069	-1,4070	-1,4070	-1,4072	-1,4072
17	-1,52E+21	-1,52E+21	-7,53E+19	-7,52E+19	-1,4201	-1,4203	-1,4205	-1,4206	-1,4208	-1,4210	-1,4212	-1,4214	-1,4216	-1,4211	-1,4214
18	-1,52E+21	-1,52E+21	-7,53E+19	-7,52E+19	-1,4310	-1,4312	-1,4314	-1,4317	-1,4315	-1,4317	-1,4315	-1,4317	-1,4320	-1,4318	-1,4321
19	-1,52E+21	-1,52E+21	-7,53E+19	-7,52E+19	-1,4149	-1,4151	-1,4148	-1,4151	-1,4153	-1,4155	-1,4155	-1,4152	-1,4155	-1,4155	-1,4157
20	-1,52E+21	-1,52E+21	-7,53E+19	-7,52E+19	-1,4149	-1,4150	-1,4152	-1,4153	-1,4156	-1,4158	-1,4159	-1,4160	-1,4161	-1,4164	-1,4166
21	-1,52E+21	-1,52E+21	-7,53E+19	-7,52E+19	-1,4139	-1,4138	-1,4139	-1,4141	-1,4142	-1,4144	-1,4145	-1,4146	-1,4149	-1,4151	-1,4151
22	-1,52E+21	-1,52E+21	-7,53E+19	-7,52E+19	-1,4049	-1,4030	-1,4031	-1,4034	-1,4036	-1,4038	-1,4038	-1,4041	-1,4042	-1,4044	-1,4047
23	-1,52E+21	-1,52E+21	-7,53E+19	-7,52E+19	-1,4049	-1,4047	-1,4046	-1,4049	-1,4050	-1,4052	-1,4050	-1,4052	-1,4054	-1,4055	-1,4057
24	-1,52E+21	-1,52E+21	-7,53E+19	-7,52E+19	-1,4361	-1,4363	-1,4364	-1,4367	-1,4368	-1,4370	-1,4373	-1,4375	-1,4377	-1,4379	-1,4381
25	-1,52E+21	-1,52E+21	-7,53E+19	-7,52E+19	-1,4096	-1,4099	-1,4098	-1,4101	-1,4100	-1,4103	-1,4105	-1,4105	-1,4107	-1,4106	-1,4109
26	-1,52E+21	-1,52E+21	-7,53E+19	-7,52E+19	-1,3950	-1,3953	-1,3953	-1,3955	-1,3958	-1,3960	-1,3960	-1,3963	-1,3964	-1,3967	-1,3968
27	-1,52E+21	-1,52E+21	-7,53E+19	-7,52E+19	-1,4215	-1,4217	-1,4219	-1,4219	-1,4221	-1,4220	-1,4222	-1,4223	-1,4225	-1,4225	-1,4227
28	-1,52E+21	-1,52E+21	-7,53E+19	-7,52E+19	-1,4102	-1,4104	-1,4107	-1,4109	-1,4108	-1,4110	-1,4113	-1,4115	-1,4117	-1,4118	-1,4120
29	-1,52E+21	-1,52E+21	-7,53E+19	-7,52E+19	-1,4335	-1,4337	-1,4338	-1,4341	-1,4337	-1,4336	-1,4330	-1,4332	-1,4331	-1,4333	-1,4336
30	-1,52E+21	-1,52E+21	-7,53E+19	-7,52E+19	-1,4404	-1,4403	-1,4405	-1,4408	-1,4409	-1,4407	-1,4408	-1,4404	-1,4398	-1,4400	-1,4401
31	-1,52E+21	-1,52E+21	-7,53E+19	-7,52E+19	-1,4212	-1,4210	-1,4212	-1,4214	-1,4213	-1,4215	-1,4218	-1,4220	-1,4222	-1,4225	-1,4225
32	-1,52E+21	-1,52E+21	-7,53E+19	-7,52E+19	-1,4200	-1,4202	-1,4205	-1,4207	-1,4209	-1,4210	-1,4212	-1,4209	-1,4211	-1,4213	-1,4215
33	-1,52E+21	-1,52E+21	-7,53E+19	-7,52E+19	-1,4252	-1,4254	-1,4255	-1,4258	-1,4259	-1,4259	-1,4262	-1,4261	-1,4264	-1,4262	-1,4265
34	-1,52E+21	-1,52E+21	-7,53E+19	-7,52E+19	-1,4078	-1,4075	-1,4077	-1,4073	-1,4075	-1,4078	-1,4080	-1,4079	-1,4079	-1,4081	-1,4082
35	-1,52E+21	-1,52E+21	-7,53E+19	-7,52E+19	-1,4214	-1,4215	-1,4217	-1,4219	-1,4219	-1,4222	-1,4224	-1,4223	-1,4225	-1,4228	-1,4233

Abbildung 5.5.: Tabelle der Simulationsergebnisse, 1. Beispielseite

Auch hier wird wieder deutlich - und anhand des Restes dieser Tabelle sowie anhand der entsprechenden Tabellen der vielen übrigen Simulationen ebenso -, dass die Funktionen, deren Schätzung der Voraussagegenauigkeit einen größeren Wert ergibt, ausschließlich rechts von der Spalte mit den Werten der geschätzten Voraussagegenauigkeit des wahren Polynoms (hier: die Grad-5-Spalte) zu finden sind. Offenbar neigt die Schätzung der Voraussagegenauigkeit genau wie die Schätzung des Abstands zur wahren Kurve sehr deutlich zu einem Overfitting der komplexeren Kurven.

Dies ist überraschend, postulieren FORSTER und SOBER doch in [15], dass sie in ihrem Konzept genau dies vermeiden würden.[4]

Im Großen und Ganzen passen die bislang dargestellten Beobachtungen zu den Beobachtungen aus Kapitel 5.1; vor allem die Fehlerquote, die grob um 25% streut. Allerdings kam es hier des Öfteren zu Ausreißern. So ergab beispielsweise ein Simulationsdurchlauf mit einem wahren Polynom vom Grade Vier eine Fehlerquote von 43%. Ab einer gewissen Höhe des Grades der wahren Funktion stieg die Feh-

---

[4] Das letzte Zitat macht dies deutlich.

lerquote dann sogar bis auf nahezu 100%. Die folgende Tabelle 11 zeigt die Fehlerquoten exemplarisch für einige Funktionen verschiedener Grade. Die Simulation wurde dabei mit dem x-Werte-Intervall $[-20; 20]$, der äquidistanten Schrittweite $s = 0,1$ und dem Perturbationskoeffizieten $\sigma = 1$ durchgeführt. Die Anzahl der Simulationswiederholungen betrug 4000.

Grad	Funktion	Fehlerquote (%)
1	$f(x) = 2x - 1$	28,15
2	$f(x) = -x^2 + 2x - 3$	26,28
3	$f(x) = 2x^3 - x^2 + 7x - 1$	28,98
4	$f(x) = -7x^4 - 2x^2 + 3x + 4$	28,4
5	$f(x) = x^5 + x^4 - x^3 + x^2 - 7x + 2$	28,43
6	$f(x) = 25x^6 + x^5 - 7x^4 + 2x^3 - x^2 + 3x - 3$	27,93
7	$f(x) = x^7 + x^6 + x^5 + x^4 + x^3 + x^2 + x + 1$	28,23
8	$f(x) = -3x^8 + x^6 - x^4 + x^2 - 2$	25,25
9	$f(x) = x^9 + x^8 - x^7 + x^6 - 7x^5 + 2x^2 + x + 1$	28,28
10	$f(x) = -x^{10} - 3x^9 - 2x^8 - 4x^7 + 2x^6 + 7x^5 + x^4 - 3x^3 + x^2 - x + 3$	26,45
11	$f(x) = 7x^{11} + x^{10} - 5x^9 + x^8 - 7x^7 - x^6 - 2x^5 - x^4 - x^3 + 2x^2 - 2x + 1$	39,43
12	$f(x) = -x^{12} - x^{11} + x^9 + 2x^8 + x^7 - 4x^6 + 2x^5 - 2x^3 + x^2 - 7x - 5$	99,98
13	$f(x) = x^{13} + 2x^{12} - 3x^{11} + 2x^{10} + 5x^9 + 6x^8 - 7x^7 + 3x^6 + 9x^5 - 10x^4 + x^3 + 12x^2 - 13x - 1$	97,05
14	$f(x) = -9x^{14} - 6x^{13} + x^{12} - 9x^{11} + 6x^{10} + x^9 - 2x^8 - 3x^7 + 9x^6 + x^5 - x^4 - 7x^3 - 2x^2 - 2x - 1$	88,78

Tabelle 11

Es fällt auf, dass die Fehlerquote bei den polynomiellen Funktionen vom Grad Elf stark ansteigt. Ab dem Grad Zwölf liegt sie vergleichsweise nahe bei 100 %. Die dargestellten Effekte sind dabei von der Anzahl der Datenpunkte unabhängig. So wurden die entsprechenden Simulationen nämlich erneut für variierende Intervallgrenzen und variierende äquidistante Schrittweiten durchgeführt. Bei dem Effekt des „plötzlichen" Anstiegs der Fehlerquote handelt es sich jedoch weniger um eine Eigenschaft des AKAIKE-FORSTER-SOBER-Theorems, sondern vielmehr um einen Effekt, der auf die Implementierung in dem Programmpaket MATLAB zurückgeht. So ergeben sich gerade für wahre Funktionen höherer Grade geschätzte Voraussagegenauigkeitswerte der einzelnen angepassten Funktionen, die sich sehr stark unterscheiden. Für die wahre Funktion

$$f(x) = x^{13} + 2x^{12} - 3x^{11} + 2x^{10} + 5x^9 + 6x^8 - 7x^7 + 3x^6 + 9x^5 - 10x^4$$
$$+x^3 + 12x^2 - 13x - 1$$

beträgt beispielsweise in einem Simulationsdurchgang die geschätzte Voraussagegenauigkeit der linearen Bestapproximation $-3,01 \cdot 10^{32}$. Die geschätzte Voraussagegenauigkeit der Bestapproximation vom Grade 13 beträgt hingegen $-1,5426$. Dieser Unterschied in der Größenordnung um ungefähr den Faktor $2 \cdot 10^{32}$ hat für die Berechnungen innerhalb MATLABs weitreichende Konsequenzen, denn MATLAB gibt Zahlen „nur" mit bis zu 15 Dezimalen aus. Sollten sich nun Werte erst nach der 15. Dezimalen voneinander unterscheiden, so sind sie in der Ausgabe von MATLAB identisch. In vielen Fällen kann eine Skalierung der Werte weiterhelfen. Nehmen wir an, zwei Zahlen besitzen 16 Dezimalen und sie unterscheiden sich nur in der 16. Dezimalen. In der Ausgabe von MATLAB können diese Zahlen also nicht unterschieden werden. Eine sinnvolle Skalierung könnte hier etwa die Multiplikation beider Zahlen mit dem Faktor Zehn sein. Die erste Dezimale (die „Zehntel-Stelle") rutscht somit vor das Komma und beide Zahlen haben nun 15 Dezimalen. Die einzige unterschiedliche Dezimale ist nun die 15. Dezimale, sodass die beiden Zahlen durch diese Skalierung nun in der Ausgabe von MATLAB unterschieden werden können. Kommen aber Zahlen vor, die in der wissenschaftlichen Schreibweise mit Zehnerpotenzen teils mit hohen positiven Exponenten (etwa 10^{20}) und teils mit hochgradig negativen Exponenten (etwa 10^{-20}) versehen sind, so bringt eine Skalierung keine Lösung des beschriebenen Problems.

Und genau derartige Unterschiede haben bei den in Tabelle 11 dargestellen höhergradigen Funktionen zu der hohen Fehlerquote geführt.

Insgesamt lässt sich also festhalten, dass die Fehlerquote bei der geschätzten Voraussagegenauigkeit in etwa der Fehlerquote bei dem geschätzten Abstand zur wahren Kurve entspricht. Dies ist auch zu erwarten gewesen, denn in Kapitel 4.1

wurde ausgeführt, dass die Schätzung des Abstands zur wahren Kurve offenbar auf dem AKAIKE'schen Final Prediction Error (FPE) basiert. Und genau dieses FPE-Kriterium ist - wie NISHII in [32] beweist und wie beispielsweise von LÜT-KEPOHL in ([24]: 130) dargestellt wird - asymptotisch äquivalent zum AKAIKE Information Criterion, das heißt für große Datenmengen führen beide Kriterien zum gleichen Kurventyp. Dabei ist genau wie in Kapitel 5.1 auch an dieser Stelle festzuhalten, dass die dargestellten Effekte auch dann auftreten, wenn für die Fehlervarianz σ^2 nicht die nicht-korrigierte Stichprobenvarianz eingestzt wird, so wie es in Kapitel 4.4 dargestellt wird, sondern die innerhalb der Simulationen bekannte Fehlervarianz um den tatsächlichen Zusammenhang.

Bei der Analyse des Konzeptes der FORSTER'schen und SOBER'schen Schätzung der Voraussagegenauigkeit fällt jedoch auch ein Unterschied gegenüber ihrer Schätzung des Abstands einer Kurve zur wahren Kurve auf. So habe ich in Kapitel 5.1 ausgeführt, dass der dort als Differenz-Mittelwert (DM) bezeichnete Mittelwert der Differenzen der wahren Abstände und der Abstände der Kurven mit dem kleinsten Abstand zur wahren Kurve unabhängig von der Anzahl der Datenpunkte sind. Die Anzahl der Datenpunkte wurde dabei sowohl mittels variierender äquidistanter Schrittweiten als auch mittels variierender Intervall-Grenzen beeinflusst. Dieser Effekt zeigte sich unabhängig von den zu Grunde liegenden Polynomen. Bei der Schätzung der Voraussagegenauigkeit zeigt sich genau dieser Effekt nicht. Ich habe dies wiederum mittels umfangreicher Simulationen anhand vieler polynomieller Funktionen getestet. Hier seien beispielhaft erneut die Resultate für die Funktionen

$$f_1(x) = -x^4 + 2x^3 + x^2 - x + 3$$

und

$$f_2(x) = 2x^5 - \frac{1}{2}x^3 + 7x^2 + 2x - 5$$

angeführt. Für beide Funktionen wurden die Simulationen über dem Intervall $[-10; 10]$ mit dem Perturbationskoeffizienten $\sigma = 1$ und 400 Wiederholungen durchgeführt. Für die Funktion f_1 ergaben sich folgende Werte:

s	DM	Min-Diff
0,001	-0,000074788	-0,000317893
0,01	-0,00017898	-0,00319324
0,1	-0,00174771	-0,02817239
0,25	-0,00399123	-0,08526507
0,5	-0,00849345	-0,18139168
0,75	-0,0106028	-0,27677727
1	-0,01466266	-0,32217447

Tabelle 12

Für die Funktion f_2 ergaben sich diese Werte:

s	DM	Min-Diff
0,001	-0,000018143	-0,00032797
0,01	-0,00018474	-0,00293655
0,1	-0,00138256	-0,02353806
0,25	-0,0042125	-0,08815728
0,5	-0,00683101	-0,10960577
0,75	-0,01312686	-0,27591727

Tabelle 13

Anhand der beiden Tabellen lässt sich erkennen, dass der Differenz-Mittel-wert *DM* betraglich größer wird, wenn die äquidistante Schrittweite *s* größer wird, das heißt, wenn die Anzahl der Datenpunkte kleiner wird. Ebenso wird die maximale betragliche Differenz innerhalb der 400 Simulationsdurchläufe für eine spezielle Schrittweite *s* größer, wenn die Anzahl der Datenpunkte sinkt. Diese Werte finden sich in den Tabellen 12 und 13 in der Spalte Min-Diff. Hierbei ist zu beachten, dass die Differenz-Werte alle samt negativ sind, das heißt die Unterschiede sind betraglich maximal, wenn die Differenz-Werte tatsächlich minimal sind. Hierdurch erklärt sich auch die Bezeichnung Min-Diff. Zusammenfassend formuliert: Mit zunehmender Anzahl der Datenpunkte unterscheiden sich die geschätzte Voraussagegenauigkeit der wahren Kurve und die derjenigen Kurve, die die größte geschätzte Voraussagegenauigkeit im Sinne FORSTER's und SOBER's aufweist, immer weniger. Diese Eigenschaft wäre von einem Kurvenwahlkriterium auch zu erwarten gewesen. So erhöht sich mit wachsendem Stichprobenumfang ja im Allgemeinen der Informationsgehalt über den Trend der Daten, genauer formuliert:

Für einen gegen unendlich strebenden Stichprobenumfang konvergiert die empirische Verteilungsfunktion (stochastisch) gegen die tatsächlich den Daten zugrunde liegende Verteilung.

Bezüglich der Tabelle 12 gibt es noch eine Auffälligkeit: Betrachten wir dazu die ersten beiden Zeilen der Tabelle 12 etwas genauer. Sie enthalten die DM- und Min-Diff-Werte für die äquidistanten Schrittweiten $s = 0,001$ und $s = 0,01$. Die Schrittweite vergrößert sich also von der ersten zur zweiten Zeile um den Faktor Zehn. Betrachtet man nun die entsprechenden Min-Diff-Werte $-0,000317893$ und $-0,00319324$, so fällt auf, dass letztere ebenfalls grob um den Faktor Zehn größer ist. Den gleichen Effekt kann man auch bei einem Übergang von $s = 0,01$ zu $s = 0,1$ und von $s = 0,1$ zu $s = 1$ beobachten. Würde man nun statt der Größe Min-Diff die Größe $N \cdot$ Min-Diff, wobei N die Anzahl der Datenpunkte ist, betrachten, so käme stets der gleiche Wert hinaus. Dies sieht man wie folgt: Nehmen wir an, für $s = 0,01$ hätte die Datenmenge N Datenpunkte. Dann hat die Datenmenge für $s = 0,001$ die zehnfache Anzahl, also $10 \cdot N$, an Datenpunkten. Bei der Bildung der Produkte $N \cdot$ Min-Diff geht also für $s = 0,001$ auch der Faktor Zehn ein, also:

für $s = 0,01$: Min-Diff $\cdot N = -0,00319324 \cdot N$

für $s = 0,001$: Min-Diff $\cdot 10 \cdot N = -0,000317893 \cdot 10 \cdot N = -0,00317893 \cdot N$.

Die Produkte auf der rechten Seite beider Zeilen sind somit nahezu gleich.

Die folgenden beiden Tabellen 14 und 15 zeigen nun für die beiden Beispiel-Funktionen f_1 und f_2, dass es für die beschriebenen Effekte keine Rolle spielt, wie die Anzahl der Datenpunkte variiert wird. Sie zeigen nämlich ein analoges Verhalten der entsprechenden Werte für eine Variation der Anzahl der Datenpunkte mittels variierender Intervall-Grenzen, wobei die äqudistante Schrittweite s den Wert 0,1 hat. Zunächst wieder die Werte für f_1:

[a;b]	DM	Min-Diff
[-50; 50]	-0,00363701	-0,09023679
[-75; 75]	-0,0022293	-0,03473889
[-100; 100]	-0,00129416	-0,03502331
[-150; 150]	-0,00104308	-0,02009745
[-175; 175]	-0,00101139	-0,02083728

Tabelle 14

Anschließend die Tabelle für die Funktion f_2:

[a; b]	DM	Min-Diff
[-50; 50]	-0,00281645	-0,04521333
[-75; 75]	-0,0018837	-0,03714925
[-100; 100]	-0,00168649	-0,02507496
[-150; 150]	-0,00113064	-0,01423492
[-175; 175]	-0,00074491	-0,02157433

Tabelle 15

5.3. Fazit zur AIC-Statistik

Ich habe in diesem Kapitel dargestellt, wie FORSTER und SOBER das AKAIKE Information Criterion nutzen, um das Problem der Kurvenanpassung zu lösen. In ihrem Aufsatz [15] präsentieren sie ihre Ergebnisse. Leider führen sie so gut wie keine mathematischen Herleitungen und Beweise an, was ein genaues Nachvollziehen ihrer Ergebnisse erschwert. Einzig in Anhang B von [15] findet sich der Beweis eines Spezialfalles. Darüberhinaus habe ich gezeigt, dass selbst wenn man die allgemeine Beweisbarkeit des Theorems als gegeben ansieht, die Varianz der Fehlerverteilung vermittels des Zusammenhangs von Likelihood und Quadratsummenabstand implizit doch in die Schätzung der Voraussagegenauigkeit eingeht.

In Kapitel 4.5 habe ich Kritikpunkte angeführt, die von I.A. KIESEPPÄ in [21] herausgearbeitet wurden. KIESEPPÄs Hauptkritikpunkt findet sich in der Definition einer Hierachie von Funktionfamilien.
In Kapitel 5 wurde herausgearbeitet, dass das AKAIKE-FORSTER-SOBER-Theorem als Kurvenwahlkriterium innerhalb von Computersimulationen eine extrem hohe Fehlerquote aufweist. Darüberhinaus wurde geschildert, dass das Theorem stark zu einem Overfitting neigt. FORSTER und SOBER haben in [15] jedoch behauptet, dass genau dies nicht der Fall ist.

Darüberhinaus wurde in den Kapiteln 5.1 und 5.2 geschildert, dass die beschriebenen Effekte selbst dann auftreten, wenn für die Fehlervarianz σ^2 die innerhalb der Simulationen bekannte Fehlervarianz um den tatsächlichen Zusammenhang eingesetzt wird. Also selbst wenn bekannt ist, wie die Fehler verteilt sind, leidet das AKAIKE-FORSTER-SOBER-Theorem unter den dargestellten Schwächen.

Insofern ist die FORTER'sche und SOBER'sche Umsetzung der AIC-Statistik als Lösung des Problems der Kurvenanpassung in der behaupteten Allgemeinheit nicht haltbar. Im folgenden Kapitel werde ich einen Vergleich zwischen dem TUR-NEY'schen Konzept und dem AKAIKE-FORSTER-SOBER-Theorem anstellten. Dabei werden weitere Einwände gegen die Verwendung der beiden Konzepte als Lösungen für das Problem der Kurvenanpassung herausgearbeitet werden.

6. Theorem von TURNEY versus AIC-Statistik

In diesem Kapitel werde ich einen Vergleich wesentlicher Eigenschaften zwischen dem TURNEY'schen Konzept und dem AKAIKE-FORSTER-SOBER-Theorem anstellen.

6.1. Voraussageerfolg

Eine angepasste Kurve kann erst dann als bestätigt angesehen werden, wenn sich mit ihr neue Datenpunkte erfolgreich voraussagen lassen, das heißt es lassen sich neue Datenpunkte voraussagen, die tatsächlich mit dem wahren Zusammenhang der relevanten Größen übereinstimmen. Dieses Kriterium des Voraussagerfolges wurde von Gerhard SCHURZ in [36] herausgearbeitet.[1]

In dem Konzept um das Theorem von TURNEY gibt es bezüglich einer Umsetzung des Kriteriums des Voraussageerfolges einen wichtigen Schritt in die richtige Richtung. Einerseits geht die vorliegende Datenmenge in die Überlegungen ein, andererseits wird aber auch eine Perturbation dieser Datenmenge betrachtet. Die technischen Details zu diesen Vorgängen wurden in Kapitel 3.2 der vorliegenden Arbeit erläutert.

In Kapitel 3.3 wurden TURNEYs Argumente angeführt, warum Stabilität eine wünschenswerte Eigenschaft einer Funktionenfamilie ist. Zentraler Punkt in dieser Argumentation war die Tatsache, dass Stabilität die Wiederholbarkeit von Experimenten zur Folge hat. Hat ein erster Wissenschaftler eine experimentelle Datenmenge erhalten und passt nun an diese Daten eine Kurve an, um etwa neue Daten voraussagen zu können, so wird ein zweiter Wissenschaftler auf Basis derselben Datenmenge genau dann eine Kurve erhalten, die zu der Kurve des ersten Wissenschaftlers relativ ähnlich ist, wenn die Funktionenfamilie, aus der die angepasste Kurve ausgewählt wurde, bezüglich der vorliegenden Datenmenge sehr stabil war.

---

[1] vgl. Kapitel 4.2

Es wird also danach gefragt, ob denn eine Kurve, die den Daten angepasst wurde, unter gewissen Umständen auch von einem anderen Wissenschaftler als Ergebnis einer Kurvenanpassung erhalten werden kann, wenn man die Datenmenge des zweiten Wissenschaftlers als eine Perturbation der Datenmenge des ersten Wissenschaftlers auffasst. Die Datenmengen D und D_p sind - trotz aller Ähnlichkeit aufgrund der Tatsache, dass D_p durch Perturbation aus D hervorgeht - verschieden. Somit werden im TURNEY'schen Konzept zwei verschiedene Datenmengen in die Überlegungen einbezogen. Dabei ist wichtig, dass die Perturbation derart vonstatten geht, dass die y-Werte perturbiert werden, die x-Werte bleiben jedoch die gleichen.

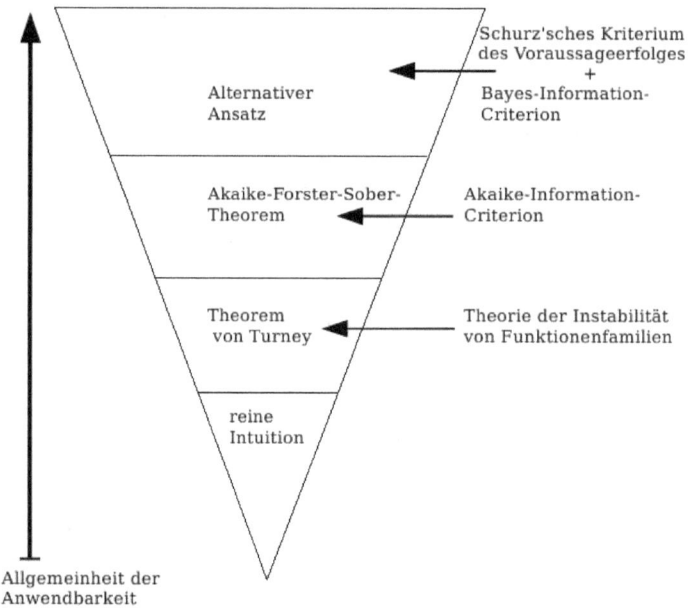

Abbildung 6.1.: Hierarchie der Konzepte zur Lösung des Problems der Kurvenanpassung

Wie in Kapitel 4.1 der vorliegenden Arbeit dargestellt wurde, greift das Konzept um das AKAIKE-FORSTER-SOBER-Theorem auf neue Datenmengen zurück, anhand derer überprüft wird, wie gut sich die Bestapproximation eines bestimmten Kurventyps auf Basis einer vorliegenden Datenmenge beim Voraussagen neuer und unabhängiger Datenmengen bewährt. Das AKAIKE-FORSTER-SOBER-Kon-

zept ist also allgemeiner als das TURNEY'sche Konzept, da in den neuen Datenmengen gänzlich neue Datenpunkte mit neuen x-Werten vorkommen können und
eben nicht nur Datenpunkte, die durch Perturbation der y-Werte bei gleichen x-
Werten der Datenpunkte der vorliegenden Datenmenge gewonnen wurden. Letztere Vorgehensweise wurde ja im Konzept um das Theorem von TURNEY umgesetzt.

Bereits an dieser Stelle gebe ich mit Abbildung 6.1 ein Diagramm an, das einen
Überblick über die einzelnen Methoden ermöglichen soll. An unterster Stelle der
Hierarchie in Abbildung 6.1 steht die reine Intuition der Wissenschaftler. Wie
bereits GLYMOUR in [17] beschrieb, ist die Wahl des Kurventyps in der Praxis
des empirischen Wissenschaftlers zumeist von Intuitionen gelenkt. Auch wenn
hier teilweise erstaunlich gute Ergebnisse erzielt werden, stellt die reine Intuition
natürlich in keinster Weise ein befriedigendes wissenschaftliches Verfahren dar.
Oberhalb der reinen Intuition ist von den behandelten Konzepten das Theorem
von TURNEY anzuordnen. Die Tatsache, dass das AKAIKE-FORSTER-SOBER-
Theorem wiederum oberhalb des Theorems von TURNEY anzuordnen ist, gründet
einerseits auf der Tatsache, dass das TURNEY'sche Konzept nicht deutlich macht,
wie ein konkretes Balancieren der Ansprüche der Einfachheit und der Genauigkeit möglich ist. Das AKAIKE-FORSTER-SOBER-Theorem stellt unmittelbar ein
solches Trade-Off-Kriterium dar. Darüberhinaus spielt für die Eingliederung in
das Diagramm die angeführte Tatsache eine wichtige Rolle, dass beim AKAIKE-
FORSTER-SOBER-Theorem gänzlich neue Datenmengen (potentiell mit neuen x-
Werten) mit in das Konzept eingehen.

In den folgenden Kapiteln werde ich noch auf weitere derartige Eigenschaften eingehen. Aber auch das AKAIKE-FORSTER-SOBER-Theorem stellt keine endgültige
Lösung des Problems der Kurvenanpassung dar, auch wenn FORSTER und SOBER
dies in [15] behaupten. Auch darauf werde ich an späterer Stelle noch detailliert
eingehen. In den Kapiteln 7 und 8 der vorliegenden Arbeit werde ich ein alternatives Konzept entwerfen und dafür argumentieren, warum es den beiden bisherigen
Lösungs-Konzepten überlegen ist. Aus diesem Grund wurde dieses Konzept ganz
allgemein als *Alternativer Ansatz* ganz oben in die Hierarchie aufgenommen.

6.2. Varianz der Fehlerverteilung

Wie in Kapitel 4 dargestellt wurde, bildet laut FORSTER und SOBER die vermeintliche Unabhängigkeit der mittels des AKAIKE-FORSTER-SOBER-Theorems geschätzten Voraussagegenauigkeit einer Funktionenfamilie auf Basis einer vorliegenden Datenmenge von der Varianz der Fehlerverteilung einen großen Vorteil.

Wäre das Theorem tatsächlich vollkommen unabhängig von der Varianz der Fehlerverteilung, so wäre dies in der Tat ein großer Vorteil, denn die Varianz der Fehlerverteilung ist zumeist unbekannt. In Kapitel 4.1 habe ich jedoch herausgearbeitet, dass die Varianz der Fehlerverteilung sehr wohl vermittels des Log-Likelihoods in das AKAIKE-FORSTER-SOBER-Theorem eingeht.

Das Signal-Rauschen-Modell zeigt ebenso einfach wie deutlich, welch großen Einfluss die Fehlermöglichkeit auf die Ergebnisse von Messungen hat. Insofern scheint es fragwürdig, ob ein Konzept, das sich in irgendeiner Art und Weise mit der Voraussage von Daten und deren Qualität bezüglich der Verlässlichkeit dieser Voraussagen beschäftigt, unabhängig von der Varianz der Fehlerverteilung sein kann. In dem Theorem von TURNEY wird der Einfluss der Fehlermöglichkeit direkt durch die Perturbationen umgesetzt. Insofern ist auch klar, dass die Instabilität einer Funktionenfamilie bezüglich einer Datenmenge direkt von der Varianz der Fehlerverteilung abhängen muss. Auch in der FORSTER'schen und SOBER'schen Schätzung des Abstands zur wahren Kurve kommt die Varianz der Fehlerverteilung ja explizit vor. Vermittels des in Kapitel 4.1 dargestellten Zusammenhangs von Log-Likelihood und Abweichungsquadratsumme wird nun also deutlich, dass die Varianz auch in die Schätzung der Voraussagegenauigkeit eingeht.

Eine Unabhängigkeit im Sinne einer totalen Unabhängigkeit ist also für das FORSTER'sche und SOBER'sche Konzept nicht gegeben. In Kapitel 4.4 habe ich dargestellt, wie die Varianz der Fehlerverteilung um den tatsächlichen Zusammenhang durch die nicht-korrigierte Varianz als ihr Maximum-Likelihood-Schätzer geschätzt wird. Die hieraus resultierende Formel ist dann natürlich formal von der Varianz der Fehlerverteilung unabhängig, sie kommt schlichtweg nicht mehr in der entsprechenden Formel vor. Allerdings ist ein solches Vorgehen nur dann gerechtfertigt, wenn man weiß, dass die Schätzung der Varianz eine „gute" Annäherung der tatsächlichen Fehlervarianz ist.

Insofern hängt also das AKAIKE-FORSTER-SOBER-Theorem aus Kapitel 4.1 noch explizit und auch die in Kapitel 4.4 dargestelllten Formeln vermittels der geschilderten Varianzschätzung zumindest noch implizit von der tatsächlichen Fehlervarianz ab.

6.3. Mangelnde Vereinheitlichung

In diesem Kapitel werde ich auf einen Einwand eingehen, der sich sowohl gegen eine Verwendung des Theorems von TURNEY als auch gegen eine Verwendung des AKAIKE-FORSTER-SOBER-Theorems als Lösung des Problems der Kurvenanpassung richtet und der unabhängig von den bislang herausgearbeiteten Schwächen beider Konzepte ist.

Nehmen wir einmal an, es gäbe keine der bereits dargestellten Einwände gegen das TURNEY'sche Konzept. Selbst dann kann man das Problem der Kurvenanpassung, ganz entgegen TURNEYs Behauptung, die schon anhand des Titels seiner Arbeit [46] deutlich wird, nicht als gelöst betrachten. Wie bereits in der Einleitung dieser Arbeit dargestellt wurde, zerfällt das Problem der Kurvenanpassung in die beiden Teilprobleme der wissenschaftstheoretischen Rechtfertigung einer Präferenz für einfachere Modelle beziehungsweise Kurven gegenüber ihren komplexeren Konkurrenten sowie in einen Trade-Off der Ansprüche der Einfachheit und der Genauigkeit. Das erste Problem lässt sich mittels des Theorems von TURNEY lösen: Einfachere Kurven sind deshalb gegenüber komplexeren Kurven zu bevorzugen, da sie stabiler sind. Es wäre jedoch ganz im Sinne von OCKHAMs Razor, das hierdurch also eine rationale Rechtfertigung erfahren würde, wenn sich mittels dieses Rechtfertigungskonzeptes auch ein Trade-Off-Kriterium rechtfertigen lassen würde.

In Kapitel 3.4.2 habe ich jedoch dargestellt, dass ein konkretes Balancieren der Ansprüche der Stabilität, auf die sich ja der Anspruch der Einfachheit nach TURNEY zurückführen lässt, und der Genauigkeit mittels des Theorems von TURNEY nicht möglich ist.

Beim AKAIKE-FORSTER-SOBER-Theorem ist es genau umgekehrt: In Kapitel 4.1 habe ich dargestellt, dass das AKAIKE Information Criterion ein Trade-Off-Kriterium der Ansprüche der Einfachheit und der Genauigkeit liefert. Nach FORSTER und SOBER lässt sich hieraus auch eine Rechtfertigung der Präferenz für einfachere Kurven ableiten. Ihre Argumentation hierfür habe ich ebenfalls in Kapitel 4.1 dargestellt. Betrachten wir erneut die Gleichung für die Schätzung der Voraussagegenauigkeit:

$$\text{Schätzung}[A(F)] = \frac{1}{N}[ll(B(F)|D) - k].\tag{6.1}$$

FORSTERs und SOBERs Argument zur Rechtfertigung der Einfachheitspräferenz basiert auf der Überlegung, dass gemäß Gleichung (6.1) ein geringer Unterschied in der Anpassungsgüte nicht zum Übergang von einem Kurventyp zu einem komplexeren Kurventyp ausreichen wird. Dies wird besonders deutlich, wenn man konkrete Zahlenbeispiele betrachtet: Nehmen wir an, wir wollen uns anhand der Schätzung der Voraussagegenauigkeit für eine der beiden Funktionenfamilien F_3 der kubischen Funktionen und der Familie F_4 der polynomiellen Funktionen vom Grade Vier entscheiden, wobei F_3 der wahre Kurventyp sei. Nehmen wir des Weiteren an, der Log-Likelihood der Bestapproximation $B(F_3)$ der Funktionenfamilie F_3 hätte den Wert -0,8. Es ergibt sich also:

$$\text{Schätzung}[A(F_3)] = \frac{1}{N} \cdot [-0,8 - 4] = -4,8 \cdot \frac{1}{N}.\tag{6.2}$$

Die Bestapproximation $B(F_4)$ der Funktionenfamilie F_4 wird eine höhere Anpassungsgüte an die Daten aufweisen als die Bestapproximation $B(F_3)$ der Funktionenfamilie F_3 und daher wird der Log-Likelihood größer sein. Nehmen wir an, dass dieser Log-Likelihood den Wert -0,3 hat. Also:

$$\text{Schätzung}[A(F_4)] = \frac{1}{N} \cdot [-0,3 - 5] = -5,3 \cdot \frac{1}{N}.\tag{6.3}$$

Die beiden Schätzungen der Voraussagegenauigkeit seien natürlich auf Basis der gleichen Datenmenge berechnet, insofern kann bei vergleichenden Betrachtungen der Faktor $\frac{1}{N}$ vernachlässigt werden. Obwohl sich also in diesem Beispiel die Anpassungsgüte in Form des Log-Likelihoods bei einem Übergang von F_3 zu F_4 um 0,5 verbessert hat, ist hier gemäß der Schätzung der Voraussagegenauigkeit dennoch die einfachere Familie F_3 zu bevorzugen, da die Verbesserung der Anpassungsgüte um 0,5 nicht dazu ausreichte, die Verschlechterung der durch die Anzahl der anpassbaren Parameter gemessenen Einfachheit um Eins zu kompensieren. Aus genau diesem Umstand leiten FORSTER und SOBER ihre rationale Rechtfertigung für einfachere Kurvenfamilien ab.

Dabei gibt es jedoch eine wesentliche Eigenschaft des Log-Likelihoods, die es zu beachten gilt: Der Log-Likelihood wird nämlich für jeden Kurventyp kleiner, wenn sich die Anzahl N der Datenpunkte vergrößert. Besonders deutlich wird dies anhand des in Kapitel 4.1 herausgearbeiteten Zusammenhangs zwischen dem Log-Likelihood und dem Quadratsummenabstand. Kommen nämlich mehr und mehr Datenpunkte zu einer Datenmenge hinzu, so wird der Quadratsummenabstand einer Kurve bezüglich dieser Datenmenge so gut wie sicher größer, da die neuen Datenpunkte nicht exakt auf der Kurve liegen werden; folglich wird der Log-Likelihood kleiner. Für die Log-Likelihoods der im Beispiel betrachteten Kurvenfamilien F_3 und F_4 wird dies nicht exakt im gleichen Maße geschehen, wie SOBER selber in ([43]: 88 ff.) ausführt. Es ist vielmehr zu erwarten, dass die Abnahme im Log-Likelihood von $B(F_3)$ schneller verläuft als die Abnahme im Log-Likelihood von $B(F_4)$, da sich $B(F_4)$ als höhergradige Funktion den Daten in aller Regel besser anpassen lässt als $B(F_3)$ und folglich der Abstand jedes einzelnen Datenpunktes zu Kurve größer ist. Es ist daher durchaus denkbar, dass in dem betrachteten Beispiel ein Übergang von F_3 zu F_4 eine Verbesserung des Log-Likelihoods von mehr als Eins erbringen würde, obwohl nur der Umfang der Datenmenge vergrößert wurde. Diese um mehr als Eins verbesserte Anpassungsgüte könnte somit in den Gleichungen (6.2) und (6.3) die um Eins höhere Parameteranzahl kompensieren, sodass das AKAIKE-FORSTER-SOBER-Theorem zur Wahl des komplexeren und in diesem Falle dann auch falschen Kurventyps F_4 führen würde. Hieran kann man erneut die deutlich ausgeprägte Tendenz des AIC zu einem Overfitting erkennen. Insbesondere zeigt sich, dass sich FORSTERs und SOBERs Argument zur Rechtfertigung der Präferenz für einfachere Kurventypen - zumindest in der behaupteten Allgemeinheit - nicht aufrecht erhalten lässt.

Wie ich gezeigt habe lässt sich anhand des Theorems von TURNEY - aufgezeigte Einwände einmal ausgeklammert - eine Präferenz für einfachere Kurventypen rechtfertigen, jedoch erlaubt das Theorem kein konkretes Balancieren der Ansprüche der Einfachheit und der Genauigkeit. Eine Verwendung des Theorems von TURNEY als Kurvenwahlkriterium ist somit nicht möglich. Das AKAIKE-FORSTER-SOBER-Theorem wiederum erlaubt ein solches Balancieren, jedoch lässt sich hiermit die Einfachheits-Präferenz nicht rational rechtfertigen.

Wendet man die Idee einer Präferenz für einfachere Modelle aber nun auf der das Problem der Kurvenanpassung betreffenden Meta-Ebene an, so sollte aus einem Kurvenwahlkriterium, das in der Lage ist, die Ansprüche der Einfachheit und der Genauigkeit zu balancieren, auch eine rationale Rechtfertigung für eine Präferenz von einfacheren Kurven beziehungsweise Modellen ableitbar sein. Ich werde in den folgenden Kapiteln ein alternatives Konzept entwickeln, das - wie ich zeigen werde - genau diese Vereinheitlichung ermöglicht.

Diesen Abschnitt abschließend sei die Frage diskutiert, ob sich denn nicht eine Gesamtlösung für das Problem der Kurvenanpassung ergibt, wenn man die beiden Einzelkonzepte des Theorems von TURNEY und des AIC einfach kombiniert. Gegen eine solche Kombination sprechen verschiedene Tatsachen: Einerseits sind beide Konzepte einzeln - wie bereits ausgeführt wurde - nicht ohne weiteres akzeptierbar. Beide Konzepte weisen gewisse Schwierigkeiten auf, die gegen eine Lösung des jeweiligen Teilproblems der Kurvenanpassung sprechen. Somit kann eine Kombination beider Konzepte auch keine Gesamtlösung für das Problem der Kurvenanpassung darstellen. Hinzu kommt der im vorangegangenen Abschnitt angeführte Einwand der gewünschten Vereinheitlichung eines Lösungskonzeptes. Zu guter Letzt spricht die deutliche konzeptionelle Unterschiedlichkeit der beiden Konzepte gegen eine Kombinierbarkeit. Das Theorem von TURNEY beschreibt, wie sensibel eine Funktionenfamilie auf Basis einer Datenmenge gegenüber zufälligen Perturbationen ist. Das AIC hingegen liefert eine Schätzung der Voraussagegenaugkeit, was konzeptionell etwas ganz anderes ist.

7. Das BAYES'sche Informationskriterium

In diesem Kapitel werde ich auf ein alternatives und ebenfalls sehr berühmtes Informationskriterium eingehen: Das sogenannte BAYES'sche Informationskriterium (BIC). Man könnte aufgrund des Namens vermuten, dass es von Thomas BAYES entwickelt wurde. Dies ist jedoch nicht so. So wurde dieses Informationskriterium von Gideon SCHWARZ, einem Statistiker an der Hebrew University in Jerusalem, entwickelt und 1978 in einem Artikel mit dem Namen *Estimating the dimension of a model* [37] in der bekannten Fachzeitschrift *The Annals of Statistics* veröffentlicht. Der Name des Kriteriums erklärt sich durch die Umsetzung einer Idee, die eher in den Rahmen der BAYES'schen Statistik falllen würde. Aufgrund dieses Hintergrundes ist das Informationskriterium heute auch als SCHWARZ-BAYES-Kriterium bekannt. Ich werde mich in meinen Ausführungen jedoch immer der ersteren Bezeichnung bedienen.

Als Einstieg werde ich zunächst weder die Grundidee der technischen Herleitung des BIC noch die technischen Unterschiede zum AKAIKE'schen Informationskriterium (AIC) darstellen, sondern direkt mit der Verbindung zum AIC beginnen. Um Verwechslungen vorzubeugen, führe ich für die Werte, die das AIC und das BIC für eine Kurvenfamilie F bezüglich einer Datenmenge D ergeben würden, die Bezeichnungen $AIC(F|D)$ und $BIC(F|D)$ ein.

7.1. Gewichtung der Einfachheit

Wie in Kapitel 4.1 ausgeführt wurde, gilt für das AIC:

$$AIC(F|D) = \frac{1}{N}[ll(B(F)|D) - k],$$

(7.1)

wobei N die Anzahl der Datenpunkte der vorliegenden Datenmege D, k die (kleinste) Anzahl der anpassbaren Parameter der betrachteten Kurvenfamilie F und $B(F)$ die Bestapproximation in F an die Datenmenge bezeichnet.

In Kapitel 5.1 habe ich herausgearbeitet, welche Schwächen bei einer Anwendung des AIC zu Tage treten. Zum einen hatten die umfangreichen Simulationen ergeben, dass die Fehlerquote stets und unabhängig von den betrachteten Beispielen sehr hoch ist. Zum anderen zeigte sich sehr deutlich, dass das AIC zu einem Overfitting neigt, denn die Kurventypen, die das AIC als Kurvenwahlkriterium ergab, waren stets komplexer als die innerhalb der Simulationen als wahre polynomielle Funktion verwendete Funktion. Um diesen Sachverhalt nochmals zu betonen: In keiner einzigen der vielen durchgeführten Simulationen kam es zu dem Fall, dass das AIC als Kurvenwahlkriterium zu einer einfacheren polynomiellen Funktion, also zu einer polynomiellen Funktion, deren Grad niedriger ist als der der wahren Funktion, geführt hätte. Diese Tatsache führt nun jedoch unmittelbar zu folgender Vermutung:

Die beschriebenen Overfitting-Effekte des AKAIKE Information Criterion zeigen, dass die Einfachheit, die durch die (kleinste) Anzahl der anpassbaren Parameter gemessen wird, stärker gewichtet werden sollte, als es innerhalb des AKAIKE Information Criterions der Fall ist.

Die einfachste Art und Weise, eine solche Gewichtung umzusetzen, ist die Multiplikation der Anzahl k der anpassbaren Parameter mit einer Konstanten, sagen wir g mit $g \in \mathbb{R}^{\geq 1}$. Man erhält dann eine Art modifiziertes AKAIKE Information Criterion und aus Gleichung (7.1) ergibt sich der entsprechende modifizierte AIC-Wert AIC_{mod}:

$$AIC_{mod}(F|D) = \frac{1}{N}[ll(B(F)|D) - g \cdot k]. \tag{7.2}$$

Für $g = 1$ und eine beliebige Kurvenfamilie F und eine Datenmenge D gilt also: $AIC_{mod}(F|D) = AIC(F|D)$. Es ist eine stärkere Gewichtung der durch die Parameteranzahl gemessenen Einfachheit gewünscht. Dadurch erklärt sich die Beschränkung auf Werte für g, die größer oder gleich als Eins sind.

Für verschiedene konstante Werte für g, wie beispielsweise $g = 1,5$, $g = 2$, $g = 3$ und $g = 10$, wurden erneut die entsprechenden Simulationen durchgeführt. Es zeigte sich manchmal eine Verbesserung in der Verlässlichkeit des AIC als Kurvenwahlkriterium, manchmal änderte sich aber auch nichts.

Der nächste Schritt besteht nun darin, für g keinen konstanten Wert zu wählen, sondern einen Wert, der irgendwie abhängig von der Datenmenge ist. Das offensichtlichste Charakteristikum einer Datenmenge ist die Anzahl ihrer Elemente. Insofern könnte g als von der Anzahl N der Elemente der Datenmenge abhängige Größe aufgefasst werden. Nun gibt es natürlich unendlich viele Möglichkeiten für die Form einer solchen Abhängigkeit. Der folgende Zusammenhang ist dabei jedoch besonders interessant: Wählt man für g gerade den natürlichen Logarithmus der Anzahl der Elemente der Datenmenge multipliziert mit $\frac{1}{2}$, also

$$g = g(N) := \frac{1}{2} ln(N),$$

so ergibt sich aus Gleichung 7.2 gerade das BAYES'sche Informationskriterium BIC:

$$BIC(F|D) = \frac{1}{N}[ll(B(F)|D) - \frac{1}{2}ln(N) \cdot k]. \tag{7.3}$$

Bezüglich der Gewichtung der Anzahl k der anpassbaren Parameter der Familie F innerhalb des BIC im Vergleich zum AIC ist folgende Tatsache interessant: $ln(8) \approx 2,07944 > 2$. Dies bedeutet aber gerade, dass innerhalb des BIC komplexere Modelle schon bei einer Datenmenge mit mindestens acht Datenpunkten stärker „bestraft" werden als innerhalb des AIC.

In Kapitel 4.1 habe ich den Zusammenhang von Log-Likelihood und Abweichungsquadratsumme dargestellt. Diesen konnte man - wie im gleichen Kapitel gezeigt wird - nutzen, um zusammen mit der Maximum-Likelihood-Schätzung σ_D der Varianz der angepassten Bestapproximation des betrachteten Kurventyps zu einer Formel für den AIC-Wert einer Funktionenfamilie bezüglich einer Datenmenge zu kommen, die unabhängig von der Varianz der Fehlerverteilung um den tatsächlichen Zusammenhang ist. Wendet man nun die gleichen Schritte auf die Gleichung (7.3) an, so ergibt sich:

$$BIC(F|D) = -ln(\sigma_D) - \frac{k \cdot ln(N)}{2N}. \tag{7.4}$$

In Kapitel 2.8 wurde detailliert ausgeführt, dass sich bei der erwähnten Maximum-Likelihood-Schätzung gerade die nicht-korrigierte Stichprobenvarianz ergibt. Dieser Zusammenhang wird in Kapitel 8.3 noch einmal von Bedeutung sein.

Bevor ich jedoch an späterer Stelle noch näher auf theoretisch-technische Belange des BIC eingehen werde, führe ich zunächst die Resultate der Computersimulationen an, die ich für das BIC unter variierenden Voraussetzungen durchgeführt habe.

7.2. Computersimulationen III: Das BAYES'sche Informationskriterium

In den Kapiteln 5.1 und 5.2 habe ich die Resultate von Computersimulationen angeführt, die sich für die FORSTER'sche und SOBER'sche Umsetzung des AIC für die Schätzung des Abstands zur wahren Kurve sowie für die Schätzung der Voraussagegenauigkeit ergeben hatten. In diesem Kapitel beschreibe ich die Resultate, die sich bei analogen Simulationen für das BIC ergeben haben. Dabei wurden die Simulationen jeweils mit zwei verschiedenen Werten für die im Allgemeinen unbekannte Fehlervarianz um den tatsächlichen Zusammenhang durchgeführt:

1. Die Fehlervarianz wird mittels der nicht-korrigierten Stichprobenvarianz der Daten relativ zu der Bestapproximation des betrachteten Kurventyps geschätzt. Der BIC-Wert wird also gemäß Gleichung (7.4) aus Kapitel 7.1 berechnet.

2. Der BIC-Wert wird mittels der innerhalb der Simulationen bekannten Fehlervarianz um den tatsächlichen Zusammenhang berechnet.

Stellvertretend für die vielen übrigen untersuchten Beispiele seien in der folgenden Tabelle wieder Resultate für die schon in den Kapiteln 5.1 und 5.2 betrachteten Funktionen $f_1(x) = -x^4 + 2x^3 + x^2 - x + 3$ und $f_2(x) = 2x^5 - \frac{1}{2}x^3 + 7x^2 + 2x - 5$ zusammengefasst. Die Simulationen wurden dabei mit jeweils 400 Simulationswiederholungen durchgeführt.

Für $f_1(x) = -x^4 + 2x^3 + x^2 - x + 3$ ergab sich:

Datenintervall	σ	s	Fehlerquote
[-50;50]	1	0,1	$\frac{1}{400}$
[-50;50]	1	0,01	$\frac{1}{400}$
[-250;250]	1	0,1	$\frac{4}{400}$
[-250;250]	2,5	0,1	$\frac{2}{400}$

Tabelle 16

Für $f_2(x) = 2x^5 - \frac{1}{2}x^3 + 7x^2 + 2x - 5$ ergab sich:

Datenintervall	σ	s	Fehlerquote
[-50;50]	1	0,1	$\frac{3}{400}$
[-50;50]	1	0,01	$\frac{1}{400}$
[-250;250]	1	0,1	$\frac{2}{400}$
[-250;250]	2,5	0,1	$\frac{1}{400}$

Tabelle 17

Es fällt sofort auf, dass die Fehlerquote in den angeführten Beispielen mit Werten zwischen $\frac{1}{400}$ und $\frac{4}{400}$ wesentlich niedriger ist als bei den Simulationen für das AKAIKE-FORSTER-SOBER-Theorem. Dort lag die Fehlerquote stets grob bei 25%. Diese geradezu überragende Verbesserung der Fehlerquote, also das Verhältnis der Anzahl von Fällen, in denen das BIC zur Wahl eines falschen Kurventyps geführt hat, zur Anzahl der simulierten Auswertungen mithilfe des BIC insgesamt, zeigt sich über die große Anzahl aller betrachteten Beispiele. Dabei wurden ebenso polynomielle Funktionen hoher Grade betrachtet. Und auch die Varianz σ^2 der Fehlerverteilung wurde bis hin zu großen Werten variiert. Des Weiteren wurden auch Datenmengen generiert, in denen die Schrittweite der x-Werte nicht äquidistant war, sondern in denen die Einzelschrittweiten zufällig gewählt wurden. Auch dies hatte keinerlei Einfluss auf die sehr niedrige Fehlerquote.

Die Simulationen zeigen also ganz klar, dass das BIC dem AIC in den simulierten Fällen einer Anwendung als Kurvenwahlkriterium deutlich überlegen ist. In einer Situation, in der man sich auf Basis einer vorliegenden Datenmenge und eines vermuteten polynomiellen Zusammenhangs der relevanten Größen, für einen Kurventyp in Form des Grades einer polynomiellen Funktion entscheiden muss, sollte man also statt auf das AIC auf das BIC als Kurvenwahlkriterium zurückgreifen. Aber auch für das BIC lässt sich eine Situation konstruieren, die eine Erhöhung der Fehlerquote mit sich bringt: Wählt man nämlich ein verhältnismäßig „enges"

x-Werte-Intervall, beispielsweise $[-5; 5]$, und benutzt innerhalb der Simulationen eine polynomielle Funktion, deren Leitkoeffizient relativ klein ist, beispielsweise $\frac{1}{10000}$, so ist der Einfluss der größten Potenz in der Funktion auf den gesamten Funktionswert für die betrachteten x-Werte sehr gering. Das BIC kann dann den tatsächlichen Funktionstyp nicht korrekt „erkennen", was den Anstieg der Fehlerquote zur Folge hat. Dieser Effekt zeigte sich ebenfalls beim AIC und wurde in Kapitel 5.1 detailliert dargestellt. Es sei an dieser Stelle aber nochmals erwähnt, dass man diesem Problem entgegen treten kann, indem man für kleine Leitkoeffizienten zunehmend breitere x-Werte-Intervalle heranzieht.

Zu Beginn dieses Kapitels wurde dargestellt, dass die Simulationen einerseits unter Verwendung der innerhalb der Simulationen bekannten Fehlervarianz um den tatsächlichen Zusammenhang und andererseits unter Verwendung der nicht-korrigierten Stichprobenvarianz als Schätzwert für eben diese durchgeführt wurden. Genau wie bereits innerhalb der Simulationen der FORSTER'schen und SOBER'schen Schätzung des Abstands zur wahren Kurve in Kapitel 5.1 sowie für der Simulationen ihrer Schätzung der Voraussagegenauigkeit mittels des AIC in Kapitel 5.2 zeigen sich keine Unterschiede in den BIC-Simulationen für die beiden Fehlervarianzen: In beiden Fällen ergeben die Simulationen - gerade im Vergleich zum AIC - extrem niedrige Fehlerquoten.

Die Fehlerquote innerhalb der BIC-Simulationen ist also wesentlich niedriger als innerhalb der AIC-Simulationen. Bezüglich der Fehlerquoten gibt es jedoch auch eine Gemeinsamkeit. So wurde in den Kapitel 5.1 und 5.2 geschildert, dass die FORSTER'sche und SOBER'sche Schätzung des Abstands zur wahren Kurve sowie das AIC zu einem Overfitting der Daten neigen: In keinem einzigen der simulierten Fälle kam es dazu, dass die Abstandsschätzung zur wahren Kurve oder das AIC zu einem Kurventyp geführt haben, der einfacher, als von niedrigerem Grad, als der Kurventyp der innerhalb der Simulation als tatsächlicher Zusammehang verwendeten Funktion war. Die BIC-Simulationen weisen nun eine wesentlich niedrigere Fehlerquote auf. In den Fällen, in denen das BIC dann doch zu einem falschen Kurventyp führt, ist dieser Kurventyp stets komplexer, also von höherem Grad, gewesen als die innerhalb der Simulation als tatsächlicher Zusammehang verwendeten Funktion. Wenn das BIC also - sehr selten - zu einem falschen Kurventyp führt, dann ist dies auf ein Overfitting zurückzuführen.

Es stellt sich nun natürlich die Frage, welche Unterschiede in der Theorie (im Vergleich zum AIC) diese doch äußerst deutliche Verbesserung erzielen konnten. Darauf werde ich im folgenden Kapitel eingehen.

7.3. AIC versus BIC: Konzeptionelle Unterschiede

In Kapitel 4.1 habe ich dargestellt, dass das AKAIKE-FORSTER-SOBER-Theorem eine Schätzung der Voraussagegenauigkeit einer Funktionenfamilie bezüglich einer vorliegenden Datenmenge liefert. Diese Schätzung wurde mithilfe der Maximum-Likelihood-Methode hergeleitet. Das Prinzip der Maximum-Likelihood-Methode basiert auf folgender Idee:

Bei der Durchführung statistischer Untersuchungen greift man in der Regel auf eine Stichprobe mit einer bestimmten Anzahl von Objekten einer Population zurück. In den meisten Fällen ist die Untersuchung der gesamten Population aufgrund der (zu hohen) Kosten und des (zu hohen) Aufwandes nicht praktikabel. Daher sind in diesen Fällen die wichtigen Kennwerte - beispielsweise der Erwartungswert oder die Standardabweichung - unbekannt. Ist man nun an statistischen Analysen interessiert, für die man diese Kennwerte benötigt, so muss man die unbekannten Kennwerte der gesamten Population anhand der bekannten Stichprobe schätzen. Für die Maximum-Likelihood-Methode werden die Elemente der Stichprobe als Realisierung eines Zufallsexperiments interpretiert, das von einem unbekannten Parameter abhängt. Der Maximum-Likelihood-Schätzer eines Parameters ist nun derjenige Parameter, der die Wahrscheinlichkeit, die Stichprobe zu erhalten, maximiert.

Das SCHWARZ'sche Konzept um das BIC basiert hingegen auf einer anderen Schätz-Methode, nämlich auf den BAYES-Schätzern. SCHWARZ selber schreibt dazu:

„In a model of given dimension maximum likelihood estimators can be obtained as large-sample limits of the Bayes estimators for arbitrary nowhere vanishing a priori distributions. Therefore we look for the appropriate modification of maximum likelihood for our case, by studying the asymptotic be[h]avior of Bayes estimators under a special class of priors." ([37]: 461)

Nehmen wir zur Erläuterung der BAYES'schen Schätz-Methode einmal an, wir modellieren ein Experiment durch eine Zufallsvariable X, die Werte in einer Menge S annimmt. Nehmen wir des Weiteren an, die Verteilung von X hängt von einem

Parameter θ ab, der Werte in einem Parameterraum Θ annimmt. Die Dichtefunktion von X sei mit $d(x|\theta)$ mit $x \in S$ und $\theta \in \Theta$ bezeichnet. In aller Regel ist X ein Vektor und auch θ kann vektorwertig sein. Wie beispielsweise FAHRMEIER, KÜNSTLER, PIGEOT und TUTZ in ([14]: 380 ff.) darstellen, ist das Besondere an der BAYES'schen Methode die Tatsache, dass θ nun selber als Zufallsvariable aufgefasst wird. θ als Zufallsvariable besitzt dann ebenfalls eine Dichtefunktion, die mit $h(\theta)$ für $\theta \in \Theta$, bezeichnet sei. Die entsprechende Verteilung wird als *a priori Verteilung* von θ bezeichnet. Sie repräsentiert das Wissen über den Parameter vor der Datenerhebung. Des Weiteren wird ein Maß dafür benötigt, wie gut ein Schätzer den tatsächlichen Wert schätzt. Die Güte einer solchen Schätzung wird duch eine sogenannte *loss function* ausgedrückt, die im weiteren mit L bezeichnet wird.

Die im Kontext der vorliegenden Arbeit wichtigste loss function ist die sogenannte *quadratic loss function*, die letztendlich nicht anderes ist als die Abweichungsquadratsumme. Liegt nun eine konkrete Realisation $x \in S$ der Zufallsvariablen X vor und ist $\hat{\theta}$ ein Schätzer von θ auf Basis von x, so lässt sich für eine loss function L das BAYES *risk* definieren als der Erwartungswert bezüglich der a priori Dichte h von $L(\theta, \hat{\theta})$, in Zeichen:

$$E_h\left(L\left(\theta, \hat{\theta}\right)\right).$$

Es gilt:

$$E_h\left(L\left(\theta, \hat{\theta}\right)\right) = \int_{\Theta} L\left(\theta, \hat{\theta}\right) h(\theta) d\theta.$$

Ein Schätzer, der das BAYES risk minimiert, heißt BAYES-*Schätzer*. Wie bereits erwähnt wurde spielt die Abweichungsquadratsumme als Abweichungsmaß eine besondere Rolle. Auf ihr basiert die loss function des sogenannten *Mean Square Error* (MSE), der als Erwartungswert der Abweichungsquadratsumme definiert wird, in Zeichen: $E_d\left(\left(\hat{\theta} - \theta\right)^2\right)$. Das d im Index deutet an, dass der Erwartungswert bezüglich der Verteilung der Zufallsvariablen X bestimmt wird und d ist ja deren Dichtefunktion. Auf Basis dieser loss function ergibt sich das folgende BAYES-risk:

$$E_h\left(E_d\left(\left(\hat{\theta} - \theta\right)^2\right)\right) = \int \int \left(\hat{\theta} - \theta\right)^2 d(x|\theta) h(\theta) dx d\theta.$$

Im Falle des MSE als loss function spricht man auch von einer *Minimum Mean Square Error Estimation* (MMSE). In diesem Fall ist der BAYES-Schätzer nichts anderes ist als der bedingte Erwartungswert von θ gegeben die Realisation $X = x$:

$$\hat{\theta} = E_h(\theta|x) = \int_{\Theta} \theta \, h(\theta|x) \, d\theta.$$

Dieses Resultat findet sich beispielsweise auch in ([14]: 383). Dort wird auch ausgeführt, wie sich die sogennante *a posteriori Dichte* $h(\theta|x)$ von θ bezüglich der Realisation $X = x$ bestimmen lässt:

$$h(\theta|x) = \frac{h(\theta)\,d(x|\theta)}{d(x)}, \quad \theta \in \Theta, x \in S.$$

Im diskreten Fall gilt für $d(x)$:

$$d(x) = \sum_{\theta \in \Theta} h(\theta)g(x|\theta).$$

Im kontinuierlichen Fall gilt analog:

$$d(x) = \int_{\Theta} h(\theta)\,g(x|\theta)d\theta.$$

Ein wesentlicher Unterschied der beiden Methoden der Maximum-Likeli-hood-Schätzung und der BAYES-Schätzung kann bereits an dieser Stelle festgehalten werden: Beide Methoden basieren jeweils auf einer Abstandsbetrachtung. Bei der Maximum-Likelihood-Methode wird derjenige Parameter als Schätzwert herangezogen, der das Likelihood des Parameters bezüglich der vorliegenden Datenmenge maximiert. Wie bereits in Kapitel 4 über die AIC-Statistik dargestellt wurde, ist das Likelihood einer Kurve bezüglich einer Datenmenge ein Maß für den Abstand der Kurve zu den Daten. Innerhalb des AIC wird also der durchschnittliche Voraussageerfolg der gefitteten Kurve zu den Daten, der über alle Daten gemittelt wird, betrachtet. Innerhalb der BAYES-Schätzung wird hingegen nicht der Abstand der Kurve zu den Daten betrachtet, sondern der durch die loss function L gemessene Abstand der wahren Kurve zur gefitteten Kurve. Die innerhalb des BIC verwendete loss function ist - wie beispielsweise Oliver NELLES in seinem Buch *Nonlinear system identification: from classical approaches to neural networks an fuzzy models* ([31]: 171-172) ausführt, die Abweichungsquadratsumme.

Bei einem Übergang vom AIC zum BIC kommt es also zu wesentlichen Änderungen; es gibt jedoch auch Gemeinsamkeiten, denn schließlich sind die beiden Formeln des AIC (7.1) und des BIC (7.3) gar nicht so sehr verschieden:

„In the large-sample limit, the leading term of the Bayes estimator turns out to be just the maximum likelihood estimator. Only in the next term something new is obtained." ([37]: 461)

Der Unterschied zwischen den resultierenden Formeln des AIC und des BIC besteht ja, wie bereits ausgeführt wurde, darin, dass die Parameteranzahl k noch mit dem Faktor $\frac{1}{2}ln(N)$ multipliziert wird.

In Kapitel 4.3 habe ich angeführt, zu welchem Problem es bei einer Anwendung des AIC kommen kann, wenn man die Anzahl der Datenpunkte vergrößert. Ich werde die analogen Rechnungen nun für das BIC durchführen. Nehmen wir dazu wieder an, dass wir eine Datenmenge vorliegen haben, die aufgrund eines wahren Zusammenhangs von abhängiger zu unabhängiger Größe entstand, der linear ist. Das BIC müsste also für die lineare Funktionenfamilie *LIN* einen größeren Wert ergeben als für die konkurrierende quadratische Funktionenfamilie *PAR*, wenn man davon ausgeht, dass das BIC ein verlässliches Kurvenwahlkriterium ist.

Diese Annahme ist - wie die in Kapitel 7.2 dargestellten Simulationen zeigen - auf Basis hinreichend großer Datenmengen durchaus vernünftig.[1] Es gilt also:

$$BIC(LIN|D) > BIC(PAR|D).$$

Gemäß Gleichung (7.3) bedeutet dies

$$\frac{1}{N}[ll(B(LIN)|D) - \frac{1}{2}ln(N) \cdot 2] \quad >$$
$$\frac{1}{N}[ll(B(PAR)|D) - \frac{1}{2}ln(N) \cdot 3],$$

da *LIN* durch zwei und *PAR* durch drei Parameter determiniert wird. Multipliziert man diese Ungleichung mit N, bringt die Log-Likelihoods auf die linke Seite und verrechnet noch die Konstanten, so ergibt sich:

$$ll(B(LIN)|D) - ll(B(PAR)|D) > -\frac{1}{2}ln(N).$$

Mithilfe der Rechengesetze für Logarithmen lassen sich die beiden Logarithmen zu einem Logarithmus zusammenfassen; außerdem lässt sich die rechte Seite der Ungleichung ebenfalls mithilfe der Rechengesetze für Logarithmen wie folgt um-

---

[1] In Kapitel 9 wird noch einmal auf die Verlässlichkeit der Modellwahlkriterien für verschiedene Größen von Datenmengen eingegangen werden.

formen:
$$ln\left(\frac{l(B(LIN)|D)}{l(B(PAR)|D)}\right) > ln\left(\frac{1}{\sqrt{N}}\right).$$

Abschließend potenzieren wir diese letzte Ungleichung noch zur Basis e:

$$\frac{l(B(LIN)|D)}{l(B(PAR)|D)} > \frac{1}{\sqrt{N}}. \tag{7.5}$$

Das Besondere an dieser Ungleichung im Vergleich zur entprechenden Ungleichung für das AIC (Ungleichung (4.9) in Kapitel 4.3) ist die Tatsache, dass die rechte Seite der Ungleichung nicht mehr konstant, sondern von der Anzahl der Datenpunkte der vorliegenden Datenmenge abhängig ist. Genauer gesagt ist dieser Schwellenwert für das Likelihood-Verhältnis von *LIN* und *PAR* also umgekehrt proportional zur Wurzel der Anzahl N der Elemente der Datenmenge. Aufgrund der besseren Anpassungfähigkeit quadratischer Funktionen im Vergleich zu linearen Funktionen, war es beim AIC möglich, dass bei wachsender Anzahl N an Datenpunkten der Nenner der linken Seite derartig viel größer als der Zähler ist, dass der AIC-Schwellenwert vom Likelihood-Verhältnis unterschritten würde. Die Ungleichung (4.9) in Kapitel 4.3 wäre in diesem Fall falsch. Ganz anders sieht es diesbezüglich bei der entsprechenden Ungleichung (7.5) für das BIC aus. Wir gehen ja in diesem Beispiel davon aus, dass der wahre Zusammenhang durch eine lineare Funktion beschreibbar ist. Aufgrund der Fehlereinflüsse in den Daten werden die Datenpunkte nicht alle exakt auf einer Geraden liegen. Vergrößert man nun die Anzahl der Datenpunkte, so wird sich dieser Effekt noch verstärken. Da sich polynomielle Funktionen höheren Grades im Allgemeinen im Vergleich zu polynomiellen Funktionen niedrigeren Grades den Daten genauer anpassen lassen, ist es auch in dem betrachteten Beispiel möglich, dass der Likelihood-Wert von *LIN* mit steigender Anzahl N an Datenpunkten schneller fällt, als der Likelihood-Wert von *PAR*. Somit würde der Quotient auf der linken Seite der Ungleichung (7.5) immer kleiner. Gleichzeitig - ganz im Gegenteil zur Ungleichung (4.9) auf in Kapitel 4.3 - wird aber auch der Schwellenwert auf der rechten Seite der Ungleichung mit steigenden Umfang N der Datenmenge kleiner. Insofern kann das BIC also dem Problem, das im AIC für große Datenmengen auftreten kann, effektiv entgegentreten.

7.4. BAYES-Informationskriterium: OCKHAMs Rasiermesser

Neben der deutlichen Überlegenheit des BIC gegenüber dem AIC in konkreten Anpassungssituationen, so wie sie bereits in Kapitel 7.2 beschrieben wurde, gibt es bei der Verwendung des BIC zur Lösung des Problems der Kurvenanpassung auch einen herausragenden Vorteil auf wissenschaftstheoretischer Ebene. In Kapitel 6.3 habe ich dargestellt, dass das Argument FORSTERs und SOBERs zur Rechtfertigung einer Präferenz für einfachere Kurventypen nicht haltbar ist. Ganz im Gegensatz dazu ermöglicht das BIC für beide Teilprobleme des Problems der Kurvenanpassung, also die rationale Rechtfertigung für eine Einfachheits-Präferenz sowie die Möglichkeit eines Trade-Offs zwischen Einfachheit und Genauigkeit, eine Lösung.

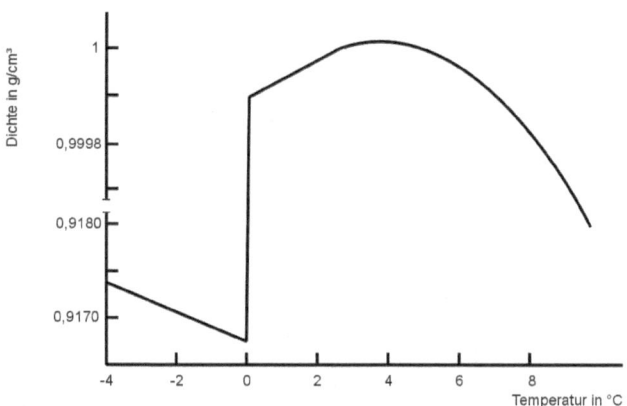

Abbildung 7.1.: Die Dichteanomalie des Wassers

Bevor ich darauf detailliert eingehen werde, diskutiere ich zunächst die bereits in der Einleitung der vorliegenden Arbeit angeführte Frage, wie denn das ontologische Sparsamkeitsprinzip in Form von OCKHAMs Rasiermesser auf den Bereich der Kurvenanpassung angewendet werden kann.

Das in der Einleitung erwähnte Beispiel der ontologischen Verpflichtung auf die Existenz des Planeten Neptun zeigt darüberhinaus, dass eine Vereinfachung bei

Verwendung eines bestimmten Einfachheitsmaßes mit einer Komplizierung bei Verwendung eines anderen Einfachheitsbegriffs einhergehen kann. Im Rahmen des Problems der Kurvenanpassung lassen sich jedoch der ontologische Einfachheits-begriff und der syntaktische Einfachheitsbegriff der (kleinsten) Anzahl der eine Kurve determinierenden Parameter in Einklang bringen. Betrachten wir dazu ein Beispiel: Die Dichte verschiedener Substanzen sinkt so gut wie immer bei steigen-der Temperatur. Beim Wasser verhält es sich anders. Zwar nimmt die Dichte beim Absenken der Temperatur von heißem Wasser zunächst zu, jedoch erreicht die Dichte des Wassers bei etwa vier Grad Celsius ein Maximum und nimmt ab dort bei fallender Temperatur wieder ab. Diese Eigenschaft unterscheidet sich grundle-gend von anderen Stoffen, weshalb dann auch von der *Dichteanomalie des Wassers* gesprochen wird. Die Abbildung 7.1[2] verdeutlicht dies graphisch. Über dem Inter-vall von null Grad Celsius bis acht Grad Celsius hat die Kurve die Form einer nach unten geöffneten Parabel, sie könnte also der Graph einer quadratischen Funktion sein. Das Maximum dieser Parabel liegt also bei etwa vier Grad Celsius. Ab der Maximalstelle verhält die Kurve sich so, wie es - die Kenntnis der Dichteanomalie einmal ausgeklammert - zu erwarten gewesen wäre: Mit zunehmender Temperatur sinkt die Dichte, die Kurve fällt also. Über dem Intervall von null Grad Celsius bis etwa vier Grad Celsius steigt die Kurve jedoch. Beim Gefrieren des Wassers kommt es des weiteren zu einer sprunghaften Abnahme der Dichte. Dieser Effekt kann durch die geschilderte Parabel nicht mehr dargestellt werden.

Der gesamte Prozess der Dichteänderung in Abhängigkeit der Temperatur wird - wie in Abbildung 7.1 deutlich wird - durch den parabelförmigen Teil für Tempera-turen größer als null Grad Celsius und durch eine Gerade für Temperaturen kleiner als null Grad Celsius dargestellt. Der angeführte Sprung der Dichte bei null Grad Celsius bewirkt bezüglich der den Zusammenhang von Temperatur und Dichte wiedergebenden Kurve also eine syntaktische Komplizierung im Sinne der Vergrö-ßerung der Parameteranzahl. Anders formuliert: Gäbe es die Dichteanomalie des Wassers nicht, so wäre ceteris paribus der gesamte Prozess der Dichteänderung durch eine einzige Kurve beschreibbar. Und genau dies ist der Zusammenhang, den ich herausstellen möchte: Die ontologische Vereinfachung, also das Ausklam-mern der Existenz der Dichteanomalie, ginge einher mit einer syntaktischen Ver-einfachung im Sinne der Verringerung der Anzahl der die Kurven determierenden Parameter. Würde man auf Basis eines Kenntnisstandes, der die Dichteanomalie nicht einschließt, ein Experiment durchführen, das zu der grapischen Veranschau-lichung in Abbildung 7.1 führt, so hätten wir aufgrund der Sprungstelle, die zu einer Kombination von zwei Kurven führt und die somit die Einfachheit im Sinne

---

[2] In leicht veränderter Form entnommen aus: [3]: 135.

der Parameteranzahl einschränkt, guten Grund, an etwas zu glauben, das für diesen Sprung verantwortlich ist, nämlich die Dichteanomalie des Wassers.

Doch kehren wir zurück zum Hauptanliegen dieses Kapitels, der Rechtfertigung der Einfachheitspräferenz. Dazu betrachten wir die im letzten Kapitel angestellten Überlegungen nun in einem allgemeineren Rahmen. Es seien F_1 und F_2 zwei Funktionenfamilien. Die Anzahl der determinierenden Parameter der Familie F_1 sei k_1 und die Familie F_2 sei durch k_2 Parameter determiniert. Wir nehmen an, beide Familien fitten die Daten ähnlich gut, sodass sich die Frage stellt, welche Familie zu bevorzugen sei. Nehmen wir des Weiteren ohne Beschränkung der Allgemeinheit an, dass F_1 der wahre Kurventyp ist. Als Entscheidungskriterium bediene man sich nun des BIC. Dazu werden die BIC-Werte beider Familien berechnet. Das BIC als Kurvenwahlkriterium müsste also zu einer Wahl der Funktionenfamilie F_1 führen. Das heißt:

$$BIC(F_1|D) > BIC(F_2|D). \tag{7.6}$$

Auf diese Ungleichung lassen sich nun die gleichen Umformungsschritte wie im obigen konkreten Beispiel mit *LIN* und *PAR* durchführen, diesmal nur mit den Parameteranzahlen k_1 und k_2 statt der konkreten Parameteranzahlen Zwei und Drei. Aus der Ungleichung (7.6) ergibt sich dann die folgende Ungleichung:

$$\frac{l(B(F_1)|D)}{l(B(L_2)|D)} > \left(\sqrt{N}\right)^{k_1-k_2}. \tag{7.7}$$

Bezüglich des Schwellenwertes auf der rechten Seite der Ungleichung ist nun die folgende Fallunterscheidung wichtig:

$$\text{1. Fall: } \left(\sqrt{N}\right)^{k_1-k_2} \overset{N\to\infty}{\longrightarrow} \infty, \text{ für } k_1 > k_2$$

und

$$\text{2. Fall: } \left(\sqrt{N}\right)^{k_1-k_2} \overset{N\to\infty}{\longrightarrow} 0, \text{ für } k_1 < k_2.^3$$

Das Likelihood-Verhältnis auf der linken Seite von Ungleichung (7.7) muss also größer sein als der Schwellenwert auf der rechten Seite. Vergrößert man nun die Anzahl N der Datenpunkte, so sollte die Entscheidung zugunsten der wahren Funktionenfamilie F_1 untermauert werden, denn immer mehr und mehr Infor-

---

[3] Der Fall $k_1 = k_2$ braucht hier natürlich nicht betrachtet werden, denn dann gälte ja $F_1 = F_2$. Offensichtlich sind die beiden folgenden Konvergenzaussagen äquivalent: $x^j \overset{x\to\infty}{\longrightarrow} \infty$ und $x^{-j} \overset{x\to\infty}{\longrightarrow} 0$. Die angeführte Fallunterscheidung ist an dieser Stelle somit nicht zwingend notwendig, dient hier jedoch der besseren Darstellbarkeit.

mationen stehen zur Verfügung, da ja - wie an anderer Stelle bereits ausgeführt wurde - die empirische Verteilungsfunktion mit wachsendem Stichprobenumfang gegen die tatsächliche Verteilungsfunktion konvergiert. Für den ersten Fall der obigen Fallunterscheidung wird es aber für das Likelihood-Verhältnis von $B(F_1)$ und $B(F_2)$ mit wachsendem N immer schwieriger, den Schwellenwert $\left(\sqrt{N}\right)^{k_1 - k_2}$ zu überragen, denn schließlich strebt dieser gegen unendlich. Im zweiten Fall der Fallunterscheidung sieht dies grundlegend anders aus. Hier strebt der Schwellenwert gegen Null. Dies ist aber genau der Fall, dass die Parameteranzahl k_1 des wahren funktionalen Zusammenhangs F_1 kleiner ist als die Parameteranzahl k_2 des zu F_1 in Konkurrenz stehenden Zusammenhangs F_2.

Das BIC stellt genau wie das AIC ein Trade-Off-Kriterium für die Ansprüche der Genauigkeit und der Einfachheit dar. Auf die in den letzten Zeilen dargestellte Art und Weise kann jedoch aus dem BIC eine rationale Rechtfertigung für eine Präferenz für einfachere Kurventypen hergeleitet werden. Hat man gute Gründe, an die Adäquatheit des BIC als Kurvenwahlkriterium zu glauben, so hat man ebenfalls gute Gründe, prima facie einfachere Kurventypen zu präferieren. Vermittels des BIC findet sich hier also eine wissenschaftstheoretische Fundierung von OCKHAMs Razor. Für die Adäquatheit des BIC sprechen ja die zuvor betrachteten theoretisch-formalen Aspekte sowie in besonderem Maße auch die umfangreichen Simulationen, die doch sehr deutliche Unterschiede zum AIC offen legten.

Darüberhinaus gibt es noch einen weiteren wichtigen Aspekt. In Kapitel 4.3 habe ich dargestellt, dass das AIC nicht konsistent ist. Die (statistische) Konsistenz eines Schätzwertes ist eine von verschiedenen Minimalanforderungen, die oftmals - quasi als Gütekriterien - an Schätzer gestellt werden. Dabei ist ein Schätzer genau dann konsistent, wenn er sich mit zunehmender Anzahl an Datenpunkten immer mehr dem tatsächlichen und zu schätzenden Wert annähert. Eine weitere solche Anforderung ist die Erwartungstreue: Ein Schätzer heißt genau dann erwartungstreu, wenn sein Erwartungswert dem zu schätzenden Wert entspricht. FORSTER und SOBER führen in ihrem Aufsatzes [15] aus, dass das AIC als Schätzer der Voraussagegenauigkeit erwartungstreu ist. Eine Schätzung der Voraussagegenauigkeit mittels des BIC ist hingegen nicht erwartungstreu, jedoch konsistent, wie beispielsweise Herman J. BIERENS in seinem Aufsatz *Information Criteria and Model Selection* ([5]: 2 ff.) ausführt. Eine Bewertung des AIC und des BIC mittels dieser beiden Anforderungen würde also einen ausgeglichenen „Punktestand" ergeben. Es stellt sich dabei aber die Frage, ob eine dieser Anforderungen denn eventuell gegenüber der anderen zu bevorzugen ist. Eine Antwort auf diese Frage kann nicht prinzipieller Natur sein, denn sie hängt auch von der Situation ab, in der die statistische Analyse mit der Berechnung eines Schätzwertes angestellt wird. Im Kontext der betrachteten AKAIKE'schen und BAYES'schen Informationskriterien zum Zwecke der Lösung des Problems der Kurvenanpassung lässt sich diese Frage jedoch zugunsten der Konsistenz beantworten. In den gängigen Statistik-Lehrbüchern findet sich jedoch hierzu leider kein Hinweis. Dies verwundert allerdings nur kaum, denn eine Argumentation zugunsten der Konsistenz, wie ich sie im Folgenden führen werde, findet eher auf der Seite der Wissenschaftstheorie als auf statistischer Seite statt.

Zur Erinnerung: Ein Schätzer heißt genau dann erwartungstreu, wenn sein Erwartungswert dem zu schätzenden Wert entspricht. Die Forderung an einen „guten" Schätzer, er solle erwartungstreu sein, beruht auf der Tatsache, dass ein Schätzwert natürlich so gut wie immer von dem tatsächlichen zu schätzenden Wert abweicht. Werden beispielsweise zehn Schätzungen mit Hilfe eines Schätzers durchgeführt, so wird man nahezu sicher zehn verschiedene Schätzwerte erhalten. Doch für welchen dieser zehn Werte sollte man sich nun entscheiden? Für den Fall, dass der verwendete Schätzer die Anforderung der Erwartungstreue erfüllt, kann diese Frage umgangen werden, denn die Erwartungstreue des Schätzers bedeutet ja gerade, dass sich die Schätzer im Mittel auf den tatsächlichen Wert konzentrieren. Als letzendlichen Schätzwert sollte man also in betrachteten konkreten Anwendungssituation mit zehn Schätzwerten den Mittelwert der zehn Schätzwerte verwenden. Die Erwartungstreue eines Schätzers ist also hauptsächlich von praktischem Interesse, wenn man aufgrund der prinzipiellen Fehlerhaftigkeit einer Schätz-Prozedur von den Einzelschätzungen auf ein Endresultat für den Schätzwert schließen möchte. Aber natürlich wäre im Allgemeinen selbst der Mittelwert einer bestimmten Anzahl an Einzelschätzungen mithilfe eines erwartungstreuen Schätzers so gut wie sicher vom tatsächlichen Wert verschieden. Allerdings kann die Güte des Mittelwertes von Einzelschätzungen mithilfe eines erwartungstreuen Schätzers im Allgemeinen verbessert werden, indem man die Anzahl der Einzelschätzungen vergrößert.

Die Anforderung der Konsistenz hat eine ebenso große praktische Bedeutung: Durch Vergrößerung der Datenmenge nähert sich der mithilfe eines konsistenten Schätzers ermittelte Schätzwert immer mehr dem wahren Wert an. Darüberhinaus besitzt die Anforderung der Konsistenz - wie an anderer Stelle schon einmal erwähnt wurde - auch eine wissenschaftstheoretische Rechtfertigung: Wenn die Anzahl der Datenpunkte steigt, dann enthält die Datenmenge mehr und mehr Informationen über den tatsächlichen Zusammenhang der Daten und - intuitiv gesprochen - je mehr Informationen man zur Verfügung hat, desto besser sollte man auf Basis dieser Informationen Schätzungen anstellen können. Diese Intuition bezüglich der Natur von Schätzungen schlägt sich - wie bereits ausgeführt wurde -

in dem auch als Hauptsatz der Statistik bekannten Theorem von GLIWENKO und CANTELLI nieder.[4]

Sowohl bei der Erwartungstreue als auch bei Konsistenz geht es also darum, dass etwas vergrößert wird, damit der zu schätzende Wert besser angenähert werden kann. Im Falle der Konsistenz wird dazu der Umfang der Daten, also die Anzahl der Datenpunkte, vergrößert. Auf diese Art und Weise wird sich der Trend hinter den Daten immer klarer abzeichnen. Die Stichprobe wird also mit wachsendem Umfang immer repräsentativer. Im Falle der Erwartungstreue werden mehr und mehr Datenmengen herangezogen, um für jede dieser Datenmengen einen Schätzwert zu berechnen. Am Ende mittelt man über diese Schätzwerte, da sich ein erwartungstreuer Schätzwert ja im Mittel auf den wahren Wert konzentriert. Dabei ist im Vergleich zur Anforderung der Konsistenz folgender Unterschied wichtig: Vergrößert man also die Anzahl der Einzelschätzungen auf Basis von einzelnen Datenmengen, so ist es sicherlich unwahrscheinlich, prinzipiell jedoch dennoch möglich, dass die einzelnen Datenmengen sich in ihrer Aussagekraft bezüglich des anvisierten Datentrends nicht sonderlich unterscheiden. Jede der Einzelschätzungen könnte also in einem Extremfall auf dem gleichen verwischten Datentrend basieren. Anders ist es bei der Anforderung der Konsistenz. Hier bringt eine Vergrößerung der Datenanzahl nahezu sicher einen Erkenntnisgewinn bezüglich des Datentrends; dies ist ja gerade die zentrale Aussage des Theorems von GLIWENKO und CANTELLI.

Besonders in praktischen Anwendungskontexten ist die Erwartungstreue also eine wünschenswerte Eigenschaft eines „guten" Schätzers. Die hier angestellte Analyse der Informationskriterien von AKAIKE und BAYES zielt aber wesentlich auf eine rationale Rechtfertigung im Rahmen einer wissenschaftstheoretischen Fundierung sowie die Verwendbarkeit beider Kriterien zur Lösung des Problems des Kurvenanpassung ab. Und genau in diesem Kontext spielt die Konsistenz aufgrund ihrer Rückführbarkeit auf das Theorem von GLIWENKO und CANTELLI und der damit verbundenen Intuition eine größere Rolle als die Erwartungstreue, deren Nutzen eher auf anwendungspraktischer Seite zu finden ist.

Ich habe in diesem Kapitel dargestellt, dass sich mithilfe des BAYES'schen Informationskriteriums beide der in der Einleitung dieser Arbeit formulierten Teilprobleme P1 und P2 des Problems der Kurvenanpassung lösen lassen, sofern sich das BAYES'sche Informationskriterium wissenschaftstheoretisch rechtfertigen lässt. Genau diese Rechtfertigung des BIC werde ich im folgenden Kapitel herausarbeiten.

---

[4] Die präzise Formulierung findet sich in Kapitel 2.5.

8. AIC, BIC, Kreuzvalidierung und das Kriterium des Voraussageerfolges

8.1. Grundlegendes zur Bestätigung von Hypothesen

Das entscheidende Kriterium zur Wahl eines Modells beziehungsweise zur Wahl einer Kurve aufgrund einer vorliegenden Datenmenge ist die Frage, wie gut das jeweils betrachtete Modell beziehungsweise die jeweils betrachtete Kurve durch die Daten bestätigt wird. Hierbei gibt es zwei zentrale Fragen:

(F1) Welches Maß für die Bestätigung wird benutzt?

(F2) Welche Daten sollten zu einer Bemessung der Bestätigung herangezogen werden? Die vorliegenden Daten wurden bereits für ein Fitting benutzt, sodass sie nicht auch noch zur Bestätigung beziehungsweise Schwächung herangezogen werden können.

Für die Frage (F1) gibt es gewisse Standardantworten, die als *logisches Kriterium der Bestätigung* und als *probabilistisches Kriterium der Bestätigung* bezeichnet seien. Betrachten wir als Beispiel für das logische Kriterium den Satz:

Jeder Tischtennis-Spieler verfügt über hervorragende Reaktionszeiten.   (8.1)

Die logische Formalisierung des Satzes (8.1) ergibt das folgende all-quanti-fizierte Konditional:

$$\forall x (Fx \Rightarrow Gx),   (8.2)$$

wobei F die Eigenschaft bezeichnet, ein Tischtennis-Spieler zu sein und G die Eigenschaft bezeichnet, über eine hervorragende Reaktionszeit zu verfügen. Beobachten wir nun einen Tischtennis-Spieler, der tatsächlich über hervorragende Reaktionszeiten verfügt - logisch also ein Individuum x, das den Satz $Fx \wedge Gx$ erfüllt -, so betrachten wir die Hypothese (8.1) - beziehungsweise ihre logische Formalisierung (8.2) - als schwach bestätigt. Diese positive Instanz bildet eine schwache

Bestätigung, da die Anstellung weiterer Beobachtungen durchaus ein Gegenbeispiel ergeben könnte; in dem betrachteten Beispiel wäre dies etwa ein Tischtennis-Spieler, der über keine besonderen oder sogar über unterdurchschnittlich ausgeprägte Reaktionszeiten verfügt. Die Beobachtung einer solchen negativen Instanz wäre eine unmittelbare Falsifikation des betrachteten all-quantifizierten Konditionals.

In genau dieser Asymmetrie der (schwachen) Bestätigung sowie der (starken) Schwächung beziehungsweise Falsifikation liegt eine Schwäche des logischen Kriteriums der Bestätigung. Viele konkrete Anwendungssituationen ergeben natursprachliche Formulierungen wie „In aller Regel gilt...". So würde vermutlich niemand wirklich der Meinung sein, dass die Hypothese (8.1) tatsächlich in diesem strengen Sinne formuliert werden sollte. Es scheint schon eher eine Formulierung wie

$$\text{In aller Regel verfügt jeder Tischtennis-Spieler}$$
$$\text{über hervorragende Reaktionszeiten.} \tag{8.3}$$

adäquat zu sein. Diese Hypothese würde immer noch durch eine positive Instanz, also einen konkret beobachteten Tischtennis-Spieler, der über eine hervorragenden Reaktionszeit verfügt, bestätigt. Der große Unterschied besteht nun jedoch darin, dass ein Spieler, der über eher unterdurchschnittliche Reaktionszeiten verfügt, keine starke Schwächung der Hypothese (8.3) mehr darstellen würde. Man würde eventuell auch noch an die Hypothese glauben, selbst wenn sich mittlerweile - bis zu einem gewissen Grad - mehrere negative Instanzen herausgestellt haben. Die Behauptung liegt ja in der Gültigkeit des Konditionals „in aller Regel" und nicht im strikten Sinne.

Aus diesen Gründen scheint es für viele Situationen adäquater zu sein, anstatt auf das logische Kriterium der Bestätigung, auf das probabilistische Kriterium zurückzugreifen. Hierbei wird eine Hypothese H durch ein Set D an Beoachtungen genau dann bestätigt, wenn die bedingte Wahrscheinlichkeit von H gegeben D größer ist als die Wahrscheinlichkeit von H; in Zeichen:

$$D \text{ bestätigt } H \;:\Leftrightarrow\; P(H|D) > P(H). \tag{8.4}$$

Entsprechend definiert man die probabilistische Schwächung einer Hypothese H durch eine Datenmenge D dadurch, dass die Wahrscheinlichkeit von H gegeben D

kleiner als die Wahrscheinlichkeit von H ist; in Zeichen:

$$D \text{ bestätigt } H \; :\Leftrightarrow \; P(H|D) < P(H).$$

Bezogen auf die Problematik der Kurvenanpassung ist die wesentliche Idee hierbei also, dass man eine erste Datenmenge - sagen wir: D_0 - benötigt, um eine Kurve zu fitten. Diese Kurve wäre in obiger Notation die Hypothese H. Nun betrachtet man (mindestens) eine weitere und von D_0 unabhängige Datenmenge D, um zu überprüfen, ob diese weitere Datenmenge die gefittete Kurve bestätigt oder schwächt. Die Auswahl des Kurventyps erfolgt auf Basis der ersten bereits vorliegenden Datenmenge und anhand darauf aufbauender Konzepte, wie etwa der Bestimmung des AIC-Wertes oder des BIC-Wertes verschiedener Kurvenfamilien. Es ist aber zunächt einmal unklar, ob - und wenn ja, warum - man eine Kurve, die aufgrund solcher Überlegungen ausgewählt wurde, als bestätigt angesehen werden sollte. Wie nämlich zuvor ausgeführt wurde, kann eine de-facto-Bestätigung nur auf (mindestens) einer neuen Datenmenge basieren. Genau dies ist die Aussage des Kriteriums des Voraussageerfolges, so wie es von Gerhard SCHURZ in [36] herausgarbeitet wurde:

„[...] eine durch Fitten auf eine Datenmenge gewonnene Kurve ist nur dann bestätigt, wenn sich ihre Voraussagen anhand neuer Datenmengen bestätigen. Nur wenn dies der Fall ist, kann induktiv geschlossen werden, dass beim Fitten auf die ursprüngliche Datenmenge kein Overfitting passiert ist." ([36]: 159)

Es sei an dieser Stelle daran erinnert, dass es sich beim Fitten auf Zufälligkeiten auch um eine Art des Overfittings handelt, die in angeführtem Zitat ausdrücklich ebenfalls mit „Overfitting" gemeint ist.[1] Ein rational rechtfertigbares Konzept zur Lösung des Problems der Kurvenanpassung sollte also auf dem SCHURZ'schen Kriterium des Voraussageerfolges basieren beziehungsweise eben dieses umsetzten.

Ich werde nun zeigen, dass sich das BIC mit dem Kriterium des Voraussageerfolges in Einklang bringen lässt. Dazu betrachten wir zunächst die Methode der sogenannten Kreuzvalidierung.

---

[1] Eine Unterscheidung verschiedener Arten des Overfittings wurde in Kapitel 4.2 dargestellt.

8.2. Kreuzvalidierung

Zunächt stellt sich die Frage, wie sich ein Kriterium wie das des Vorausageerfolges, das neben der dem Fitten zu Grunde liegenden Datenmenge noch (mindestens) eine weitere Datenmenge benötigt, anwenden lassen soll, wenn man davon ausgeht, dass man nur die eine Datenmenge zur Verfügung hat? Die Antwort auf diese Frage besteht in einem Aufsplitten der vorliegenden Datenmenge und einem anschließenden Resampling. Die Grundidee dieses Verfahrens lautet:

Man wählt zufällig einen (echten) Teil der Datenpunkte der Datenmenge D aus; man wählt also eine Menge D' mit

$$D' \subset D.$$

Dann passt man an D' eine Kurve an. Anhand der übrigen Datenpunkte der Datenmenge D, die nicht zur Anpassung benutzt wurden, überprüft man nun die Kurve. Die eigentliche Aussagekraft erhält dieses Verfahren, indem man wiederholt zufällig (verschiedene) Teilmengen D' der Datenmenge wählt, das zuvor beschriebene Verfahren anwendet und schließlich die Ergebnisse vergleicht.

Diese Methode stellt einen Spezialfall der Methode der Kreuzvalidierung dar, die ich aufgrund des beschriebenen Zusammenhangs zum Problem der Kurvenanpassung nun erläutern werde.

8.2.1. Kreuzvalidierung

Wer genau die Methode der Kreuzvalidierung entwickelt hat, lässt sich aus heutiger Perspektive nicht mehr eindeutig festmachen. Wie man aber beispielsweise den Darstellungen in dem Buch *Permutation methods: a distance function approach* [28] von Paul W. MIELKE, Jr. und Kenneth J. BERRY entnehmen kann, wurde die Methode der Kreuzvalidierung schon einige Zeit angewendet, bevor sich dann im Laufe der Zeit der Terminus technicus „cross-validation" etabliert hat. Charles I. MOSIER führt in seinem Artikel *Problems and Designs of Cross-Validation* [30] aus, dass die ursprünglichste Form der Kreuzvalidierung offenbar auf den Artikel *A Research Test of the Rohrschach Test* [23] von A. K. KURTZ aus dem Jahre 1948 zurückgeht:

> „The first, and what I consider the classic, design is the one referred to by Kurtz in his 1948 Personnel Psychology paper [...]."([30]: 5)

Dieses Zitat deutet darüberhinaus an, dass es neben einem „classic design" auch weitere Unterarten der Kreuvalidierung gibt. In der statistischen Fachliteratur, etwa *Predictive Inference: an introduction* [16] von Seymour GEISSER oder auch *Resampling methods: a practical guide to data analysis* [18] von Phillip I. GOOD, finden sich solche Unterarten, beispielsweise die sogenannte *50%-cross-validation*. Gemäß dieser Methode wird die Teilmenge D' der Datenmenge D derart gewählt, dass sie die Hälfte der Datenpunkte der Ausgangsdatenmge D enthält, wobei die Elemente aus D' zufällig aus D gezogen werden.

Das im obigen Zitat erwähnte klassische Design einer Kreuzvalidierung sieht hingegen folgende Vorgehensweise vor: Die vorliegende Datenmenge D, die N Datenpunkte enthält, wird in k Teilmengen $D_1, D_2, \cdots, D_k$ zerlegt. Es werden nun k Testdurchgänge durchgeführt, im Verlaufe derer die jeweils i-te Teilmenge D_i als Testmenge und die Vereinigung der verbleibenden $k-1$ Teilmengen als sogenannte Trainingsmenge verwendet werden. Die Gesamtbewertung dieses Verfahrens errechnet sich als Durchschnitt aus den Einzelfehlerquoten der k einzelnen Durchläufe.[2] Diese Vorgehensweise bezeichnet man als k-fache Kreuzvalidierung.

Im Falle der Anpassung einer Kurve f eines speziellen Typs (polynomielle Kurve eines speziellen Grades) an eine Datenmenge D würde dies folgendes algorithmisches Vorgehen bedeuten:

1.) Zerlege D in k Teilmengen $D_1, D_2, \cdots, D_k$.

2.) $i := 1$.

3.) Fitte f an die Trainingsmenge $\bigcup\limits_{1 \leq j \leq k, i \neq j} D_j$.

4.) Berechne die Einzelfehlerquote in Form der Abweichungsquadratsumme von f zur Testmenge D_i.

5.) Überschreibe in Schritt 2.) i mit $i+1$ und führe erneut die Schritte 3.) bis 5.) durch.

6.) Der Algorithmus endet, wenn $i = k$ erreicht wird. Die Gesamtfehlerquote berechnet sich als der Mittelwert der k Einzelfehlerquoten.

Man kann erkennen, dass eine Teildatenmenge in einem Durchgang als Test- und in einem anderen Durchgang als Teil der Trainingsmenge fungiert. Die Vali-

---

[2] Hierbei ist zu beachten, dass man unter einer Zerlegung oder auch Partition einer Menge die Aufteilung der Mengen in disjunkte Teilmengen versteht. Bei einer nicht-disjunkten Aufteilung würden ja Datenpunkte, die innerhalb der Trainingsmenge zum Fitten der Kurve verwendet wurden, ebenfalls innerhalb der Testmenge zur Berechnung der Fehlerquote herangezogen. Man würde also die Anpassungsgüte für Datenpunkte bestimmten, die eh schon zum Fitten benutzt wurden. Genau dies wird durch die Voraussetzung einer disjunkten Partitionierung vermieden.

dierungs-Prozedur verläuft also gewissermaßen „über Kreuz", woraus sich auch der Name Kreuzvalidierung ableitet.

Des Weiteren ist für die Kreuzvalidierung wesentlich, dass keine Schätzung der Varianz der Fehlerverteilung um den wahren Zusammenhang notwendig ist. Ich werde in Kapitel 8.2.2 noch einmal auf diese wichtige Eigenschaft zurück kommen.

Ein Spezialfall der k-fachen Kreuzvalidierung ist die sogenannte Leave-One-Out-Kreuzvalidierung. Hierbei wird die Anzahl k der Testdurchgänge gleich der Anzahl N der Datenpunkte gesetzt, also $k = N$. Die Trainingsmenge besteht also jeweils aus $N - 1$ Datenpunkten, während die Testmenge jeweils nur einen Datenpunkt enthält. Der zuvor beschriebene Algorithmus wird also N-mal durchlaufen.

Eine weitere Variante des Verfahrens der Kreuzvalidierung ist die stratifizierte Kreuzvalidierung. Diese Variante ist eine Art Modifikation der zuvor dargestellten k-fachen Kreuzvalidierung. Die Modifikation innerhalb der k-fachen stratifizierten Kreuzvalidierung besteht darin, dass die k Teilmengen derart bestimmt werden, dass jede der k Teilmengen eine (zumindest annähernd) gleiche Verteilung aufweist. Es ist offensichtlich, dass es für die Leave-One-Out-Kreuzvalidierung keine stratifizierte Variante geben kann, denn hier bestehen die Teilmengen ja immer nur aus einem Datenpunkt. Dieser Nachteil wird im weiteren Verlauf der vorliegenden Arbeit noch einmal von Bedeutung sein.

Im weiteren Verlauf der vorliegenden Arbeit wird jedoch eine Art Abwandlung der Leave-One-Out-Kreuzvalidierung von besonderer Bedeutung sein, nämlich die sogenannte Delete-d-Kreuzvalidierung. Gemäß dieser Methode wird nicht ein einziger Datenpunkt die Testmenge bilden, sondern eine Datenmenge mit d Datenpunkten für ein vorher festzulegendes $d \in \mathbb{N}$.

Es sei noch erwähnt, dass es weitere Resampling-Methoden gibt, die die erwähnte Grundidee, die auch der Kreuzvalidierung zugrunde liegt, aufgreifen. Hier ist vor allem die Bootstrap-Methode zu nennen, die 1979 von Bradley EFRON in seinem Aufsatz *Bootstrap Methods: Another Look at the Jackknife* [12] veröffentlich wurde. Ein Überblick über das Bootstrapping findet sich beispielsweise in dem Artikel *An introduction to the bootstrap* [13] von EFRON und TIBSHIRANI aus dem Jahre 1993.

Die besondere Bedeutung der Kreuzvalidierungs-Methode(n) im Kontext dieser Arbeit gründet auf der Tatsache, dass eine enge Beziehung zwischen der Kreuzvalidierung und dem von Gerhard SCHURZ herausgearbeiteten Kriterium des Voraussageerfolges besteht. Diese enge Beziehung wird im folgenden Kapitel dargestellt.

8.2.2. Kreuzvalidierung und Kriterium des Voraussageerfolges

In Kapitel 8.1 habe ich das SCHURZ'sche Kriterium des Voraussageerfolges angeführt. Zur Verdeutlichung diene erneut die einfache graphische Darstellung von zwei Datenmengen und zwei Kurven in Abbildung 8.1, die schon in Kapitel 4.2 betrachtet wurde:

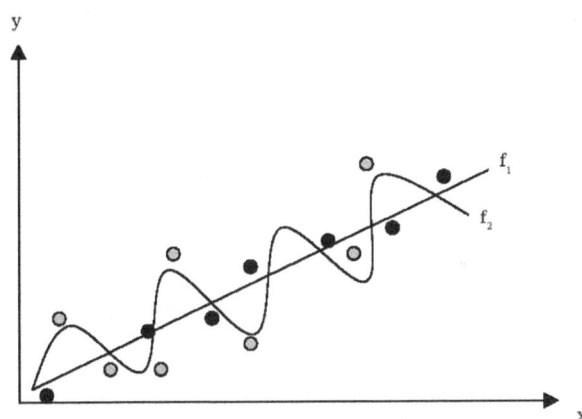

Abbildung 8.1.: Alte versus neue Datenmenge

Nehmen wir an, die vorliegenden Datenmenge D bestände aus allen - also sowohl aus den grauen als auch aus den schwarzen - Datenpunkten der Graphik. Nehmen wir des Weiteren an, wir hätten eine zweifache Kreuzvalidierung durchgeführt und wir befinden uns in dem Durchgang, in dem die schwarzen Punkte die Trainingsmenge und die grauen Punkte die Testmenge bilden. Der Einfachheit der Darstellung halber betrachten wir nur zwei konkurrierende Kurventypen, nämlich die (lineare) Gerade f_1 und die (hochgradig polynomielle) Kurve f_2. Die schwarzen Datenpunkte weisen deutlich einen linearen Trend auf. Würde man sich nur auf diese Datenpunkte als Basis für eine Kurvenanpassung inklusive der vorher durchzuführenden Wahl des Kurventyps beziehen, so würde also die lineare Gerade f_1 von diesen Punkten bestätigt. Nun fungieren in diesem Beispiel jedoch die grauen Datenpunkte als Testmenge. Es ist deutlich erkennbar, dass die Testdatenmenge die auf Basis der Trainingsdatenmenge angepasste Gerade nicht bestätigt. Dies liegt an dem offenbar non-linearen Trend der grauen Datenpunkte. Der Quadratsummenabstand der Testdatenmenge zur gefitteten Geraden f_1 wäre somit sehr hoch und man würde die lineare Hypothese - gemäß des Konzeptes der Kreuzvalidierung - in einer vergleichenden Betrachtung verwerfen.

Der wesentliche Schritt der durchgeführten zeifachen Kreuzvalidierung besteht also in der Partitionierung der vorliegenden Datenmenge in eine Trai-nings- und eine Testdatenmenge. Dieses Vorgehen entspricht letztendlich dem Konzept des SCHURZ'schen Kriteriums des Voraussageerfolges. Auch hier werden zwei Datenmengen benötigt: Eine bereits vorliegende Datenmenge dient zur Anpassung jeweils einer Kurve und eine neue Datenmenge dient zur Überprüfung ihrer Voraussagen. Im Jargon der Kreuvalidierung ist die erste Datenmenge die Trainings- und die zweite Datenmenge die Testmenge. Ich spreche bewusst von einer Entsprechung der beiden Konzepte und nicht etwa von einer Gleichheit. Streng formal betrachtet gibt es nämlich einen konzeptionellen Unterschied. Dieser liegt in der zeitlichen Abfolge des Erhebens der Datenmengen: Bei der Kreuzvalidierung wird zu einem bestimmten Zeitpunkt genau eine Datenmenge erhoben. Diese wird dann gemäß der Vorgehensweise der Kreuzvalidierung partitioniert und entsprechend weiterverarbeitet. Beim SCHURZ'schen Kriterium des Voraussageerfolges ist es anders. Hier wird zu einem Zeitpunkt t_1 eine Datenmenge erhoben, die zum Anpassen der Bestapproximationen der konkurrierenden Kurventypen herangezogen wird. Nachdem dieser Schritt abgeschlossen ist, werden Voraussagen, die mithilfe der angepassten Kurven generiert wurden, mithilfe neuer Datenmengen überprüft. Diese neuen Datenmengen stehen erstmal in keinerlei Beziehung zu der bereits vorliegenden Datenmenge. Sie könnten durchaus zu einem im Verleich zu t_1 späteren Zeitpunkt t_2 erhoben worden sein. Wesentlich ist, dass diese Datenmengen keinerlei Einfluss auf die Anpassung der Bestapproximationen der betrachteten Kurventypen haben. Genau dies meint Gerhard SCHURZ, wenn er von *neuen* Datenmengen spricht.

Mit einer äußerst geringen Umformulierung der zuvor beschriebenen Vorgehensweise beim Kriterium des Voraussageerfolges kann man die bereits erwähnte Entsprechung zum Verfahren der Kreuzvalidierung deutlich aufzeigen: Anstatt zu einem Zeitpunkt t_1 die Datenmenge $D_{Fitting}$ zum Anpassen der Kurven und zu einem späteren Zeitpunkt t_2 die Datenmengen $D_{neu}^1, \cdots, D_{neu}^{k-1}$ zur Überprüfung der Voraussagen zu erheben, kann man alle diese Datenmengen auch zu einem einzigen

Zeitpunkt gemeinsam erheben.[3] Man stelle sich nun vor, alle diese Datenmenge wären zu einer einzigen großen Datenmenge D vereinigt worden. Dies könnte dann die Datenmenge sein, die für die Anwendung des Verfahrens der Kreuzvalidierung herangezogen wird.

In Kapitel 4.2 habe ich dargestellt, dass das Kriterium des Voraussageerfolges nicht von einer Schätzung der Varianz der Fehlerverteilung um den tatsächlichen Zusammenhang abhängt. Die Methode der Kreuzvalidierung hat - wie in Kapitel 8.2.1 dargestellt wurde - die gleiche Eigenschaft. Auch hieran zeigt sich erneut die innere Verbundenheit des Kriteriums des Voraussageerfolges und der Methode der Kreuzvalidierung.

Die Ausführungen haben gezeigt, dass das Verfahren der Kreuzvalidierung den Ansprüchen des SCHURZ'schen Kriteriums des Voraussageerfolges genügt. Es stellt sich nunmehr die Frage, welche Rolle diese Erkenntnis im Kontext des AKAIKE'schen (AIC) und des BAYES'schen (BIC) Informationskriteriums spielt. Genau dieser Frage geht das folgende Kapitel nach.

8.3. AIC, BIC und Kreuzvalidierung

Wie im letzten Kapitel gezeigt wurde besitzt das Verfahren der Kreuzvalidierung vermittels der Beziehung zum SCHURZ'schen Kriterium des Voraussageerfolges eine wissenschaftstheoretische Rechtfertigung. Wie ich in Kapitel 8.2.1 bereits ausgeführt habe, gibt es zwei Varianten der Kreuzvalidierung, nämlich einerseits die einfache Kreuzvalidierung und andererseits die stratifizierte Kreuzvalidierung, bei der die Partitionen der zugrunde liegenden Datenmenge derart bestimmt werden, dass die Verteilungen der Partitionen (möglichst) ähnlich sind. Fasst man jeweils die grauen und die schwarzen Datenpunkte aus Abbildung 8.1 als Partitionen einer Gesamtdatenmenge auf, so kann man deutlich erkennen, dass diese Partitionen sehr unterschiedlich - wie bereits erwähnt: linearer versus hochgradig polynomieller Trend - verteilt sind. Hätte man dies schon bei der Partitionierung im Vorfeld der Kurvenanpassung berücksichtigt, so hätte man den linearen Kurventyp *LIN* der Geraden schon vorab ausschließen können. In gewisser Weise ist diese Forderung nach einer (möglichst) ähnlichen Verteilung eine Art Schutzmechanismus gegen die Gefahr des Fittens auf Zufälligkeiten.[4] Insofern besitzt also

---

[3] Die Indizierung der neuen Datenmengen geht nur bis zum Index $k - 1$, damit zusammen mit der Datenmenge $D_{Fitting}$ genau k Datenmengen vorliegen, da dieses Vorgehen zu einer k-fachen Kreuzvalidierung in Beziehung gesetzt werden soll.

[4] Zur Gefahr des Fittens auf Zufälligkeiten sei auf Kapitel 4.2 verwiesen.

die stratifizierte Kreuzvalidierung einen gewichtigen Vorteil gegenüber der nicht-stratifizierten Kreuzvalidierung.

In seinem Aufsatz *An Asymptotic Theory for Linear Model Selection* [39] aus dem Jahr 1997 hat Jun SHAO gezeigt, wie die Verfahren des AIC, des BIC und der Kreuzvalidierung zusammenhängen. Hierbei teilt SHAO die in seinem Aufsatz betrachteten gängigen Modellwahlkriterien in Klassen ein, wobei sich die Zugehörigkeit zu einer Klasse danach richtet, welches asymptotische Verhalten die Kriterien aufweisen. Die Elemente einer solchen Klasse sind also in dem Sinne äquivalent, dass sie das gleiche asymptotische Verhalten aufweisen:

„[...] we show that some selection methods [...] have the same asympotic bahavior (in terms of consistency and asymptotic loss efficiency) as the GIC_{λ_n} under certain conditions." ([39]: 232)

Hierbei steht GIC_{λ_n} für das *Generalized Information Criterion*, das von dem Parameter λ_n abhängt. Dabei handelt es sich tatsächlich um eine Verallgemeinerung der bereits betrachteten Informationskriterien nach AKAIKE (AIC) und SCHWARZ (BIC). Die Verallgemeinerung wurde vereinfacht bereits in Kapitel 7.1 in Gleichung 7.2 angeführt. Die an dieser Stelle von mir eingeführte Zahl g hängt dabei sehr einfach mit der Zahl λ_n aus SHAOs Arbeit zusammen:

$$g := g(n) = \frac{1}{2}\lambda_n.$$

Zusammenfassend lässt sich sagen, dass diese Äquivalenz bezüglich des asymptotischen Verhaltens soviel bedeutet wie: Die Modellwahlkriterien liefern gleiche Ergebnisse. Im Kontext der Kurvenanpassung bedeutet dies, dass die Modellwahlkriterien zum gleichen Kurventyp führen. Die Begriffe *consistency* und *asymptotic loss efficiency* sind sehr technischer Natur. Sie werden in Anhang C der vorliegenden Arbeit näher erläutert werden. Dabei wird auch geklärt, warum SHAO von *asymptotischen* Verhalten spricht. Die von SHAO in ([39]: 222) für den Nachweis der Äquivalenz benutzte loss function ist die Abweichungsquadratsumme. In Kapitel 7.3 wurde dargestellt, dass die Abweichungsquadratsumme auch als loss function für die BAYES-Schätzer innerhalb des BIC benutzt wurde. Die wesentlichen Bedingungen, die für eine solche Äquivalenz erfüllt sein müssen, und die SHAO unter anderem im vorangegangenem Zitat erwähnt, werden bereits in diesem Kapitel dargestellt.

An dieser Stelle sei jedoch zunächst auf die wesentlichen Zusammenhänge von Kreuzvalidierung, AIC und BIC eingegangen. So beschreibt SHAO in [39], dass das AKAIKE'sche Informationskriterium (AIC) das gleiche asymptotische Verhalten aufweist wie die Leave-One-Out-Kreuzvalidierung. Neben allen bereits zuvor angeführten Schwächen des AKAIKE'schen Konzeptes wird nun also eine weitere Schwäche deutlich: Das AIC ist im beschriebenen Sinne äquivalent zur Leave-One-Out-Kreuzvalidierung. Letztere hat aber den konzeptionellen Nachteil, nicht stratifizierbar zu sein.

Ganz anders ist es bei der k-fachen Kreuzvalidierung. Sie ist sehrwohl stratifizierbar. Ebenfalls in [39] führt SHAO aus, dass das verallgemeinerte Informationskriterium GIC_{λ_n} äquivalent ist zu einer Delete-d-Kreuzvalidierung, falls für λ_n und d die folgenden beiden Bedingungen erfüllt sind:

(1) $\lambda_n \overset{n\to\infty}{\longrightarrow} \infty$

(2) $\exists\, d := d(n) : \dfrac{d}{n} \overset{n\to\infty}{\longrightarrow} 1.$

In Kapitel 8.2.2 habe ich herausgearbeitet, dass das Verfahren der Kreuzvalidierung vermittels des SCHURZ'schen Kriteriums des Voraussageerfolges eine rationale Rechtfertigung besitzt. Wenn sich nun zeigen ließe, dass sich die zuvor angeführten Bedingungen (1) und (2) für das BAYES'sche Informationskriterium erfüllen lassen, so könnte man diese rationale Rechtfertigung des Verfahren der Kreuzvalidierung vermittels der beschriebenen Äquivalenzbeziehung auf das BAYES'sche Informationskriterium übertragen.

Die Bedingung (1) ist erfüllt, denn für das BIC gilt ja

$$\lambda_n = ln(n) \tag{8.5}$$

und die Logarithmus-Funktion ist streng monoton steigend.

In seinem Aufsatz [39] schreibt SHAO:

„[...], the delete-d CV has the same asymptotic behavior as the GIC_{λ_n} with

$$\lambda_n = \frac{n}{n-d} + 1.\text{``([39]} : 234) \tag{8.6}$$

CV steht hierbei für **Cross-Validation**. Setzt man nun die Gleichung (8.5) in Gleichung (8.6) ein und löst die so entstehende Gleichung nach d auf, so ergibt sich:

$$d = n - \frac{n}{ln(n) - 1}.^5 \tag{8.7}$$

Gleichung (8.7) liefert also in Abhängigkeit von der Anzahl n der Datenpunkte einen Wert für d. Dieser Wert erfüllt die zweite der zuvor angeführten Bedingungen.[6] Somit existiert für eine Datenmenge mit n Datenpunkten stets eine Zahl d, sodass das BAYES'sche Informationskriterium äquivalent ist zu der Delete-d-Kreuzvalidierung. In Kapitel 8.2.2 wurde heraus gearbeitet, dass sich das Verfahren der Kreuzvalidierung auf das SCHURZ'sche Kriterium des Voraussageerfolges zurückführen lässt. Die angeführte Äquivalenz von BIC und Delete-d-Kreuzvalidierung zeigt somit, dass sich das BIC durch eine Rückführung auf das Kriterium des Voraussageerfolges wissenschaftstheoretisch rechtfertigen lässt.

Im Kontext dieses Ergebnisses existiert noch eine zu klärende Auffälligkeit: In Kapitel 4 über das AIC und Kapitel 7 über das BIC wurde dargestellt, dass beide Informationskriterien noch von der Fehlervarianz σ^2 abhängen. In Kapitel 4.1 wurde nämlich gezeigt, dass die Fehlervarianz σ^2 in den Log-Likelihood der Bestapproximation der betrachteten Funktionenfamilie bezüglich der vorliegenden Datenmenge eingeht. Es stellt sich somit die Frage, wie denn SHAO in [39] die Varianz aus den Daten schätzt, um die erwähnten Äquivalenzen der Leave-One-Out-Kreuzvalidierung zum AIC und der Delete-d-Kreuzvalidierung zum BIC beweisen zu können.

Die entscheidende Antwort findet sich in ([39]: 232). Hier gibt SHAO explizit an, wie die Fehlervarianz geschätzt wird. Ich werde die Schätzung $\hat{\sigma}_n^2$ der Varianz σ_n^2 bezüglich einer n-elementigen Datenmenge zunächst in SHAOs Notation angeben, um sie anschließend unter Gebrauch der in der vorliegenden Arbeit benutzten Notationen zu interpretieren:

$$\hat{\sigma}_n^2 = \frac{S_n(\alpha)}{n - p_n(\alpha)}. \tag{8.8}$$

Mit α bezeichnet SHAO ein Modell aus einer bestimmten Klasse $\mathscr{A}_n$ von Modellen, also $\alpha \in \mathscr{A}_n$. SHAO gibt selber in ([39]: 222) den Bezug zu Familien von

---

[5] Innerhalb der Delete-d-Kreuzvalidierung ist d als Anzahl von Datenpunkten also eine natürliche Zahl. Die Quotient auf der rechten Seite von Gleichung 8.7 ist jedoch nicht natürlich. In der Literatur wird hier dann statt d der Wert $\lfloor d \rfloor$ weiterverarbeitet. Diese sogenannte untere Gaußklammer von d bezeichnet dabei die größte natürliche Zahl unterhalb von d.

[6] In Anhang D wird dies formal ausgeführt.

Polynomen an. Für eine natürliche Zahl p_n notiert er: $\mathscr{A}_n = \{\alpha_h \mid h = 1, \ldots, p_n\}$

„[...] and $\alpha_h = \{1, \ldots, h\}$ corresponds to a polynomial of order h used to approximate the true model."([39]: 222)

Die Zahl p_n wird von STONE in ([45]: 44) auch *Dimensionalität* genannt. Gemäß SHAO ist sie also der höchste Grad der Polynome in $\mathscr{A}_n$. Hierdurch erklärt sich auch, warum SHAO im Nenner des Quotienten auf der rechten Seite der Gleichung (8.8) $p_n(\alpha)$ statt einfach nur p_n notiert, denn der Grad ist das charakteristische Merkmal eines Modells. Die neben n und $p_n(\alpha)$ dritte Größe in diesem Quotienten ist $S_n(\alpha)$. Hiermit ist nichts anderes gemeint als die Abweichungsquadratsumme der Bestapproximation der betrachteten Funktionenfamilie zu der vorliegenden Datenmenge. Sie hängt natürlich ebenfalls von dem zu Grunde liegenden Modell ab. Insgesamt lässt sich also bereits an dieser Stelle festhalten, dass die Varianz-Schätzung (8.8) von dem jeweils betrachteten angenommenen Zusammenhang abhängt. Anders wäre eine Schätzung der wahren Streuung ja auch nicht möglich.

Doch betrachten wir die Gleichung (8.8) noch einmal etwas genauer: Es fällt unmittelbar die Ähnlichkeit zu der nicht-korrigierten Varianz einer angepassten Funktion f bezüglich einer Datenmenge D auf, so wie sie in Kapitel 2.8 dargestellt wurde. In dem Kapitel 4.1 wurde diese Varianz mit σ_D^2 bezeichnet und es gilt:

$$\sigma_D^2 = \frac{AQ(f, D)}{n}. \tag{8.9}$$

Die rechten Seiten der beiden Gleichungen (8.8) und (8.9) unterscheiden sich nur durch den Subtrahenden des Nenners. In (8.8) hat dieser den Wert $p_n(\alpha)$ und in (8.9) den Wert Null. Wie bereits ausgeführt wurde handelt es sich bei den geschilderten Äquivalenzbeziehungen um asymptotische Äquivalenzen. So mussten die auf Seite 179 angeführten Bedingunge (1) und (2) ja gelten für $n \to \infty$. $p_n(\alpha)$ ist aber als Dimension der betrachteten Funktionenklasse eine Konstante. Für $n \to \infty$ gilt somit für die rechten Seiten der Gleichungen (8.8) und (8.9)

$$\frac{S_n(\alpha)}{n - p_n(\alpha)} \approx \frac{AQ(f, D)}{n},$$

das heißt die von SHAO in ([39]: 232) geschätzte Varianz $\hat{\sigma}_n^2$ ist asymptotisch gleich der nicht-korrigierten Varianz σ_D^2. $p_n(\alpha)$ wird jedoch von SHAO als Subtrahend des Nenners von Gleichung (8.8) benötigt, um die zentralen Äquivalenzaussagen beweisen zu können.

SHAOs Schätzung der Varianz mittels eines Schätzers, der asymptotisch gleich der nicht-korrigierten Varianz einer angepassten Funktion f bezüglich einer Datenmenge D ist, trägt zur Konsistenz des dargestellten Konzeptes bei. Denn wie in den Kapiteln 4.1 und 7.1 der vorliegenden Arbeit sowie in ([27]: 21-23) dargestellt wird, werden die Gleichungen, die eine konkrete Berechnung von AIC- beziehungsweise BIC-Werten möglich machen, da sie nicht mehr von der Varianz der Fehlerverteilung um den tatsächlichen Zusammenhang abhängen, hergeleitet, indem man eben diese wahren Varianzen durch den Maximum-Likelihood-Schätzer der Varianz der Bestapproximation der betrachteten Funktionenfamilie bezüglich der vorliegenden Datenmenge schätzt. Die verwendete nicht-korrigierte Varianz ist das Resultat dieser Maximum-Likelihood-Schätzung. Dies wurde in Kapitel 2.8 dargestellt.

Die dargestellte asymptotische Äquivalenz der Methoden der Delete-d-Kreuzvalidierung und des BIC besagt also, dass diese beiden Modellwahlkriterien für hinreichend große Datenmengen zu den gleichen Kurventypen führen. Um dies anschaulich zu überprüfen, habe ich wiederum Computersimulationen durchgeführt, deren Funktionsweise und Ergebnisse ich im folgenden Kapitel darstellen werde.

8.4. Simulationen IV: Delete-d-Kreuzvalidierung versus BIC

Der Algorithmus, der die asymptotische Äquivalenz der Delete-*d*-Kreuzvalidierung und des BIC anhand simulierter Beispiele überprüfen soll, besteht aus drei Schritten:

1. Man gibt zunächst diejenige Funktion an, die in der Simulation die Rolle der wahren Funktion übernimmt.

2. Das Programm erzeugt dann mithilfe des Signal-Rauschen-Modells und nach gewissen Vorgaben eine Datenmenge. Bei diesen Vorgaben handelt es sich um verschiedene Parameter, die in der Simulation variiert werden können, um ein möglichst breites Spektrum verschiedener Anwendungssituationen simulieren zu können. So sind die Intervall-Grenzen der unabhängigen Variablen x frei wählbar. Ebenso ist die äquidistante Schrittweite für die Generierung der x-Werte frei wählbar. Darüberhinaus kann auch der Perturbationskoeffizient σ für das Signal-Rauschen-Modell frei gewählt werden.

3. Dann werden polynomielle Kurven vorher festgelegten Typs, also vorher festgelegten Grades, an diese Datenmenge angepasst. Für jede dieser Kurven wird der entsprechende BIC-Wert berechnet. Darüberhinaus wird für jede dieser Kurven eine Delete-*d*-Kreuzvalidierung durchgeführt, wobei sich der Wert d aus der Anzahl N der Datenpunkte berechnet, so wie es in Kapitel 8.3 dargestellt wurde. Dabei wird die Partitionierung der Datenmenge in eine Test- und eine Trainingsmenge für eine vorher angegebene Anzahl wiederholt. Für jede dieser Neupartitionierungen wird die Abweichungsquadratsumme der an die Trainingsmenge angepassten Kurven zu der jeweiligen Testmenge berechnet. Die Gesamtabweichungsquadratsumme ist die Summe der einzelnen Abweichungsquadratsummen.

Die Simulation gibt dann nach vollem Durchlauf den Grad der in der Simulation als wahre Funktion verwendeten Funktion, den Grad der Funktion, auf die das BIC führen würde, und den Grad der Funktion, auf die die Kreuzvalidierung führen würde, aus. Die maximale Anzahl an Neupartitionierungen innerhalb der Delete-*d*-Kreuzvalidierung ist die Anzahl der Möglichkeiten, d-elementige Teilmengen aus der N-elementigen Datenmenge zu ziehen. Diese beträgt $\binom{N}{d}$.

Für eine Vielzahl an Beispielen wurde nun diese Simulation durchgeführt. Dabei stellte sich heraus, dass die Kreuzvalidierung und das BIC fast immer zum gleichen Kurventyp führen. Um der Frage näher nachzugehen, wann und wie oft dies nicht der Fall ist, wurder der zuvor angeführte Algorithmus ergänzt. Genauer gesagt wurde um ihn herum eine weitere Schleife programmiert, die immer wieder neue Datenmengen generiert und auch die Kreuzvalidierung immer wieder neu durchführt. Der modifizierte Algorithmus arbeitet also mit zwei Anzahlen von Wiederholungen. Einerseits wird die Anzahl der Gesamtdurchläufe eingegeben. Andererseits wird dann die Anzahl der Neupartitionierungen der Delete-d-Kreuzvalidierung abgefragt, die in jedem einzelnen der Gesamtdurchläufe durchgeführt wird.

Dabei zeigte sich beispielsweise für die Funktion

$$f(x) = -x^5 + 2x^4 + 3x^3 - 3x^2 + 7x + 5$$

und dem Daten-x-Werte-Intervall $[-100; 100]$ mit einer äquidistanten Schrittweite $s = 1$ und dem Perturbationskoeffizienten $\sigma = 1$, dass es bei 1000 Gesamtdurchläufen und 200 Neupartitionierungen pro Gesamtdurchlauf in keinem einzigen der 1000 Durchläufe dazu kam, dass die Delete-d-Kreuzvali-dierung und das BIC zu verschiedenen Kurventypen führten. Der BIC-Wert war also jedes mal für die Bestapproximation fünften Grades am größten, während die mittels der Delete-d-Kreuzvalidierung ermittelten Gesamtabweichungsquadratsumme jedes mal für die Bestapproximation fünften Grades am kleinsten war.

Fehler, also Fälle in denen die beiden Methoden nicht zum gleichen Kurventyp führten, ließen sich mit der Simulation auch erzeugen. Wählt man beispielsweise die Datenmenge zu klein, so ist es möglich, dass die beiden Kriterien zu verschiedenen Kurventypen führen. Dies ist jedoch kein Widerspruch zur gezeigten asymptotischen Äquivalenz, denn „asymptotisch" bedeutet hier ja gerade, dass die Datenmenge hinreichend groß sein muss. Eine weitere Möglichkeit, derartige Fehler bezüglich der Äquivalenz von BIC und Delete-d-Kreuzvalidierung zu provozieren, besteht in der Gefahr, die Anzahl der Neupartitionierungen innerhalb der Kreuzvalidierung zu klein zu wählen. Wählt man sie beispielsweise gleich Eins, das heißt es gibt nur eine Test- und eine Trainingsmenge, so führt die Kreuzvalidierung fast immer zu einem anderen Kurventyp als das BIC. Für eine hinreichend große Anzahl an Neupartitionierungen zeigte sich dann die von SHAO in [39] herausgearbeitete Äquivalenz. In den konkret durchgeführten Simulationen, in denen alle relevanten Parameter inklusive der zugrunde liegenden polynomiellen Funktionen stark variiert wurden, zeigte sich, dass eine Anzahl von ungefähr 50 Neupartitionierungen stets ausreichte, damit das BIC und die Delete-d-Kreuzvalidierung zum gleichen Kurventyp führen. Abschließend lässt sich also festhalten:

Für eine hinreichend große Datenmenge und eine hinreichend große Anzahl an Neupartitionierungen sind die beiden Modellwahlkriterien der Delete-d-Kreuzvalidierung und des BAYES Information Criterions äquivalent.

9. Computersimulationen V: Modellwahl im Falle kleiner Datenmengen

In Kapitel 8 wurde dargestellt, dass es sich bei den von SHAO in [39] aufgezeigten Äquivalenzen vom AIC und der Leave-One-Out-Kreuzvalidierung sowie vom BIC und der Delete-d-Kreuzvalidierung um asymptotische Äquivalenzen handelt. Dies bedeutet, dass die zugrunde liegende Datenmenge hinreichend groß sein muss, damit die erwähnten Modellwahlkriterien entsprechend äquivalente Ergebnisse erbringen, im Kontext der vorliegenden Arbeit also zum gleichen Kurventyp führen. Darüberhinaus wurde in den Kapiteln 4.4 und 7.1 dargestellt, wie man auf Basis einer Schätzung der Varianz der Fehlerverteilung um den wahren Zusammenhang mittels der nicht-korrigierten Stichprobenvarianz zu Formeln für das AIC und das BIC gelangen kann, die nicht mehr von der Fehlervarianz um den tatsächlichen Zusammenhang abhängen. Dabei ist wesentlich, dass die nicht-korrigierte Stichprobenvarianz natürlich von der Bestapproximation des betrachteten Kurventyps abhängt. Stellt man die Frage nach der Verlässlichkeit des AIC und des BIC, so muss also - unter anderem - gefragt werden, wie verlässlich denn derartige Varianzschätzungen sind.

In diesem Kapitel wird herausgearbeitet, dass die beiden angeführten Bereiche (hinreichende Größe der Datenmenge zum Nachweis der asymptotischen Äquivalenz versus Verlässlichkeit der Varianzschätzung) eine konzeptionelle Verbindung aufweisen.

Als Ausgangspunkt dienen erneut die Simulationsalgorithmen, die bereits in den Kapiteln 5.2 und 7.2 entwickelt wurden. Zunächst werden diese Simulationen für das AIC und das BIC auf Basis der Schätzung der Fehlervarianz um dem tatsächlichen Zusammenhang durch die nicht-korrigierte Stichprobenvarianz für sehr kleine Datenmengen wiederholt.

Die Ergebnisse werden hier exemplarisch für drei Beispielfunktionen der Grade Eins, Zwei und Drei dargestellt:

$$f_1(x) = x+1, \quad f_2(x) = x^2 - x + 2 \quad \text{und} \quad f_3(x) = -x^3 + 2x - x + 3.$$

Tatsächlich umfassen diese Simulationen erneut eine große Anzahl an verwendeten Funktionen, während die Simulationsparameter stark variiert wurden. Dabei wurde analog zu der Vorgehensweise in den Kapiteln 5.2 und 7.2 vorgegangen.

Es zeigt sich, dass die Fehlerquote sowohl bei einer Verwendung des AIC als auch bei einer Verwendung des BIC als Kurvenwahlkriterium extrem ansteigt, wenn die Datenmengen sehr klein sind. Bei einem Perturbationskoeffizienten $\sigma = 1$ (die Fehler sind also standardnormalverteilt), 400 Simulationsdurchläufen und fünf Datenpunkten ergibt sich bei einer Verwendung des AIC für f_1 eine Fehlerquote von $\frac{400}{400}$. Für f_2 und f_3 ergibt sich ebenfalls $\frac{400}{400}$ als Fehlerquote. Die entsprechenden Fehlerquoten für f_1, f_2 und f_3 bei einer Verwendung des BIC liegen mit $\frac{400}{400}$, $\frac{399}{400}$ und $\frac{400}{400}$ auf gleichem Niveau wie beim AIC. Zunächst scheint dies überraschend, wurde doch in Kapitel 7.2 gezeigt, dass das BIC als Kurvenwahlkriterium recht verlässlich ist. Betrachtet man jedoch noch einmal die beiden Formeln für das AIC und das BIC etwas genauer, so lässt sich dieser Effekt erklären:

$$AIC(F|D) = \frac{1}{N}[ll(B(F)|D) - k],$$

$$BIC(F|D) = \frac{1}{N}[ll(B(F)|D) - \frac{1}{2}ln(N) \cdot k].$$

Der Unterschied in beiden Formeln ist ja die Gewichtung der Anzahl k der anpassbaren Parameter durch den Faktor $\frac{1}{2}ln(N)$ im BIC. Die zuvor beschriebenen Simulationsresultate basieren auf einer Datenmenge mit nur fünf Datenpunkten. In Kapitel 7.1 wurde erwähnt, dass die Anzahl der anpassbaren Parameter im BIC erst ab acht Datenpunkten stärker gewichtet wird als im AIC, da gilt: $ln(8) \approx 2,07944 > 2$. Für fünf Datenpunkte gilt: $\frac{1}{2}ln(5) \approx 0,8$. Das AIC und das BIC liegen somit recht „nahe" beieinander. Dies erklärt, warum die Fehlerquoten für die Beispiele bei einer Datenmenge mit fünf Datenmengen so ähnlich sind.

In einem nächsten Schritt wurden die angeführten Simulationen für größere, insgesamt aber immer noch vergleichsweise kleine, Datenmengen wiederholt, wobei zusätzlich auch vergleichsweise große Datenmengen betrachtet werden, um einen direkten Bezug zu den Simulationen in den Kapiteln 5.2 und 7.2 herstellen zu können. Die Tabelle 18 zeigt die exemplarischen Resultate:

N	Funktion	Fehlerquote AIC	Fehlerquote BIC
10	$f_1(x) = x + 1$	$\frac{400}{400}$	$\frac{400}{400}$
10	$f_2(x) = x^2 - x + 2$	$\frac{400}{400}$	$\frac{399}{400}$
10	$f_3(x) = -x^3 + 2x - x + 3$	$\frac{400}{400}$	$\frac{400}{400}$
15	$f_1(x) = x + 1$	$\frac{400}{400}$	$\frac{400}{400}$
15	$f_2(x) = x^2 - x + 2$	$\frac{400}{400}$	$\frac{400}{400}$
15	$f_3(x) = -x^3 + 2x - x + 3$	$\frac{400}{400}$	$\frac{400}{400}$
20	$f_1(x) = x + 1$	$\frac{308}{400}$	$\frac{198}{400}$
20	$f_2(x) = x^2 - x + 2$	$\frac{314}{400}$	$\frac{181}{400}$
20	$f_3(x) = -x^3 + 2x - x + 3$	$\frac{312}{400}$	$\frac{208}{400}$
50	$f_1(x) = x + 1$	$\frac{173}{400}$	$\frac{30}{400}$
50	$f_2(x) = x^2 - x + 2$	$\frac{150}{400}$	$\frac{28}{400}$
50	$f_3(x) = -x^3 + 2x - x + 3$	$\frac{156}{400}$	$\frac{41}{400}$
100	$f_1(x) = x + 1$	$\frac{123}{400}$	$\frac{17}{400}$
100	$f_2(x) = x^2 - x + 2$	$\frac{119}{400}$	$\frac{22}{400}$
100	$f_3(x) = -x^3 + 2x - x + 3$	$\frac{127}{400}$	$\frac{24}{400}$
500	$f_1(x) = x + 1$	$\frac{109}{400}$	$\frac{5}{400}$
500	$f_2(x) = x^2 - x + 2$	$\frac{113}{400}$	$\frac{4}{400}$
500	$f_3(x) = -x^3 + 2x - x + 3$	$\frac{104}{400}$	$\frac{7}{400}$

Tabelle 18

Anhand der Tabelle 18 lässt sich erkennen, dass für kleine Datenmengen beide Informationskriterien gleichermaßen unzuverlässlich sind. Vergrößert man nun die Datenmenge, so fallen die Fehlerquoten beider Kriterien. Für vergleichsweise große Datenmengen mit 500 Datenpunkten stellen sich dann erneut die Effekte heraus, die in den Kapiteln 5.2 und 7.2 schon dargestellt wurden: Das AIC pendelt sich auf eine Fehlerquote von ungefähr 25 % ein, während das BIC immer zuverlässiger zum tatsächlichen Kurventyp führt und bei 500 Datenpunkten eine Fehlerquote von ungefähr 1 % aufweist.

Nun wurde zu Beginn dieses Kapitels erneut betont, dass für eine konkrete Berechnung der AIC- und BIC-Werte eine Schätzung der Fehlervarianz um den tatsächlichen Zusammenhang notwendig ist, da dieser ja typischerweise unbekannt ist. Als Schätzwert wird für beide Informationskriterien die nicht-korrigierte Varianz der Daten bezüglich der Bestapproximation des betrachteten Kurventyps verwendet. Die Fehlerquoten bei einer Verwendung des AIC und des BIC als Kurvenwahlkriterien könnten somit auf der Ungenauigkeit dieser Schätzungen basieren. Die Fehlerquote des BIC sinkt jedoch mit zunehmenden Umfang der Datenmenge. Somit könnte vermutet werden, dass der verfälschende Einfluss des Schätzwertes für die tatsächliche Fehlervarianz sinkt, wenn die Datenmenge größer wird. Die AIC-Fehlerquote pendelt sich aber - wie bereits ausgeführt wurde - bei ungefähr 25 % ein. Auch eine weitere Vergrößerung des Datenumfangs bringt hier keine weitere Verbesserung.

Genauer gesagt lautet die Vermutung wie folgt: Die Anzahl der Parameter des tatsächlichen Zusammenhangs sei mit k bezeichnet. Liegt nun eine vergleichsweise kleine Datenmenge vor, so wird sich die Bestapproximation einer Kurvenfamilie, die durch eine zu hohe Anzahl k^* an anpassbaren Parametern determiniert wird (es gilt also: $k^* > k$), mit hoher Wahrscheinlichkeit den Zufälligkeiten der Datenpunkte anpassen. Ist dabei k^* größer oder gleich der Anzahl N der Datenpunkte, so geschieht dies sogar mit Sicherheit, da eine Datenmenge mit N Datenpunkten immer exakt durch eine polynomielle Funktion mit mindestens N anpassbaren Parametern gefittet werden kann. Ist N nur ein wenig größer als k^*, wobei k^* wie bereits erwähnt größer als die Anzahl k der Parameter des tatsächlichen Zusammenhangs ist, dann ist die Wahrscheinlichkeit des Overfittens auf Zufälligkeiten durch die Bestapproximation mit k^* anpassbaren Parametern immer noch sehr hoch. Erst wenn die Anzahl N der Datenpunkte viel größer ist als k^*, wird die Verwendung der zu hohen Parameterzahl k^* im BIC stark genug bestraft, um zu ermöglichen, dass der tatsächliche Kurventyp auch den höchsten BIC-Wert hat. Das AIC ermöglicht einen solchen Fehlerausgleich noch nicht einmal dann, wenn die Datenmenge hinreichend groß ist, da - wie wir wissen - in das AIC noch eine zweite Irrtumsquelle involviert ist.

Um der Frage nachzugehen, welchen Einfluss denn die angeführte Schätzung der tatsächlichen Fehlervarianz, auf das AIC und das BIC hat, werden nun erneute Simulationen durchgeführt. Im Unterschied zu den zuvor dargestellten Simulationen wird nun in die Formeln für das AIC und das BIC der innerhalb der Simulationen bekannte Wert der Varianz der Fehlerverteilung eingesetzt. Sollten die Fehler nur auf die Varianzschätzung zurückzuführen sein, so sollte sich die Fehlerquote bei einer Verwendung der tatsächlichen Fehlervarianz drastisch verbessern. Die Tabelle 19 fasst die Resultate dieser Simulationen für die bereits betrachteten Beispielfunktionen f_1, f_2 und f_3 sowie einem Perturbationskoeffizienten $\sigma = 1$ bei jeweils 400 Simulationsdurchläufen zusammen.

N	Funktion	Fehlerquote AIC	Fehlerquote BIC
5	$f_1(x) = x + 1$	$\frac{103}{400}$	$\frac{114}{400}$
5	$f_2(x) = x^2 - x + 2$	$\frac{89}{400}$	$\frac{109}{400}$
5	$f_3(x) = -x^3 + 2x - x + 3$	$\frac{91}{400}$	$\frac{86}{400}$
10	$f_1(x) = x + 1$	$\frac{110}{400}$	$\frac{75}{400}$
10	$f_2(x) = x^2 - x + 2$	$\frac{102}{400}$	$\frac{88}{400}$
10	$f_3(x) = -x^3 + 2x - x + 3$	$\frac{121}{400}$	$\frac{79}{400}$
15	$f_1(x) = x + 1$	$\frac{104}{400}$	$\frac{76}{400}$
15	$f_2(x) = x^2 - x + 2$	$\frac{96}{400}$	$\frac{52}{400}$
15	$f_3(x) = -x^3 + 2x - x + 3$	$\frac{127}{400}$	$\frac{60}{400}$
20	$f_1(x) = x + 1$	$\frac{103}{400}$	$\frac{56}{400}$
20	$f_2(x) = x^2 - x + 2$	$\frac{120}{400}$	$\frac{48}{400}$
20	$f_3(x) = -x^3 + 2x - x + 3$	$\frac{106}{400}$	$\frac{51}{400}$
50	$f_1(x) = x + 1$	$\frac{117}{400}$	$\frac{24}{400}$
50	$f_2(x) = x^2 - x + 2$	$\frac{113}{400}$	$\frac{31}{400}$
50	$f_3(x) = -x^3 + 2x - x + 3$	$\frac{108}{400}$	$\frac{20}{400}$
100	$f_1(x) = x + 1$	$\frac{122}{400}$	$\frac{22}{400}$
100	$f_2(x) = x^2 - x + 2$	$\frac{129}{400}$	$\frac{10}{400}$
100	$f_3(x) = -x^3 + 2x - x + 3$	$\frac{112}{400}$	$\frac{12}{400}$
500	$f_1(x) = x + 1$	$\frac{119}{400}$	$\frac{7}{400}$
500	$f_2(x) = x^2 - x + 2$	$\frac{137}{400}$	$\frac{5}{400}$
500	$f_3(x) = -x^3 + 2x - x + 3$	$\frac{94}{400}$	$\frac{3}{400}$

Tabelle 19

In der Spalte für die Fehlerquote für das BIC lässt sich wiederum der gleiche Trend wie zuvor erkennen: Mit zunehmenden Umfang der Datenmenge sinkt die Fehlerquote des BIC. Für kleine Datenemenge sind die Fehlerquoten von AIC und BIC erneut sehr ähnlich, da für kleine Werte N die beiden Formeln für das AIC und BIC relativ ähnlich sind. Interessant ist nun jedoch, dass sich für das AIC die Fehlerquote ebenfalls wie zuvor bei ungefähr 25 % einpendelt, obwohl in diesen Simulationen die tatsächliche Fehlervarianz eingesetzt wurde. Die Simulationen zeigen also, dass der Grund für die (zu) hohe Fehlerquote des AIC nicht auf eine vermeintliche Schwäche des Schätzwertes für die tatsächliche Fehlervarianz in Form der nicht-korrigierten Varianz der Daten um die betrachtete Bestapproximation zu finden ist. Die Schwäche muss vielmehr konzeptioneller Art sein.

SHAO hat in [39] gezeigt, dass für gegen Unendlich strebende Datenumfänge das BIC und die Delete-d-Kreuzvalidierung äquivalent sind. Für hinreichend große

Datenmengen muss also auch die Delete-d-Kreuzvalidierung verlässlich zum tatsächlichen Kurventyp führen, da das BIC dies ja leistet.[1] Somit stellt sich die Frage, wie verlässlich die Delete-d-Kreuzvalidierung denn für vergleichsweise kleine Datenmengen ist. Genau dieser Frage wurde erneut mittels Computersimulationen nachgegangen. Die Resultate sind in Tabelle 20 wie bereits zuvor für die Beispielfunktionen

$$f_1(x) = x+1, \quad f_2(x) = x^2 - x + 2 \ \text{ sowie } \ f_3(x) = -x^3 + 2x - x + 3,$$

dem Perturbationskoeffizienten $\sigma = 1$ und 400 Simulationsdurchläufen dargestellt. Die Datenumfänge in Tabelle 20 beginnen dabei erst bei $N = 10$. Dies hängt mit der für SHAOs Äquivalenzbeweis wichtigen Zahl d zusammen. Für diese Zahl d gilt:

$$d = N - \frac{N}{ln(N) - 1}.$$

Da d die Anzahl der Elemente ist, die aus der Datenmenge herausgenommen werden und die dann die Testmenge innerhalb der Delete-d-Kreuzvalidierung bilden, gilt

$$d > 0$$

und somit

$$N > \frac{N}{ln(N) - 1}.$$

Diese letzte Ungleichung ist äquivalent zu:

$$N > e^2 \approx 7,39.$$

Damit eine Delete-d-Kreuzvalidierung für die erwähnte Zahl d also überhaupt wohldefiniert ist, muss eine Datenmenge mit mindestens acht Datenpunkten vorliegen.

---

[1] Dies wurde in Kapitel 7.2 herausgearbeitet.

N	Funktion	Neupartitionierungen	FQ KV
10	$f_1(x) = x + 1$	40 von 45	$\frac{0}{400}$
10	$f_2(x) = x^2 - x + 2$	40 von 45	$\frac{0}{400}$
10	$f_3(x) = -x^3 + 2x - x + 3$	40 von 45	$\frac{0}{400}$
15	$f_1(x) = x + 1$	50 von 5005	$\frac{0}{400}$
15	$f_2(x) = x^2 - x + 2$	50 von 5005	$\frac{0}{400}$
15	$f_3(x) = -x^3 + 2x - x + 3$	50 von 5005	$\frac{0}{400}$
20	$f_1(x) = x + 1$	50 von 167960	$\frac{0}{400}$
20	$f_2(x) = x^2 - x + 2$	50 von 167960	$\frac{0}{400}$
20	$f_3(x) = -x^3 + 2x - x + 3$	50 von 167960	$\frac{0}{400}$
50	$f_1(x) = x + 1$	50 von ca. $1,805353 \cdot 10^{13}$	$\frac{0}{400}$
50	$f_2(x) = x^2 - x + 2$	50 von ca. $1,805353 \cdot 10^{13}$	$\frac{0}{400}$
50	$f_3(x) = -x^3 + 2x - x + 3$	50 von ca. $1,805353 \cdot 10^{13}$	$\frac{0}{400}$
100	$f_1(x) = x + 1$	50 von ca. $4,998814 \cdot 10^{24}$	$\frac{0}{400}$
100	$f_2(x) = x^2 - x + 2$	50 von ca. $4,998814 \cdot 10^{24}$	$\frac{0}{400}$
100	$f_3(x) = -x^3 + 2x - x + 3$	50 von ca. $4,998814 \cdot 10^{24}$	$\frac{0}{400}$
500	$f_1(x) = x + 1$	50 von ca. $7.32094 \cdot 10^{104}$	$\frac{0}{400}$
500	$f_2(x) = x^2 - x + 2$	50 von ca. $7.32094 \cdot 10^{104}$	$\frac{0}{400}$
500	$f_3(x) = -x^3 + 2x - x + 3$	50 von ca. $7.32094 \cdot 10^{104}$	$\frac{0}{400}$

Tabelle 20

In der Spalte „Neupartitionierungen" wird die Anzahl der Neupartitionierungen in eine Trainings- und eine Testmenge für die Delete-d-Kreuvalidierung angegeben, wobei ebenfalls festgehalten wird, wie groß die maximale Anzahl, also die Zahl $\binom{N}{d}$ ist. In der vierten Spalte wird dann die Fehlerquote FQ der Delete-d-Kreuzvalidierung angegeben, die in der Überschrift dieser Spalte mit „KV" abgekürzt wird. Es fällt sofort auf, dass die Delete-d-Kreuzvalidierung eine überragende Fehlerquote von Null Fehlern bei 400 Wiederholungen aufweist! Diese absolute Verlässlichkeit hängt aber wesentlich von der Anzahl der Neupartitionierungen innerhalb der Kreuzvalidierung ab. Dieser Zusammenhang wurde in Kapitel 8.4 herausgearbeitet. Innerhalb der großen Vielzahl an simulierten Beispielen, die in diesem Kapitel exemplarisch durch die Funktionen f_1, f_2 und f_3 vertreten werden, zeigte sich, dass eine Anzahl von 50 Neupartitionierungen stets ausreichte, um (im optimalen Fall) eine Fehlerquote von Null zu erreichen.

Der Effekt, dass das AIC für kleine Datenmengen zu einer extrem hohen Fehlerquote führt und der anhand der durchgeführten Simulationen nachgewiesen wurde, ist jedoch schon länger bekannt. In der statistischen Fachliteratur, etwa in [27] oder auch [9], wird daher für kleine Datenmengen ein sogenanntes *korrigiertes AIC* (AIC_c) vorgeschlagen.

N	Funktion	Fehlerquote AIC_c
5	$f_1(x) = x + 1$	$\frac{400}{400}$
5	$f_2(x) = x^2 - x + 2$	$\frac{400}{400}$
5	$f_3(x) = -x^3 + 2x - x + 3$	$\frac{400}{400}$
10	$f_1(x) = x + 1$	$\frac{400}{400}$
10	$f_2(x) = x^2 - x + 2$	$\frac{400}{400}$
10	$f_3(x) = -x^3 + 2x - x + 3$	$\frac{400}{400}$
15	$f_1(x) = x + 1$	$\frac{400}{400}$
15	$f_2(x) = x^2 - x + 2$	$\frac{400}{400}$
15	$f_3(x) = -x^3 + 2x - x + 3$	$\frac{400}{400}$
20	$f_1(x) = x + 1$	$\frac{65}{400}$
20	$f_2(x) = x^2 - x + 2$	$\frac{53}{400}$
20	$f_3(x) = -x^3 + 2x - x + 3$	$\frac{52}{400}$
50	$f_1(x) = x + 1$	$\frac{82}{400}$
50	$f_2(x) = x^2 - x + 2$	$\frac{95}{400}$
50	$f_3(x) = -x^3 + 2x - x + 3$	$\frac{79}{400}$
100	$f_1(x) = x + 1$	$\frac{102}{400}$
100	$f_2(x) = x^2 - x + 2$	$\frac{90}{400}$
100	$f_3(x) = -x^3 + 2x - x + 3$	$\frac{110}{400}$
500	$f_1(x) = x + 1$	$\frac{116}{400}$
500	$f_2(x) = x^2 - x + 2$	$\frac{110}{400}$
500	$f_3(x) = -x^3 + 2x - x + 3$	$\frac{106}{400}$

Tabelle 21

Nach MCQUARRIE und TSAI ([27]: 22) gilt:

$$AIC_c(F|D) = -ln(\sigma_D) - \frac{N+k}{2(N-k-2)}.$$

Für das (nicht-korrigierte) AIC gilt ja:

$$AIC(F|D) = -ln(\sigma_D) - \frac{k}{N}.$$

„AIC_c is intended to correct the small-sample overfitting tendencies of AIC [...]. Hurchvich and Tsai have shown (1989) that AIC_c does in fact outperform AIC in small samples, but that it is asymptotically equivalent to AIC and therefore performs just as well in large samples." ([27]: 22)

Stellt das AIC_c also tatsächlich eine Verbesserung des AIC dar? Um dieser Frage nachzugehen, wurden erneut Computersimulationen durchgeführt. Wie bereits in den Ausführungen zuvor beschreibe ich hier die Resultate anhand der Beispielfunktionen f_1, f_2 und f_3. Die Resultate in sind in der Tabelle 21 zusammengefasst. Die Anzahl der Simulationsdurchläufe beträgt erneut 400 und für den Perturbationskoeffizienten gilt: $\sigma = 1$.

Die hohen Fehlerquoten in den ersten Zeilen der Tabellen lässt sich dadurch erklären, dass in diesen Fällen weniger Datenpunkte vorliegen als die anzupassenden Funktionen der Gerade Eins bis 15 anpassbare Parameter haben. Dies zeigt sich auch in Tabelle 21. Bei 20 Datenpunkten liegt die Fehlerquote bei ungefähr 12,5 %, also nur etwa halb so hoch wie bei einer Anwendung des AIC bei großen Datenmengen. Das AIC_c scheint hier also in der Tat eine Korrektur zu bewirken. Gemäß oben angeführten Zitat konvergiert das AIC_c in der Anzahl N der Datenpunkte gegen das AIC. Dies zeigt sich auch klar anhand der Tabelle 21. Bei vergleichsweise großen Datenmengen, etwa bei 500 Datenpunkten, liegt die Fehlerquote wieder bei ungefähr 25 %. Insgesamt ist die Fehlerquote bei relativ kleinen Datenmengen also immer noch recht hoch. Besonders auffällig ist, dass die Fehlerquote bei einer Anwendung des AIC_c ab einem gewissen Datenumfang sogar wieder steigt, obwohl ein Modellwahlkriterium mit wachsendem Datenumfang eigentlich zu besseren Ergebnissen führen sollte.

BURNHAM und ANDERSON bemerken desweiteren:

„[...], and this (AIC_c) should be used unless $n/K >$ about 40 for the model with the largest value of K. A pervasive mistake in the model selection literature is the use of AIC when AIC_c really should be used. Because AIC_c converges to AIC, as n gets large, in practice, AIC_c should be used."[2] ([9]: 270)

Als erstes Fazit dieses Kapitels lässt sich somit festhalten: Für vergleichsweise kleine Datenmengen weisen die gängigen Modellwahlkriterien AIC, AIC_c und BIC recht hohe Fehlerquoten auf. Die Delete-d-Kreuzvalidierung hingegen führte in den simulierten Fällen nahezu verlässlich zum tatsächlichen Kurventyp, sofern die

---

[2] Es sei daran erinnert, dass in Teilen der Literatur - und so auch in der Quelle des angeführten Zitats - die Anzahl der Datenpunkte einer Datenmenge mit n bezeichnet ist. In der vorliegenden Arbei wurde hierfür die Notation N verwendet.

Anzahl der Neupartitionierungen nur hinreichend groß gewählt wird. In unsicheren Situationen, in denen nichts oder nur sehr wenig über die Datenmenge bekannt ist (natürlich mit Ausnahme der in der Einleitung der vorliegenden Arbeit erwähnten Minimalforderungen M1 und M2), sollte daher stets eine Kreuzvalidierung den Informationskriterien vorgezogen werden. Für hinreichend große Datenmengen stellt das BIC dann ein der Kreuzvalidierung gleichwertiges Modellwahlkriterium dar.

Der Grund dafür ist die folgende Tatsache: Ist die Anzahl k^* der anpassbaren Parameter der betrachteten Funktionenfamilie im Vergleich zu der Parameteranzahl k des tatsächlichen Zusammenhangs viel zu groß, so wird die Bestapproximation der betrachteten Kurvenfamilie bei einer Datenmenge mit nur wenigen Datenpunkten mit hoher Wahrscheinlichkeit den Zufälligkeiten der Datenpunkte angepasst. Die Methode der Kreuzvalidierung vermeidet einen derartigen Fehler, denn hier wird die Datenmenge ja viele Male neu partitioniert, das heißt, es werden viele Male d Datenpunkte aus den N Datenpunkten ausgewählt. Wie bereits in Kapitel 8.2.2 der vorliegenden Arbeit ausgeführt wurde, simuliert dies den Effekt, der sich ergäbe, würden wir gemäß des SCHURZ'schen Kriteriums des Voraussageerfolges ganz neue Stichproben wählen. Die Eigenschaft, dass die vielen d-elementigen Teilmengen der Datenmenge bezüglich ihrer Zufälligkeiten alle voneinander abweichen, sich ihre Zufallsfehler also gegenseitig aufheben, ist innerhalb der Methode der Kreuzvalidierung ein effektiver Schutzmechanismus gegenüber dem Fitten auf Zufälligkeiten, und zwar auch im Falle kleiner Datenmengen.

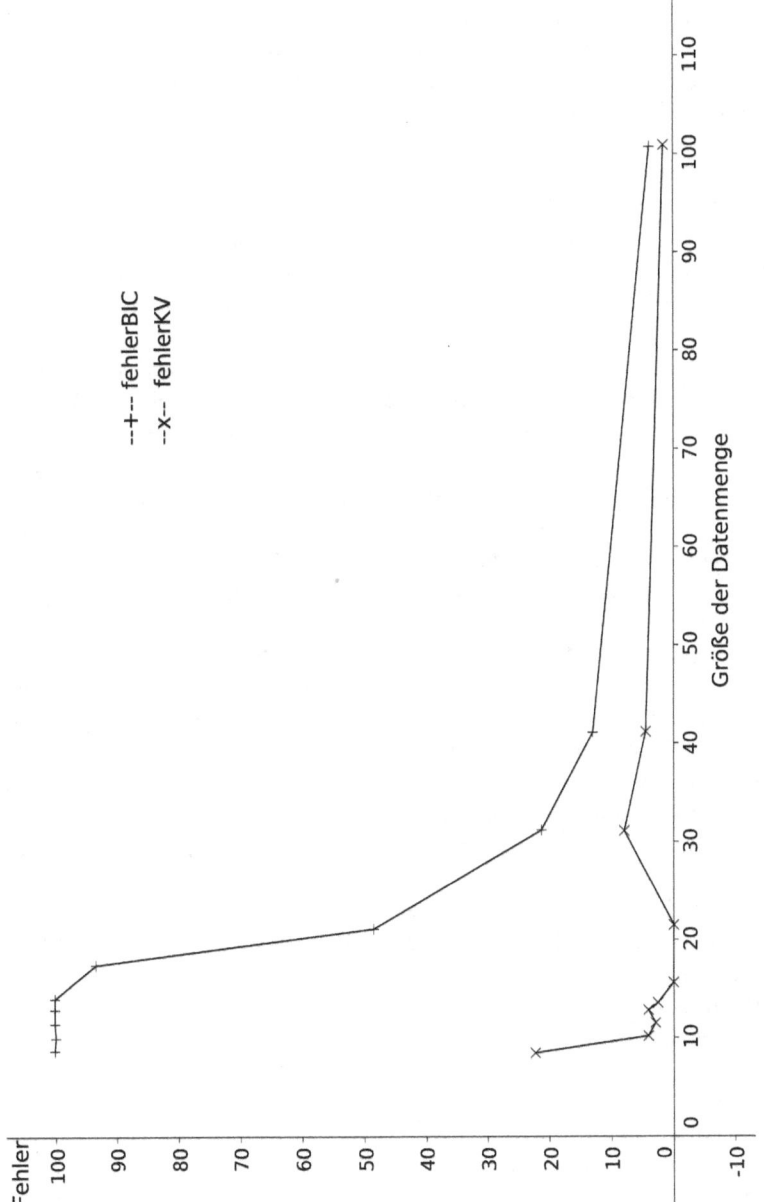

Abbildung 9.1.: BIC und Kreuzvalidierung im Falle kleiner Datenmengen bei Funktionen vom Grade Vier

Betrachtet man nun die geschilderten Effekte etwas genauer, so fällt auf, dass im Falle kleiner Datenmengen das Hinzugügen nur weniger Datenpunkte oder im Extremfall sogar nur eines einzigen Datenpunktes eine deutlische Verbesserung in der Leistungsfähigeit der Kreuzvalidierung ausmachen kann. Betrachten wir dazu ein konkretes Beispiel: Für die Beispielfunktion $f(x) = 2x^4 + x^3 + x^2 + 2x + 1$ werden die bereits angeführten Simulationen für das BIC und die Delete-d-Kreuzvalidierung durchgeführt, diesmal auf Basis von Datenmengen mit vergleichsweise kleinem Umfang. Die Datenmengen umfassen dabei neun, zehn, elf, zwölf, 13, 17, 21, 32, 41 und 101 Datenpunkte. Die Anzahl der Simulationsdurchläufe beträgt 100. Die Fehlerstreuung σ beträgt Eins. Die Simulationsergebnisse für die einzelnen Datenmengengrößen werden in einem Koordinatensystem graphisch dargestellt, wobei die Größe der Datenmenge auf der x- und die Anzahl der Fehler auf der y-Achse abgetragen werden. Diese graphische Darstellung findet sich in Abbildung 9.1. Es ist klar zu erkennen, dass die Fehlerkurve für die Kreuzvalidierung (in der Abbildung durch $-\times-$ dargestellt) deutlich unterhalb der Fehlerkurve für das BIC (in der Abbildung durch $-+-$ dargestellt) liegt. Bei beispielsweise 21 Datenpunkten führt das BIC in 48 Simulationsdurchläufen nicht zum tatsächlichen Zusammenhang vierten Grades. Die Kreuzvalidierung ist in diesem Fall absolut verlässlich, denn sie führt in den 100 Simulationsdurchläufen 100 mal zum tatsächlichen Kurventyp. Von dieser Datenmengengröße ausgehend sind nun die Fehlerkurvenverläufe in beide Richtungen interessant: Vergrößert sich die Datenmengengröße, so nähern sich die beiden Fehlerkurven in dem Beispiel immer weiter an. Dies liegt wiederum an der bereits in Kapitel 8.3 angeführten asymptotischen Äquivalenz des BIC und der Delete-d-Kreuzvalidierung. Betrachtet man die Fehlerkurven in Richtung immer kleiner werdender Datenmengengrößen, so laufen beide Fehlerkurven deutlich auseinander. So liegt die Fehleranzahl des BIC für Datenmengen mit neun, zehn, elf, zwölf und 13 Datenpunkten bei 100. Die entsprechende Fehleranzahl für die Kreuzvalidierung liegt hingegen bei 23, Drei, Zwei, Drei und Zwei. Dass für sehr kleine Datenmengen auch die Fehleranfälligkeit der Kreuzvalidierung ansteigt, erklärt sich wesentlich durch die eingeschränkte Möglichkeit, auf Basis der Datenmenge im Rahmen der Kreuzvalidierung Neupartitionierungen durchzuführen. Genau dieses Neupartitionieren ist - wie bereits ausgeführt wurde - der entscheidende Schutzmechanismus zur Vermeidung von Kurvenwahlfehlern, denn hierdurch wird eine Anwendung des Kriteriums des Voraussageerfolges simuliert. Das Hinzufügen von nur wenigen einzelnen Datenpunkten vergrößert nun gerade diese Anzahl der Neupartitionierungen, denn die maximale Anzahl der Neupartitionierungen für eine Datenmege mit N Datenpunkten ist innerhalb der Delete-d-Kreuzvalidierung gerade $\binom{N}{d}$. Dabei ist dieser Anstieg sehr stark, wenn einzelne Datenpunkte hinzugefügt werden.

Dies wird durch Tabelle 22 verdeutlicht:[3]

N	$d = \lfloor N - \dfrac{N}{ln(N) - 1} \rfloor$	$\binom{N}{d}$
9	1	9
10	2	45
11	3	165
12	3	220
13	4	715
14	5	2002
15	6	5005

Tabelle 22

Die Simulationen, die zu obiger Abbildung 9.1 führten, verwendeten für Datenmengen, die mehr als zehn Datenpunkte umfassen stets 50 Neupartitionierungen. Für kleinere Datenmenge wurde stets die maximal mögliche Anzahl der Neupartitionierungen verwendet, also $\binom{N}{d}$.

---

[3] Die Zahl d für die Delete-d-Kreuzvalidierung errechnet sich aus der Anzahl N der Datenpunkte durch folgende Gleichung: $d = N - \dfrac{N}{log(N) - 1}$.

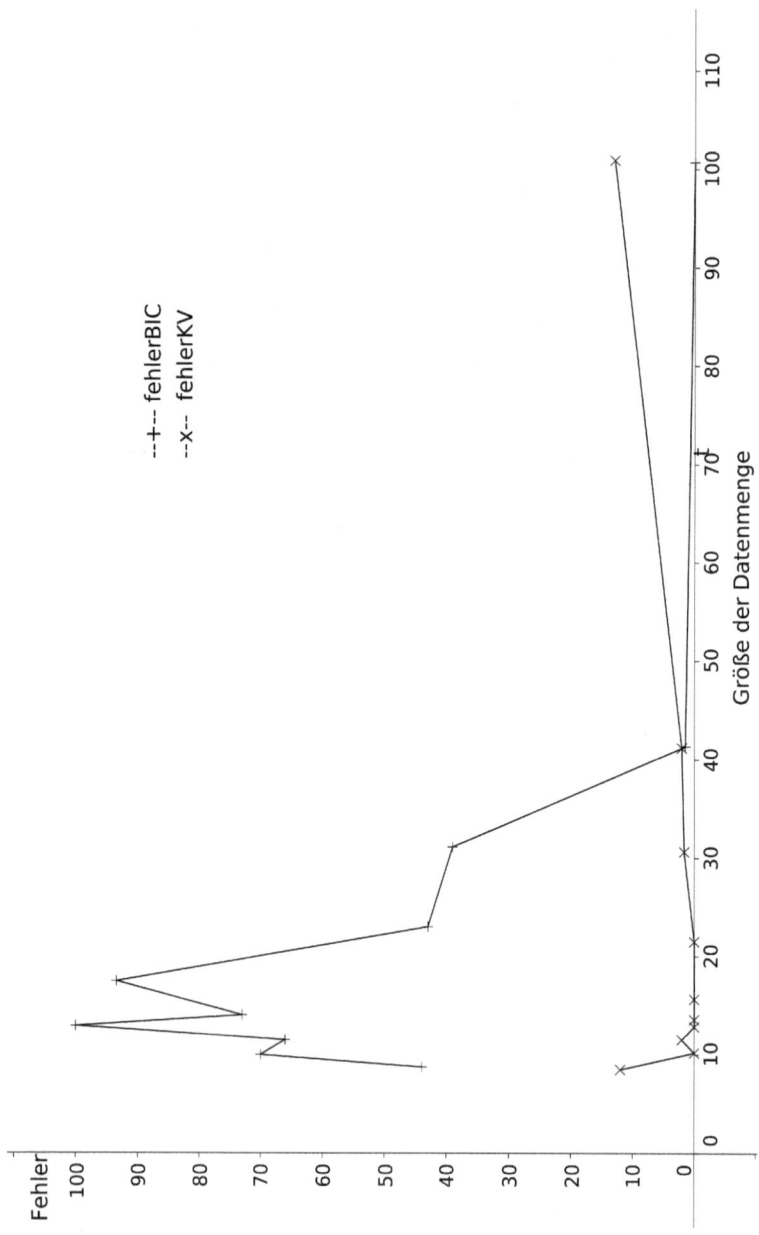

Abbildung 9.2.: BIC und Kreuzvalidierung im Falle kleiner Datenmengen bei Funktionen vom Grade 14 und angepassten Funktionen der Grade Eins bis 15

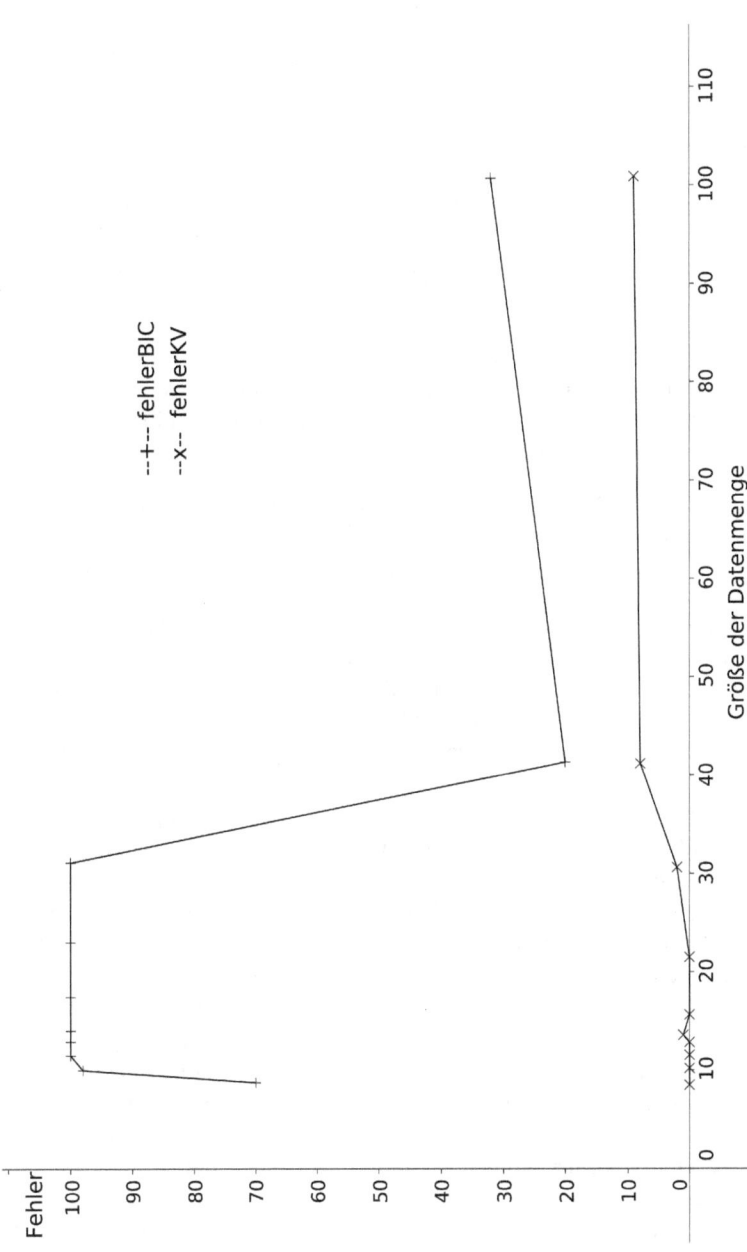

Abbildung 9.3.: BIC und Kreuzvalidierung im Falle kleiner Datenmengen bei Funktionen vom Grade 14 und angepassten Funktionen der Grade Eins bis 30

In diesem Zusammenhang tritt nun noch folgende Auffälligkeit zu Tage: Betrachtet man die dargestelllten Simulationen im Falle kleiner Datenmengen für höhergradige Funktionen, etwa vom Grade 14, so ist der Verlauf der Fehlerkurve für das BIC im Bereich der Datenmengengrößen von neun bis etwa 17 Datenpunkten im Vergleich zu den Fehlerkurven für einfachere Funktionen vergleichsweise „zackig". Als Beispiel hierfür diene die Abbildung 9.2. Hier wurde die Fehlerkurve für die gleichen Parameter wie in Abbildung 9.1 für die Funktion $f(x) = -x^{14} + 2x^{13} + 3x^{12} - 4x^{11} + 5x^{10} + 6x^9 - 7x^8 + 8x^7 + 9x^6 + 10x^5 + 11x^4 + 12x^3 - 13x^2 + 14x + 15$ dargestellt. Bezüglich der Begründung dieses Effektes seien zwei Aspekte diskutiert:

1. Das AIC neigt - wie in der vorliegenden Arbeit dargestellt wurde - stark zu einem Overfitting. Da sich das AIC und das BIC im Falle kleiner Datenmengen - wie ebenfalls dargestellt wurde - nur kaum unterscheiden, neigt auch das BIC zu einem Overfitting im Falle kleiner Datenmengen.

2. Im Falle kleiner Datenmengen und hochgradiger Funktionen, die den tatsächlichen Zusammehang wiedergeben, besteht die Datenmenge nur aus kaum mehr Datenpunkten, als die Funktion anpassbare Paramater besitzt.

Ad 1.: Im Falle kleiner Datenmenge neigt also auch das BIC zu einem Overfitting, das heißt in den Fällen, in denen das BIC nicht zum tatsächlichen Kurventyp führt, sind es zumeist komplexere Kurventypen, die einen höheren BIC-Wert ergeben. In den durchgeführten Simulationen wurden stets die BIC-Werte polynomieller Kurven der Grade Eins bis 15 berechnet und miteinander verglichen. Für hochgradige Funktionen, etwa wie die für Abbildung 9.2 zugrunde liegende Funktion vom Grade 14, gibt es jedoch innerhalb der Simulationen nur eine Möglichkeit für ein Overfitting, nämlich genau dann, wenn die Funktion vom Grade 15 den größten BIC-Wert ergibt. Dadurch erklärt sich auch der Effekt, dass die Fehleranzahlen im „gezackten" Fehlerkurvenabschnitt in Abbildung 9.2 teils deutlich unterhalb der Fehleranzahl im korrespondierenden Fehlerkurvenabschnitt in Abbildung 9.1 liegen. Zusammengefasst bedeutet dies: Aufgrund der Overfitting-Tendenz des BIC im Faller kleiner Datenmengen führt das BIC, wenn es denn nicht zum tatsächlichen Kurventyp führt, zumeist zu komplexeren Kurventypen. Die Anzahl dieser komplexeren Kurventypen ist in den durchgeführten Simulationen bei einer Verwendung hochgradiger Kurventypen als tatsächlichen Zusammenhang jedoch aus dargestellten Gründen begrenzt. Dem BIC wird hiermit also quasi die Möglichkeit genommen, zu falschen Kurventypen zu führen, weswegen die Fehleranzahl insgesamt niedriger ist.

Ad 2.: Insgesamt ist die Fehleranzahl im Falle kleiner Datenmengen aber auch bei der Verwendung hochgradiger Funktionen als tatsächlichem Zusammenhang noch vergleichsweise hoch. Dies liegt an der Tatsache, dass gerade in dem Bereich von 9 bis etwa 17 Datenpunkten weniger oder kaum mehr Datenpunkte vorliegen, als die Funktion anpassbare Parameter hat. Betrachten wir dazu die Spitze im Fehlerkurvenverlauf in Abbildung 9.2 für 12 Datenpunkte. Hier ergeben sich 100 Fehler. Die zugrunde liegende Funktion ist vom Grade 14, besitzt also 15 anpassbare Parameter und somit drei Parameter mehr, als die Datenmenge Punkte besitzt. Man könnte hier von einer Unterdetermination sprechen. Bei 17 Datenpunkten liegen somit zwei Datenpunkte mehr vor, als die den tatsächlichen Zusammenhang wiedergebende Funktion anpassbare Parameter besitzt. Sie ist somit zwar nicht im strengen Sinne unterdeterminiert, jedoch reichen die „Informationen" innerhalb der Datenmenge offenbar immer noch nicht dazu aus, absolut verlässlich zum tatsächlichen Kurventyp zu führen, was die in der Gesamtbetrachtung von Abbildung 9.2 zweithöchste Spitze bei 85 Fehlern begründet.

Der Effekt des vergleichsweise „zackigen" Verlaufs der Fehlerkurve für die Funktion 14. Grades hängt wesentlich davon ab, dass die Anzahl der Fälle, in denen es zu einem Overfitting kommen kann, innerhalb der Simulationen zunächst eng beschränkt war, da - wie bereits ausgeführt wurde - nur Funktionen der Grade Eins bis 15 betrachtet wurden. Vergrößert man den Umfang der Funktionen, für die jeweils der BIC- und der Kreuzvalidierungswert berechnet werden, so verschwindet dieser Effekt. Ergänzt man die Simulationen etwa um Anpassungen von Kurven 16. bis 30. Grades, so ergibt sich der in Abbilung 9.3 dargestellte Fehlerkurvenverlauf.

Auch wenn es bei der Analyse der Fehlerkurven im Falle kleiner Datenmengen zu den zuvor dargestellten Unterschieden zwischen Funktionen niedrigeren Grades und hochgradiger Funktionen kommt, bleibt die zentrale Aussage dieses Kapitels davon unberührt: Im Falle nur weniger für eine Kurvenanpassung verfügbarer Datenpunkte ist, wie man den Fehlerkurvenverläufen in den Abbildungen 9.1 und 9.2 entnehmen kann, die Kreuzvalidierung dem AIC und dem BIC klar überlegen. Bei hinreichend großen Datenmengen führen die Delete-d-Kreuzvalidierung und das BIC dann aufgrund ihrer asymptotischen Äquivalenz zum gleichen Kurventyp.

10. Fazit

Das Anpassen von Kurven an Daten stellt eine der wichtigsten Methoden zur Bestimmung funktionaler Zusammenhänge zwischen verschiedenen Größen dar. Auch wenn die Kurvenanpassung schon lange eine der Standartmethoden der Statistik ist und es auch durchaus zu für die konkrete Anwendungssituation brauchbaren Ergebnissen kommt, gibt es wesentliche philosophische Probleme.

In der Einleitung der vorliegenden Arbeit habe ich dargestellt, dass die Kurvenanpassung nach GLYMOUR ein zweistufiges Verfahren ist. Die erste Stufe, die Bestimmung des wahren Kurventyps, ist zumeist von Intuitionen gelenkt, wohingegen die zweite Stufe, die Berechnung der Bestapproximation innerhalb der Kurven des zuvor gewählten Typs ein statistisch wohlverstandener Schritt ist. Dieser zweite Schritt basiert auf der Kleinste-Quadrate-Methode, die in Kapitel 2.4 erläutert wird. Die erste Stufe im zweistufigen Prozess einer Kurvenanpassung, also die Wahl des Kurventyps, hängt von zwei konkurrierenden Ansprüchen ab: Einfachheit versus Genauigkeit. Einerseits soll eine Kurve die Daten hinreichend gut approximieren, andererseits dabei aber möglichst einfach sein. Es stellt sich daher die Frage, was denn ein „geeignetes" Trade-Off-Kriterium dieser beiden Ansprüche ist. Diese Frage wurde in der Einleitung als Teilproblem P1 des Problems der Kurvenanpassung angeführt. „Geeignet" bedeutet im Kontext der vorliegenden Arbeit, dass es den folgenden im gleichen Maße wichtigen Ansprüchen genügt:

1. Das Trade-Off-Kriterium besitzt eine wissenschaftstheoretische Rechtfertigung.

2. Das Trade-Off-Kriterium ist in dem Sinne praktikabel, dass es sich in konkreten Anwendungssituationen bewährt.

3. Aus dem Trade-Off-Kriterium ist eine Präferenz für einfachere Kurventypen im Vergleich zu konkurrierenden komplexeren Kurventypen ableitbar.

Der dritte Punkt, die Präferenz für einfachere Kurventypen, wird in der Einleitung als Teilproblem P2 des Problems der Kurvenanpassung angeführt.

In Kapitel 3 wird das Theorem von TURNEY dargestellt. Es besagt, dass die Instabilität einer Funktionenfamilie propotional ist zur Anzahl der die Funktionen der Familie determinierenden Anzahl an Parametern. Mithilfe dieses Theorems ließe sich zwar eine Präferenz für einfachere Kurventypen begründen, jedoch ist ein Trade-Off der Ansprüche der Einfachheit und der Genauigkeit hiermit nicht möglich. Dieser Einwand sowie weitere Einwände wurden in den Kapiteln 3 und 6 herausgearbeitet. Letztendlich stellt das TURNEY'sche Konzept keine allgemeine Lösung des Problems der Kurvenanpassung dar.

Ein weiteres Konzept zur Lösung des Problems der Kurvenanpassung wurde von FORSTER und SOBER vorgeschlagen. Dieses Konzept wurde in Kapitel 4 dargestellt. Das Konzept basiert auf dem AKAIKE Information Criterion:

$$AIC(F|D) = \frac{1}{N}[ll(B(F)|D) - k]. \tag{10.1}$$

Diese Gleichung ermöglicht eine balancierende Betrachtung der Ansprüche der durch den Log-Likelihood gemessenen Anpassungsgüte sowie der durch die Parameteranzahl k gemessenen Einfachheit. In Kapitel 4 führe ich die Ergebnisse umfangreicher Computersimulationen an, die zeigen, dass das AIC als Kurvenwahlkriterium in Folge einer starken Neigung zum einem Overfitting zu einer zu hohen Fehlerquote führt. Darüberhinaus lässt sich die Präferenz für einfachere Kurven nicht mithilfe des AIC rechtfertigen. Diese und weitere Einwände werden in den Kapiteln 4 und 6 herausgearbeitet.

Der entscheidende Lösungshebel für das Problem der Kurvenanpassung liegt dennoch bei einem Informationskriterium, jedoch nicht dem von AKAIKE, sondern bei dem BAYES Information Criterion. Es weist durchaus eine gewisse Ähnlichkeit zum AIC in Gleichung (10.1) auf:

$$BIC(F|D) = \frac{1}{N}[ll(B(F)|D) - \frac{1}{2}ln(N) \cdot k]. \tag{10.2}$$

Der wesentliche Unterschied von Gleichung (10.2) gegenüber Gleichung (10.1) besteht in der von der Anzahl N der Datenpunkte der Datenmenge abhängigen Gewichtung der Parameteranzahl k. Wie in Kapitel 9 ausgeführt wurde, liegen der AIC- und der BIC-Wert für kleine Datenmengen nahe beieinander.

Ausgehend von einer hinreichend großen Datenmenge lassen sich mithilfe des BIC die beiden Teilprobleme P1 und P2 des Problems der Kurvenanpassung lösen. Diese Lösung genügt allen drei der zuvor angeführten Ansprüche an ein solches Lösungskonzept: Das BIC ermöglicht ein Balancieren der Ansprüche der Einfachheit der betrachteten Kurven sowie der Anpassungsgüte. In Kapitel 7.4 wurde des

Weiteren herausgearbeitet, dass sich mithilfe des BIC eine Präferenz für einfachere Kurventypen gegenüber ihren komplexeren Konkurrenten rechtfertigen lässt. In Kapitel 7 habe ich die Ergebnisse von Computersimulationen dargestellt, die zeigen, dass das BIC in dem Sinne praktikabel ist, dass es verlässliche Ergebnisse bei einer Verwendung als Kurvenwahlkriterium liefert.

Aus den verschiedensten Gründen kann eine Lösung des Problems der Kurvenanpassung also nicht auf dem TURNEY'schen oder dem FORSTER'schen und SOBER'schen Konzept basieren. Stattdessen habe ich dafür argumentiert, zu diesem Zwecke das BIC zu benutzen. Dies deckt sich mit deutlichen Anzeichen dafür, dass auch in der aktuellen empirischen Wissenschaft mehr und mehr auf einen BAYES'schen Zugang zur Modellwahl gebaut wird. Ein Beispiel hierfür ist der Aufsatz *Bayesian model selection for group studies* [44] von Klaas Enno STEPHAN, Will D. PENNY, Jean DAUNIZEAU, Rosalyn MORAN, und Karl J. FRISTON aus dem Jahre 2009.

Das Kernstück dieser Argumentation muss sodann die wissenschaftstheoretische Rechtfertigung, also der erste der oben angeführten Ansprüche an ein Konzept zur Lösung des Problems der Kurvenanpassung, sein. Diese wissenschaftstheoretische Rechtfertigung wird in Kapitel 8 herausgearbeitet.

Ein rechtfertigbarer Lösungsansatz muss mit dem SCHURZ'schen Kriterium des Voraussageerfolges verträglich sein. Genau dies zeige ich in Kapitel 8. Das BIC ist nämlich asymptotisch äquivalent zu dem Verfahren der Kreuvalidierung und das Verfahren der Kreuzvalidierung lässt sich wiederum auf das Kriterium des Voraussageerfolges zurückführen. Dabei haben die Methode der Kreuzvalidierung und das Kriterium des Voraussageerfolges eine gemeinsame wesentliche Eigenschaft: Beide sind unabhängig von einer Schätzung der Varianz der Fehlerverteilung um den tatsächlichen Zusammenhang. Die Gleichung (8.7) am Ende des Kapitels 8, die den Wert für die Größe d angibt, sodass eine Delete-d-Kreuzvalidierung äquivalent ist zum BIC, drückt genau den konzeptionellen Zusammenhang vom BIC und der Kreuzvalidierung aus.

Das folgende Diagramm verdeutlicht diese Zusammenhänge abschließend. Die Pfeile drücken hierbei die Rückführbarkeitsbeziehung aus: Die beiden Teilprobleme P1 und P2 des Problems der Kurvenanpassung lassen sich auf das BIC zurückführen, das sich wiederum vermittels des Verfahrens der Kreuzvalidierung auf das SCHURZ'sche Kriterium des Voraussageerfolges zurückführen lässt.

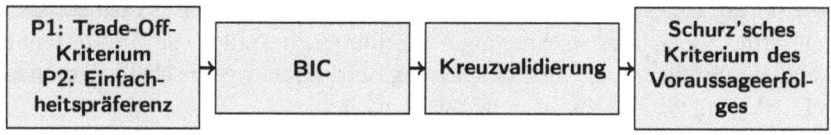

Abbildung 10.1.: Diagramm des Lösungskonzeptes des Problems der Kurvenanpassung

A. Repräsentativität

Bei der Kurvenanpassung geht es um das Herausfinden eines funktionalen Zusammenhangs zwischen einer oder mehreren unabhängigen Größen und einer abhängigen Größe. Die regressionsanalytischen Untersuchungen basieren auf einer vorliegenden Datenmenge. Die Aufgabe besteht dann darin, auf Basis dieser endlichen Datenmenge auf den wahren Zusammenhang zu schließen. Ist die Datenmenge nun zufälligerweise derart, dass sie lediglich unzureichende Informationen über den wahren Zusammenhang beinhaltet, so ist solch ein Schluss auf den wahren Zusammenhang nicht möglich. In der Statistik sagt man daher, dass die Datenmenge *repräsentativ* sein müsse und baut dann die weitere Theorie auf dieser Forderung auf. Doch was genau ist eigentlich damit gemeint? Was ist denn eigentlich Repräsentativität? Statistik-Lehrbücher geben hierüber so gut wie keinen Aufschluss, denn obwohl die Repräsentativität von Datenmengen ein zentraler Begriff in der Inferenzstatistik ist, ist es kein formal-statistischer Begriff. So findet sich beispielsweise in dem Sachregister des bekannten Statistik Lehrbuches *Statistik - Der Weg zur Datenanalyse* von Ludwig FAHRMEIER, Rita KÜNSTLER, Iris PIGEOT und Gerhard TUTZ keinerlei Eintrag zum Begriff der *Repräsentativität*. In dem Lehrbuch *Statistik für Sozialwissenschaftler* von Jürgen BORTZ findet sich hingegen im Sachregister ein Eintrag dazu. An der entsprechenden Stelle im Text findet sich jedoch auch keine formale Definition, sondern nur eine recht vage Umschreibung:

> „Eine **Stichprobe** stellt eine Teilmenge aller Untersuchungseinheiten dar, die die untersuchungsrelevanten Eigenschaften der Grundgesamtheit möglichst genau abbilden soll. Eine Stichprobe ist somit ein ‚Miniaturbild' der Grundgesamtheit. Je besser die Stichprobe die Grundgesamtheit repräsentiert, um so präziser sind die inferenzstatistischen Aussagen über die Grundgesamtheit." ([6]: 84)

Eine einfache Definition für die Repräsentativität einer Dantenmenge könnte etwa die folgende Bedingung sein: Eine Datenmenge D heißt genau dann repräsentativ bezüglich einer Grundgesamtheit G und in Bezug auf alle Variablen, die für die vorauszusagende Variable kausal relevant sind, wenn die empirische Verteilungsfunktion f_D der Datenmenge mit der wahren Verteilungsfunktion f_G der Grundgesamtheit hinreichend „gut" übereinstimmt. Genauer gesagt bedeutet dieses Definiens folgendes: Es gibt ein hinreichend kleines $\varepsilon > 0$, sodass gilt:

$$\forall x \in G : |f_D(x) - f_G(x)| < \varepsilon. \qquad (A.1)$$

Eine hinreichend „gute" Übereinstimmung bedeutet also gemäß dieser Definition eine datenpunktweise Abweichung von empirischer zu wahren Verteilungsfunktion von höchstens ε.

Diese Definition wäre offenbar gut geeignet, den intuitiven Begriff der Repräsentativität zu charakterisieren. Allerdings leistet sie nicht mehr als eine theoretische Charakterisierung; sie beinhaltet keinerlei praktischen Nutzen, denn die tatsächliche Repräsentativität einer Datenmenge lässt sich nicht anhand dieser Definition überprüfen. Dies liegt an gleich drei gravierenden Einwänden:

1. In dem Definiens wird über die Datenpunkte der Grundgesamtheit all-quantifiziert. Die Grundgesamtheit ist aber unbekannt, deshalb greift man ja gerade auf Stichproben-Datenmengen zurück.

2. Damit hängt der zweite Einwand eng zusammen: Es wird der absolute Unterschied zwischen der empirischen Verteilung f_D und der tatsächlichen Verteilung f_G betrachtet. Letztere ist aber aufgrund der Unbekanntheit der Grundgesamtheit ebenfalls unbekannt.

3. Was bedeutet es für ε, hinreichend klein zu sein? Wie kann festgelegt werden, wann die datenpunktweisen Abweichungen hinreichend klein sind?[1]

Auch wenn die angegebene Definition nur eine Beispieldefinition für die Repräsentativität einer Datenmenge war, kann man an ihr das grundlegende Problem für solche Definitionen erkennen: Im obigen Zitat von BORTZ wurde eine Stichprobe als „Miniaturbild" ([6]: 84) der Grundgesamtheit bezeichnet. Daran wird deutlich, das in einer Definition für den Begriff der Repräsentativität immer auf die ein oder andere Weise auf die Grundgesamtheit rekurriert werden muss. Diese ist aber im Allgemeinen unbekannt, sodass eine derartige Definition nicht als Kriterium fungieren kann, mit Hilfe derer man eine konkrete Datenmenge auf Repräsentativität überprüfen kann.

---

[1] Dabei ist es keine Lösung für diesen dritten Einwand, in der Definition den Existenz-Quantor mit dem hinreichend kleinen ε durch einen All-Quantor für $\varepsilon > 0$ zu ersetzen. Es ist nämlich nie zu erwarten, dass die empirische Verteilungsfunktion der Stichprobe exakt mit der wahren Verteilungsfunktion der Grundgesamtheit übereinstimmt. Würde man dann innerhalb der Definition der Repräsentativität das ε derart wählen, dass es kleiner als das Minimum aller datenpunktweisen Abweichungen von der empirischen Verteilungsfunktion zur wahren Verteilungsfunktion ist, so wäre das Definiens nie erfüllbar.

Wenn man sich nun jedoch nicht auf eine vorliegende Datenmenge beschränkt, sondern die Möglichkeit zur Beeinflussung des Erhebungsprozesses der Datenmenge hat, kann eine in einem gewissen Sinne hinreichende Übereinstimmung von empirischer und wahrer Verteilungsfunktion sehr wohl erreicht werden. Die einfachste Möglichkeit zur Beeinflussung des Erhebungsprozesses ist die Vergrößerung des Stichproben-Umfangs. Vergrößert man diesen (theoretisch) gegen unendlich, so kommt es zu der zentralen Aussage von GLIWENKO und CANTELLI, das bereits in Kapitel 2.5 erläutert wurde und das hier nochmals erwähnt sei:

Die empirische Verteilungsfunktion einer eindimensionalen Stichprobe konvergiert mit der Wahrscheinlichkeit Eins gleichmäßig gegen die tatsächliche Verteilungsfunktion, das heißt: für unabhängig und identisch mit der Verteilungsfunktion F verteilte Zufallsvariablen $X_1, \cdots, X_n$ sowie die empirische Verteilungsfunktion $\hat{F}_n(x) := \frac{1}{n} | \{ i \mid 1 \le i \le n \wedge X_i \le x \} |$ und $d_n := \sup_x |\hat{F}_n(x) - F(x)|$ gilt:

$$P\left(\lim_{n \to \infty} d_n = 0 \right) = 1.$$

Die empirische und die wahre Verteilungsfunktion stimmen also in dem Sinne überein, dass das Supremum über alle betrachteten x-Werte der absoluten Differenz der empirischen und der wahren Verteilungsfunktion bei gegen unendlich strebendem Stichprobenumfang mit Wahrscheinlichkeit Eins gleich Null ist. Man sagt dann auch, dass der größte datenpunktweise auftretende Unterschied bei unendlich großen Datenmengen fast sicher gleich Null ist. Nun ist eine unendlich große Datenmenge natürlich lediglich ein theoretisches Konstrukt, jedoch lässt sich die Aussage des GLIWENKO-CANTELLI-Theorems derart umformulieren, dass auch ein praktischer Nutzen für endliche Datenmengen deutlich wird: Bei wachsendem Stichprobenumfang nähern sich die empirische und die wahre Verteilungsfunktion immer mehr an. Diese Aussage ist so zu verstehen, dass eine derartige Annäherung „spätestens" bei einem Anwachsen des Stichprobenumfangs geschieht. Berechnet man beispielsweise auf Basis einer Stichprobe mittels eines erwartungstreuen Schätzers einen interessierenden Kennwert, so muss der Umfang der Stichproben nicht zwangsläufig vergrößert werden, um zu genaueren Schätzwerten zu kommen. Dies wurde bereits in Kapitel 7.4 dargestellt.

Eine weitere zentrale Aussage bezüglich des Effekts der Vergrößerung einer Datenmenge liefert der zentrale Grenzwertsatz: Ist X eine Zufallsvariable mit einer beliebigen Verteilung, so konvergiert die Verteilung der Stichprobenmittelwerte über X für $n \to \infty$ gegen eine Normalverteilung mit Mittelwert $\mu_{\bar{X}} = \mu(X)$ und Streuung $\sigma_{\bar{X}} = \dfrac{\sigma(X)}{\sqrt{n}}$ ([36]: 158).

Letztendlich findet sich hier also eine rationale Rechtfertigung für unsere Intuition, dass sich bei statistischen Erhebungen präzisere Ergebnisse ergeben, wenn der Stichprobenumfang möglichst groß gewählt wird.

In den meisten Fällen gibt es jedoch gewisse Obergrenzen für einen Stichprobenumfang, die sich aus praktischen Belangen ergeben - etwa aus Kosten- oder auch Aufwandsgründen. In solchen Fällen greift man dann auf die Methoden des sogenannten Sampling-Desings zurück. Es gibt nämlich grundsätzlich sehr verschiedene Methoden des Erhebens von Stichproben. Hat man beispielsweise über die für die statistische Analyse relevanten Merkmale keine oder nahezu keine Kenntnisse, so sollte eine Zufallsstichprobe erhoben werden. BORTZ bemerkt dazu:

> „Eine Zufallsstichprobe ist dadurch gekennzeichnet, daß jedes Element der Grundgesamtheit, unabhängig davon, welche weiteren Elemente schon zur Stichprobe gehören, mit gleicher Wahrscheinlichkeit ausgewählt werden kann." ([6]: 85)

Hat ein Wissenschaftler jedoch Kenntnis über die Verteilung von gewissen Merkmalsausprägungen in der Grundgesamtheit - man spricht hier dann auch von Schichtungsmerkmalen -, sollten diese Kenntnisse auch in den Prozess der Stichprobenerhebung einfließen. Der Vorteil eines solchen Vorgehens wurde ja bereits im Kapitel 8.2.1 bezüglich der stratifizierten Kreuzvalidierung erläutert. BORTZ hierzu:

> „Wenn die prozentuale Verteilung der Schichtungsmerkmale in der Stichprobe mit der Verteilung in der Population identisch ist, sprechen wir von einer proportional geschichteten Stichprobe." ([6]: 86)

Dies sind nur zwei exemplarisch dargestellte Methoden des Sampling-Designs. Beide Methoden - genau wie alle übrigen - zielen darauf ab, relativ zu den Vorkenntnissen über die Grundgesamtheit, Stichproben zu erheben, für die die empirische Verteilungsfunktion eine möglichst gute Annäherung an die wahre Verteilungsfunktion darstellt. Die Stichproben wären dann im beschriebenen Sinne repräsentativ.

B. Zur Einschränkung der Allgemeinheit in der Herleitung des Theorems von TURNEY

In Kapitel 3.4.1 der vorliegenden Arbeit wurde dargestellt, dass für die Invertierbarkeit der Matrix $X^T X$ die Spaltenvektoren der Matrix X linear unabhängig sein müssen, das heißt keiner der Spaltenvektoren lässt sich als Linearkombination der übrigen Spaltenvektoren darstellen.[1] Betrachten wir die Spaltenvektoren x_i, $i = 1, 2, \ldots, r$, etwas näher:

$$x_1 = \begin{pmatrix} x_{11} \\ x_{21} \\ x_{31} \\ \vdots \\ x_{n1} \end{pmatrix}, \; x_2 = \begin{pmatrix} x_{12} \\ x_{22} \\ x_{32} \\ \vdots \\ x_{n2} \end{pmatrix}, \ldots, x_r = \begin{pmatrix} x_{1r} \\ x_{2r} \\ x_{3r} \\ \vdots \\ x_{nr} \end{pmatrix}. \tag{B.1}$$

Die Eingänge des Vektors x_1 sind also die Werte der ersten Input-Variablen in den Experimenten $1, 2, \ldots, n$. Analog sind die Eingänge des Vektors x_2 die Werte der zweiten Input-Variablen in den Experimenten $1, 2, \ldots, n$ und die Eingänge des Vektors x_r sind die Werte der r-ten Input-Variablen in den Experimenten $1, 2, \ldots, n$.

Die für das TURNEY'sche Konzept notwendige Bedingung, dass die Spaltenvektoren der Input-Matrix X linear unabhängig sind, lässt sich auch durch folgendes

---

[1] Eine Menge von Vektoren $\{v_1, v_2, \ldots, v_n\}$ heißt *linear unabhängig*, falls aus

$$\lambda_1 v_1 + \lambda_2 v_2 + \ldots + \lambda_n v_n = \vec{0}$$

mit $\lambda_1, \lambda_2, \ldots, \lambda_n \in \mathbb{R}$ folgt:

$$\lambda_1 = \lambda_2 = \ldots = \lambda_n = 0.$$

Andernfalls heißt sie linear abhängig.

lineares Gleichungssystem ausdrücken:

$$\lambda_1 x_{11} + \lambda_2 x_{12} + \ldots + \lambda_r x_{1r} = 0$$
$$\lambda_1 x_{21} + \lambda_2 x_{22} + \ldots + \lambda_r x_{2r} = 0$$
$$\vdots$$
$$\lambda_1 x_{n1} + \lambda_2 x_{n2} + \ldots + \lambda_r x_{nr} = 0.$$

(B.2)

Die Spaltenvektoren der Input-Matrix X sind nämlich genau dann linear unabhängig, wenn das lineare Gleichungssystem in (B.2) nur die triviale Lösung $\lambda_1 = \lambda_2 = \ldots = \lambda_r = 0$ besitzt. Angenommen, das lineare Gleichungssystem besitzt eine nicht-triviale Lösung, das heißt mindestens einer der Parameter λ_i, $i = 1, 2, \ldots, r$, ist ungleich Null. Dann drückt die erste Gleichung des linearen Gleichungssystems (B.2) mittels der Parameter $\lambda_1, \lambda_2, \ldots, \lambda_r$ aus, dass ein bestimmter Zusammenhang zwischen den r Input-Variablen $x_{11}, x_{12}, \ldots, x_{1r}$ besteht. Das gesamte Gleichungssystem drückt somit aus, dass eben dieser Zusammenhang zwischen den Input-Variablen im Verlaufe der n Experimente stets derselbe bleibt. Für den von TURNEY zwecks der Beweisbarkeit seines Theorems geforderten Fall, dass das lineare Gleichungssystem (B.2) nur die triviale Lösung besitzt, besteht ein solcher, über alle Experimente hinweg gleich bleibender Zusammenhang zwischen den Parametern also nicht.

Doch was passiert, falls - eventuell auch nur zufällig - die betrachteten Input-Variablen einen solchen Zusammenhang aufweisen? Die Matrix $X^T X$ wäre dann nicht invertierbar und der Kleinste-Quadrate-Schätzer $b(y)$ für β wäre in (3.7) in Kapitel 3.4.1 nicht berechenbar. Folglich wäre das gesamte TURNEY'sche Instabilitäts-Konzept samt des Theorems von TURNEY nicht durchführbar beziehungsweise nicht beweisbar.

Desweiteren wurde in Kapitel 3.4.1 die Frage gestellt, ob der TURNEY'sche Übertragungsschritt seines Theorems über lineare Funktionen auf polynomielle Funktionen ein Problem für die innerhalb des TURNEY'schen Konzeptes notwendige Invertierbarkeit der Matrix X darstellt. Dem ist nicht so, wie anhand eines einfachen Beispiels sehr deutlich wird:

Nehmen wir an, das Experiment wird dreimal durchgeführt. Die Vektoren x_i sind also von der Dimension Drei. Der erste Vektor sei

$$v_1 = \begin{pmatrix} a \\ b \\ c \end{pmatrix}.$$

a ist also der Wert der ersten Variablen im ersten Experiment, b der Wert der ersten Variablen im zweiten Experiment und c der Wert der ersten Variablen im dritten Experiment. Für den Vektor der zweiten Variablen gilt nun aufgrund der dargestellten Setzung $x_i := x^i$:

$$v_2 = \begin{pmatrix} a^2 \\ b^2 \\ c^2 \end{pmatrix}.$$

Analog gilt für den Vektor der dritten Variablen:

$$v_3 = \begin{pmatrix} a^3 \\ b^3 \\ c^3 \end{pmatrix}.$$

Offensichtlich hängen diese drei Vektoren auf eine bestimmte Art und Weise voneinander ab, sind ihre zeilenweise betrachteten Eingänge doch Potenzen zu gleichen Basen. Die entscheidende Frage, die hier gestellt werden muss, lautet jedoch: Sind die drei Vektoren auch linear abhängig im Sinne der linearen Algebra? Sollte dies so sein, so wäre der TURNEY'sche Beweis inkorrekt, denn er benötigt ja die lineare Unabhängigkeit der Spaltenvektoren von X, die ja in unserem Beispiel gerade die drei angeführten Vektoren v_1, v_2 und v_3 sind. Die Frage nach der linearen Abhängigkeit beziehungsweise Unabhängigkeit von v_1, v_2 und v_3 führt zu folgendem linearen Gleichungssystem:

$$\lambda_1 \begin{pmatrix} a \\ b \\ c \end{pmatrix} + \lambda_2 \begin{pmatrix} a^2 \\ b^2 \\ c^2 \end{pmatrix} + \lambda_3 \begin{pmatrix} a^3 \\ b^3 \\ c^3 \end{pmatrix} = \begin{pmatrix} 0 \\ 0 \\ 0 \end{pmatrix} \qquad \text{(B.3)}$$

Dieses Gleichungssystem besitzt nur die triviale Lösung $\lambda_1 = \lambda_2 = \lambda_3 = 0$. Somit sind die Vektoren v_1, v_2 und v_3 linear unabhängig. Da die Koeffizientenmatrix in diesem Beispiel, also

$$X = \begin{pmatrix} a & a^2 & a^3 \\ b & b^2 & b^3 \\ c & c^2 & c^3 \end{pmatrix},$$

selber schon quadratisch ist, lässt sich also direkt ihre Inverse berechnen. Mithilfe des Programmpaketes Maple ergibt sich:

$$
X^{-1} = \begin{pmatrix} \dfrac{bc}{(bc-ab+a^2-ac)a} & -\dfrac{ac}{(-ac+ab-b^2+bc)b} & \dfrac{ab}{(-ac+ab+c^2-bc)c} \\[2ex] -\dfrac{b+c}{(bc-ab+a^2-ac)a} & \dfrac{a+c}{(-ac+ab-b^2+bc)b} & -\dfrac{a+b}{(-ac+ab+c^2-bc)c} \\[2ex] \dfrac{1}{(bc-ab+a^2-ac)a} & -\dfrac{1}{(-ac+ab-b^2+bc)b} & \dfrac{1}{(-ac+ab+c^2-bc)c} \end{pmatrix}.
$$

Die in Kapitel 3.2 beschriebene Methode TURNEYs, sein Theorem auf den Fall polynomieller Funktionen zu übertragen, stellt somit kein Problem für die Annahme der linearen Unabhängigkeit im Sinne der linearen Algebra dar.

C. Zur asymptotischen Äquivalenz von Modellwahlkriterien

Bereits im Jahre 1976 veröffentlichte M. STONE einen Aufsatz mit dem Titel *An Asymptotic Equivalence of Choice of Model by Cross-validation and Akaike's Criterion* [45]. Dieser Aufsatz kann als eine Art Vorstufe des Aufsatzes *An Asymptotic Theory for Linear Model Selection* [39] von SHAO aus dem Jahr 1997 aufgefasst werden, denn STONEs Analysen, die auf einem Vergleich der Kreuzvalidierung und des AIC beschränkt waren, wurden auf weitere Modellwahlkriterien - und hier vor allem auch auf das BIC - ausgedehnt.

STONE zeigt in [45], dass sich die Leave-One-Out-Kreuzvalidierung asymptotisch wie das AIC verhält, sie also asymptotisch äquivalent sind. Der zentrale Begriff bei diesem Nachweis ist der Begriff der stochastischen Konvergenz. Dabei heißt eine Folge X_n von Zufallsvariablen stochastisch konvergent gegen eine Zufallsvariable X (in Zeichen: $X_n \xrightarrow{p} X$), falls gilt:

$$\forall \varepsilon > 0 : \lim_{n \to \infty} P\left(|X_n - X| > \varepsilon\right) = 0.$$

Eine Folge X_n von Zufallsvariablen konvergiert also genau dann stochastisch gegen eine Zufallsvariable X, wenn die Wahrscheinlichkeit, dass sich X_n und X absolut um mehr als ein beliebiges $\varepsilon > 0$ unterscheiden, für ein gegen unendlich strebendes n gegen Null geht. Im Kontext der vorliegenden Arbeit bedeutet dies also, dass für einen Nachweis einer derartigen aysmptotischen Äquivalenz eine unendlich große Datenmenge vorliegen muss. In diesem Fall führen die Leave-One-Out-Kreuzvalidierung und das AIC zu einer Wahl des gleichen Kurventyps. Wie bereits in Kapitel 8.3 der vorliegenden Arbeit dargestellt wurde, wird dabei die Fehlervarianz relativ zur Bestapproximation der betrachteten Funktionenfamilie mittels eines Quotienten geschätzt, der für $n \to \infty$ asymptotisch gleich der korrigierten Varianz der Bestapproximation bezüglich der vorliegenden Datenmenge ist. Die zuvor anhand von Zufallsvariablen erläuterte stochastische Konvergenz taucht bei dem Nachweis der dargestellten asymptotischen Äquivalenz in Form einer Konvergenzaussage des Verhältnisses zweier loss functions auf, die für die Definition des Begriffs *asymptotically loss efficient* wesentlich ist. Auf diesen Begriff werde ich in Kürze näher eingehen. Die Annahme der Unendlichkeit der Datenmenge scheint auf den ersten Blick schon auf theoretischer Ebene sehr einschränkend zu sein, aber spätestens auf praktischer Ebene kann eine solche Annahme nicht gerechtfertigt werden, denn es ist ja geradezu typisch für den Anwendungsfall, dass vergleichsweis kleine - und speziell: endliche - Datenmengen vorliegen. Einem Einwand gegen die Nutzbarkeit dieses asymptotischen Konzeptes, der auf dieser vermeindlichen Einschränkung basieren könnte, liegt aber eine Fehlinterpretation der Definition der stochastischen Konvergenz und darauf aufbauend eine Fehlinterpretation des Begriffs der asymptotischen Äquivalenz verschiedener Modell- und Kurvenwahlkriterien zu Grunde. So hat STONE in [45] herausgearbeitet, dass sich die Leave-One-Out-Kreuzvalidierung genau so verhält wie das AIC, wenn die Anzahl n der Datenpunkte gegen unendlich strebt. Es ist eben nicht der Fall, dass sich die Leave-One-Out-Kreuzvalidierung *genau dann* so verhält wie das AIC, wenn die Anzahl n der Datenpunkte gegen unendlich strebt. Also *spätestens* bei hinreichend großen Datenmengen verhalten sich die Modellwahlkriterien der Leave-One-Out-Kreuzvalidierung und des AIC identisch. Es ist aber auch nicht ausgeschlossen, dass sie dies schon bei *kleineren* Datenmengen tun. Letztendlich ist in diesem Konzept wieder die intuitive Idee wiederzufinden, dass sich der Informationsgehalt über den Trend hinter den Daten vergrößert, wenn die Größe der Datenmenge vergrößert wird. Diese Idee findet ja in der wichtigen Konvergenzaussage für die empirische Verteilungsfunktion, nämlich dem Theorem von GLIWENKO und CANTELLI, ihren finalen Ausdruck.[1]

SHAO spricht in seinem Aufsatz [39] von zwei grundlegenden Eigenschaften, in deren Sinne die betrachteten Verfahren zur Modellwahl äquivalent sind und die genau wie STONEs Analyse ein asymptotisches Verhalten aufzeigen. Die erste Eigenschaft wird von SHAO als *consistency* bezeichnet. Dabei ist zu beachten, dass hiermit nicht der klassische statistische Konsistenz-Begriff eines Schätzers gemeint ist. Ein Schätzer auf Basis einer Stichprobe heißt ja konsistent, wenn er mit zunehmenden Stichprobenumfang gegen den zu schätzenden Wert strebt.

Wie bereits in Kapitel 8.3 sei nun den Bezeichnungen SHAOs folgend mit $\hat{\alpha}_n$ dasjenige Modell bezeichnet, welches auf Basis einer Datenmenge mit n Datenpunkten durch ein bestimmtes Modellwahl-Kriterium gewählt wurde. Darüberhinaus sei α_n^L ein Modell, das $L_n(\alpha)$ über $\alpha \in A_n$ minimiert, wobei A_n die Menge der betrachteten Modelle ist und $L_n(\cdot)$ eine *loss function* ist, also beispielsweise der Quadratsummenabstand.

---

[1] vgl. Anhang A

Das Modellwahl-Kriterium heißt dann *konsistent* im SHAO'schen Sinne, falls gilt:

$$P(\hat{\alpha}_n = \alpha_n^L) \xrightarrow{n \to \infty} 1. \tag{C.1}$$

Die Konvergenzaussage (C.1) impliziert die folgengen Konvergenzaussage:

$$P\left(L_n(\hat{\alpha}_n) = L_n(\alpha_n^L)\right) \xrightarrow{n \to \infty} 1. \tag{C.2}$$

SHAO führt weiter aus:

> „In some cases a selection procedure does not have property (2.1) (hier: (C.1)), but $\hat{\alpha}_n$ is still 'close' to α_n^L in the following sense that is weaker than (2.1) (hier: (C.1)):
>
> $$\frac{L_n(\hat{\alpha}_n)}{L_n(\alpha_n^L)} \xrightarrow{p} 1, \tag{C.3}$$
>
> where $\xrightarrow{p}$ denotes convergence in probability. A selection procedure satisfying (2.3) (hier: (C.3)) is said to be *asymptotically loss efficient*, i.e., $\hat{\alpha}_n$ is asymptotically as efficient as α_n^L in terms of the loss $L_n(\alpha)$."[2] ([39]: 225)

Der wesentliche Begriff für die Eigenschaft eines Modellwahlkriteriums, *asymptotically loss efficient* zu sein, ist also wiederum der Begriff der stochastischen Konvergenz. Die asymptotische Äquivalenz von Modellwahlkriterien ist also letztendlich zu verstehen als eine Äquivalenz auf der Basis von stochastischen Konvergenzbeziehungen.

In [39] gliedert SHAO nun die betrachteten Kriterien in drei Klassen:

> „In conclusion, the methods discussed so far can be classified into the following three classes according to their asymptotic behaviors:[...]" ([39]: 235)

Für die folgende Arbeit spielen dabei die ersten beiden Klassen eine wichtige Rolle, denn die erste Klasse enthält die Leave-One-Out-Kreuzvalidierung sowie das AIC und die zweite Klasse enthält die Delete-*d*-Kreuzvalidierung sowie das BIC. Das Resultat über die Zugehörigkeit der Leave-One-Out-Kreuzvalidierung und des AIC zu derselben Klasse bezüglich des asymptotischen Verhaltens findet sich ja bereits bei STONE in [45].

---

[2] Es sei darauf hingewiesen, dass mit der in diesem Kapitel dargestellten stochastischen Konvergenz (in Zeichen: $\xrightarrow{p}$) stets eine wachsende Datenmenge (in Zeichen: $n \to \infty$) einhergeht.

D. Delete-d-Kreuzvalidierung und BAYES'sches Informationskriterium

In Kapitel 8.3 wurde in Form von Gleichung (8.7) ein Wert für die Zahl d angegeben, sodass bei einer Datenmenge mit n Datenpunkten die Delete-d-Kreuzvalidierung äquivalent ist zum BAYES'schen Informationskriterium:

$$d = n - \frac{n}{ln(n) - 1}. \qquad (D.1)$$

Dabei wurde behauptet, dass die diese Zahl d die Bedingung

$$\frac{d}{n} \xrightarrow{n \to \infty} 1$$

erfüllt. Die Gültigkeit der Bedingung lässt sich sofort erkennen, wenn man die Gleichung (D.1) durch Ausklammern von n faktorisiert:

$$d = n - \frac{n}{ln(n) - 1} = n \left(1 - \frac{1}{ln(n) - 1} \right).$$

Die Division durch n ergibt:

$$\frac{d}{n} = 1 - \frac{1}{ln(n) - 1}. \qquad (D.2)$$

Lässt man nun in der Differenz auf der rechten Seite dieser Gleichung den Wert n gegen unendlich laufen, so konvergiert der Subtrahend gegen Null und folglich konvergiert der Quotient $\frac{d}{n}$ gegen Eins, was zu zeigen war.

E. Das GAUß-MARKOW-Theorem

In Kapitel 2.3 wurde ausgeführt, dass der Abstand einer Datenmenge D zu einer Kurve f über die sogenannte Abweichungsquadratsumme definiert wird. Die Datenpunkte haben für die weiteren Ausführungen die Form (x_i, y_i) mit $1 \leq i \leq N$. Prinzipiell gibt es viele Möglichkeiten, wie ein solcher Abstand definiert werden könnte. So könnte man beispielsweise auch die Summe $S(f, D)$ der absoluten Differenzen von Daten-y-Werten y_i und von f vorausgesagten y-Werten $f(x_i)$ definieren, also etwa:

$$S(f,D) = \sum_{i=1}^{N} |y_i - f(x_i)|. \tag{E.1}$$

Dabei wird der Betrag der Differenzen benötigt, damit die einzelnen Summanden sich nicht gegenseitig aufheben können, denn ohne den Betrag können die Summanden sowohl negativ als auch positiv sein, je nachdem, ob der Punkt ober- oder unterhalb der Kurve liegt. Die in Kapitel 2.3 betrachtete Abweichungsquadratsumme

$$AQ(f,D) := \sum_{i=1}^{N} (y_i - f(x_i))^2$$

hat ebenfalls diesen Effekt, allerdings durch die Quadratur der Summanden. Die Quadratur bewirkt des Weiteren, dass größere Abweichungen stärker gewichtet werden als kleinere, allerdings hätte man dies - und das sogar noch in stärkerem Maße - auch erreichen können, indem man die Summanden etwa in die vierte Potenz erhoben oder sie mit einem anderen geraden Exponenten potenziert hätte.

Es stellt sich somit die Frage, warum gerade die beschriebene Abweichungsquadratsumme als Maß für den Abstand herangezogen wird. Eine Antwort könnte man in dem Theorem von GAUß und MARKOW vermuten. Dieses Theorem trifft eine Aussage über eine der zentralen Methoden der Schätztheorie: *Die Methode der kleinsten Quadrate.* Nach dieser Methode wird eine Ausgleichsfunktion f den Daten derart angepasst, dass die entsprechende Abweichungsquadratsumme minimal ist.

Das GAUß-MARKOW-Theorem sagt darüber aus, dass der Kleinste-Quadrate-Schätzer unter gewissen Voraussetzungen ein minimalvarianter, linearer, erwartungstreuer Schätzer ist, wenn von einem linearen Modell ausgegangen wird. In diesem Sinne sei der Kleinste-Quadrate-Schätzer optimal.[1] Die erwähnten Voraussetzungen beziehen sich auf die zufälligen Fehler: Sie müssen

1. unkorreliert sein,

2. einen Erwartungswert von Null haben und

3. die gleiche Varianz haben (Homoskedastizität oder auch Residuen-Varianzhomogenität).

Eine derartige Rechtfertigung der Kleinste-Quadrate-Methode unter Verwendung des GAUß-MARKOW-Theorems wirft allerdings ein schwerwiegendes Problem auf. Betrachten wir dazu die drei wesentlichen Begriffe *linear, erwartungstreu* und *minimalvariant* etwas genauer:

Zunächst einmal wird ausgesagt, dass der Kleinste-Quadrate-Schätzer ein linearer Schätzer ist. Alleine von den Begriffen her scheint dies widersprüchlich. Ein Schätzer heißt jedoch linear, wenn er in den Zielvariablen, also der abhängigen Variablen (im Rahmen der vorliegenden Arbeit waren dies immer die y-Werte der Datenpunkte (x_i, y_i) mit $i = 1, \ldots, N$) linear ist. In Kapitel 2.4 wurde die Methode der kleinsten Quadrate dargestellt. In der Abweichungsquadratsumme kommen die y-Werte durchaus noch quadriert vor. Durch partielles Ableiten kam man jedoch zu den Kleinste-Quadrate-Schätzern a und b der Koeffizienten der linearen Bestapproximation $y = ax + b$. Wie man in Kapitel Kapitel 2.4 sehen kann, kommen in den Formeln für a und b die y-Werte lediglich linear vor, somit sind die entsprechenden Schätzer linear.

Zudem ist eine Aussage des GAUß-MARKOW-Theorems, dass der Kleinste-Quadrate-Schätzer ein erwartungstreuer Schätzer ist. Dabei heißt ein Schätzer erwartungstreu, wenn er mit seinem Erwartungswert übereinstimmt. Die Abweichung eines Schätzers zu seinem Erwartungswert wird vor allem im Englischen auch *bias* genannt, wodurch sich der englische Begriff „unbiased" für den deutschen Begriff „erwartungstreu" erklärt.

Im Englischen wird der Kleinste-Quadrate-Schätzer als *Best Linear Unbiased Estimator* bezeichnet. Das „best" bezieht sich nun auf die verbleibende Eigenschaft der Minimalvarianz. Der Kleinste-Quadrate-Schätzer ist also in dem Sinne optimal, dass die Fehlervarianz der Schätzung minimal wird. Wesentlich für den

---

[1] Im Englischen sagt man daher auch, dass der Kleinste-Quadrate-Schätzer „BLUE" ist - Best Linear Unbiased Estimator.

Kleinste-Quadrate-Schätzer ist ja die Tatsache, dass die Abweichungsquadratsumme minimiert wird. Die Fehlervarianz wird aber ebenfalls durch die Abweichungsquadratsumme gemessen. Insofern ist es offensichtlich, dass der Kleinste-Quadrate-Schätzer minimalvariant ist. Würde man beispielsweise einen Schätzer nutzen, der anstatt der Abweichungsquadratsumme die Summe der Absolutabstände minimiert, und misst dann die Streuung der Daten um diese Schätzung ebenfalls mittels der Summe der Absolutabstände, so würde erneut eine Art Minimalvarianz folgen. Der Begriff der Minimalvarianz ist innerhalb des GAUß-MARKOW-Theorems also letztendlich zirkulär. Es könnten durchaus andere Schätzer geben, die in einem ähnlichen Sinne optimal sind.

Doch warum ist die Kleinste-Quadrate-Methode dennoch in der Statistik so weit verbreitet? Einige der Gründe wurden bereits in Kapitel 2.4 angeführt. Gegenüber der Summe der Absolutabstände gehen bei einer Verwendung der Abweichungsquadratsumme größere Einzelabstände durch das Quadrieren stärker in den Gesamtabstand ein. Der Effekt, dass die einzelnen Summanden positiv werden, bleibt durch den geraden Exponenten Zwei erhalten. Dies ist auch ein wichtiger Effekt, da sich ja sonst in der Summe der Einzelabweichungen positive und negative Abweichungen (je nachdem, ob die entsprechenden Datenpunkte ober- oder unterhalb der betrachteten Kurve liegen) gegeneinander aufheben würden. Ein weiterer wesentlicher Vorteil der Abweichungsquadratsumme gegenüber der Summe der Absolutabstände ist die Tatsache, dass ein resultierender Term problemlos analytisch behandelbar ist. Bei einer Verwendung von Beträgen ist dies anders. Dies wurde in Kapitel 2.3 detailliert dargestellt. Aber natürlich könnte man diese Probleme auch umgehen, indem man statt zum Exponenten Zwei zum Exponenten Vier oder irgendeinem anderen geraden positiven Exponenten potenziert. Die Verwendung des Exponenten Zwei hat aber den Effekt, dass die resultierende Abweichungsquadratsumme unter der Normalverteilungsannahme der Residuen äquivalent ist zu dem Log-Likelihood-Maß. Genauer gesagt ist die Maximierung des Log-Likelihoods äquivalent zu der Minimierung der entsprechenden Abweichungsquadratsumme. Dies wurde in Kapitel 4.1 formal herausgearbeitet. Die Verwendung des Exponenten Zwei, also des kleinsten geraden und von Null verschiedenen Exponenten, ist zudem ganz im Sinne einer Einfachheitspräferenz, die im Rahmen der vorliegenden Arbeit verteidigt wurde.

F. Die verwendeten Simulationsalgorithmen

In diesem Abschnitt werden die in den Kapiteln 5, 7, 8 und 9 angeführten Simulationsalgorithmen ausführlich dargestellt. Zunächst werden jedoch Gründe für deren Korrektheit angeführt.

F.1. Die Korrektheit der Simulationsalgorithmen

Bei der Programmierung der Algorithmen wurden folgende Maßnahmen ergriffen, die die Korrektheit der Algorithmen sicherstellen:

Partieller Programmaufbau: Die jeweiligen Simulationalgorithmen wurden *ettapenweise* programmiert, das heißt es wurden zunächst einzelne Teile eines jeden Algorithmus in MATLAB implementiert und jeweils überprüft. So wird zu Beginn eines jeden Algorithmus auf Basis des wahren Zusammenhangs eine Datenmenge erzeugt, die dann gemäß der gewählten Fehlerstreuung σ perturbiert wird. Dieser Schritt ist beispielsweise graphisch kontrollierbar, indem in einem Plot die wahre Kurve, die wahren Datenpunkte und die um die wahre Kurve streuenden perturbierten Daten dargestellt werden. Ein anderes Beispiel für diese Vorgehensweise ist die Anpassung der Kurven an die perturbierten Daten. Auch dies wurde graphisch dargestellt. Sollte in diesen Simulationsabschnitt ein konzeptioneller Fehler oder auch ein Programmierfehler eingegangen sein, so hätten die entsprechenden Plots gezeigt, dass die angepassten Kurven nichts mit den eigentlich zugrunde liegenden Daten zu tun haben.

Fehlerlokalisierung: An markanten Stellen der Algorithmen wurden Ausgabeanweisungen eingefügt, um den aktuellen Simulationszustand zu erfassen. Anhand dieser Ausgaben konnte beispielsweise kontrolliert werden, dass die Schleifen ordnungsgemäß durchlaufen und auch tatsächlich bei den entsprechenden Abbruchbedingungen abbrechen.

Variation der Ausgabeformate: Das Programmpaket MATLAB erlaubt eine Vielzahl von verschiedenen Ausgabeformaten für die verwendeten Variablen. Diese wurden innerhalb der Programmierarbeiten variiert, um den Einfluss der Formate - sofern vorhanden - auf die Endresultate zu überprüfen. Mittels dieser Maßnahmen zeigten sich beispielsweise die in Kapitel 5.2 dargestellten Schwierigkeiten bezüglich der Darstellung von Werten in wissenschaftlicher Schreibweise unter Verwendung hoher Zehnerpotenzen.

Test-Setup: Es wurden Test-Setups für die Simulationen gewählt, die gewisse *Extremfälle* darstellen. So muss die Fehlerquote bei einer Anwendung der Delete-*d*-Kreuzvalidierung beispielsweise ansteigen, wenn man die Anzahl der Neupartitionierungen kleiner macht. Ein Nichteintreten dieses Effektes würde auf einen konzeptionellen Fehler oder einen Programmierfehler hinweisen. In Kapitel 8.4 wurde jedoch dargestellt, dass dieser zu erwartende Effekt tatsächlich auftrat. Desweiteren wurde hier eine Empfehlung für die Anzahl der Neupartitionierungen formuliert. Ein weiteres Beispiel hierfür ist die Eingabe einer wahren polynomiellen Funktion, deren Grad größer oder gleich 16 ist. Innerhalb der Simulationen werden nämlich nur polynomielle Funktionen der Grade Eins bis 15 angepasst und die entsprechenden Werte der einzelnen Modellwahlkriterien (also AIC, BIC und Kreuzvalidierung) berechnet. Die Kriterien können also bei einer Verwendung einer polynomiellen Funktion des Grades 23 beispielsweise gar nicht zum wahren Kurventyp führen. Insofern muss sich also eine Fehlerquote von 100% ergeben, die sich dann bei derartigen Beispielen auch tatsächlich ergibt.

F.2. Schätzung des Abstands zur wahren Kurve

$function[] = test2()$
%Dieses Programm berechnet für den Fall der wahren Funktion $f(x) = -4x^3 + x^2 + 2x + 3$, dem Perturbationskoeffizienen σ und anzupassende Polynome der Grade Eins bis Neun über dem Daten-x-Werte-Intervall $[xu; xo]$ den jeweiligen Abstand zur wahren Kurve im Sinne Forsters und Sobers.

%Eingabe der Wiederholungen
$w =$ input('Geben Sie die Anzahl der gewünschten Wiederholungen ein! :');

%Perturbationskoeffizient:
sigma $= 2$;

%untere x-Werte-Grenze xu: $xu = -50$;

%obere x-Werte-Grenze xo:
$xo = 50;$

%Schrittweite s vom unteren x-Wert zum oberen x-Wert:
$s = 0.01;$

%Koeffizienten des wahren Polynoms:
koeffwahr2 $= [-4\ 1\ 2\ 3]$

%Generieren der wahren Datenmenge in Form der Daten-Vektoren x und ywahr
$x = (xu : s : xo)';$
ywahr $=$ polyval(koeffwahr2, x);

table $= [];$
table2 $=$ table;

for $j = 1 : w$
j %Zeigt an, in welcher Wiederholung der aktullen Simulation man sich gerade befindet. %Generiere die perturbierte Datenmenge in Form des perturbierten y-Vektors
yper:
$r = randn(1, length(ywahr))';$ %r ist ein Vektor mit Länge-von-ywahr-vielen standardnormalverteilten Zufallszahlen.
$yper = ywahr + sigma * r;$ %Signal-Rauschen-Modell

%Berechne die angepassten polynomiellen Kurven der Grade 1 bis 9:
$koeffang1 = polyfit(x, yper, 1);$
$koeffang2 = polyfit(x, yper, 2);$
$koeffang3 = polyfit(x, yper, 3);$
$koeffang4 = polyfit(x, yper, 4);$
$koeffang5 = polyfit(x, yper, 5);$
$koeffang6 = polyfit(x, yper, 6);$
$koeffang7 = polyfit(x, yper, 7);$
$koeffang8 = polyfit(x, yper, 8);$
$koeffang9 = polyfit(x, yper, 9);$
$koeffang10 = polyfit(x, yper, 10);$
$koeffang11 = polyfit(x, yper, 11);$
$koeffang12 = polyfit(x, yper, 12);$
$koeffang13 = polyfit(x, yper, 13);$

$koeffang14 = polyfit(x, yper, 14);$
$koeffang15 = polyfit(x, yper, 15);$

%Berechne die von den angepassten Kurven vorausgesagten y-Werte:
$ypre1 = polyval(koeffang1, x);$
$ypre2 = polyval(koeffang2, x);$
$ypre3 = polyval(koeffang3, x);$
$ypre4 = polyval(koeffang4, x);$
$ypre5 = polyval(koeffang5, x);$
$ypre6 = polyval(koeffang6, x);$
$ypre7 = polyval(koeffang7, x);$
$ypre8 = polyval(koeffang8, x);$
$ypre9 = polyval(koeffang9, x);$
$ypre10 = polyval(koeffang10, x);$
$ypre11 = polyval(koeffang11, x);$
$ypre12 = polyval(koeffang12, x);$
$ypre13 = polyval(koeffang13, x);$
$ypre14 = polyval(koeffang14, x);$
$ypre15 = polyval(koeffang15, x);$

%Berechne die Quadratsummenabstände:
$QSAypreyper1 = (yper - ypre1)' * (yper - ypre1);$
$QSAypreyper2 = (yper - ypre2)' * (yper - ypre2);$
$QSAypreyper3 = (yper - ypre3)' * (yper - ypre3);$
$QSAypreyper4 = (yper - ypre4)' * (yper - ypre4);$
$QSAypreyper5 = (yper - ypre5)' * (yper - ypre5);$
$QSAypreyper6 = (yper - ypre6)' * (yper - ypre6);$
$QSAypreyper7 = (yper - ypre7)' * (yper - ypre7);$
$QSAypreyper8 = (yper - ypre8)' * (yper - ypre8);$
$QSAypreyper9 = (yper - ypre9)' * (yper - ypre9);$
$QSAypreyper10 = (yper - ypre10)' * (yper - ypre10);$
$QSAypreyper11 = (yper - ypre11)' * (yper - ypre11);$
$QSAypreyper12 = (yper - ypre12)' * (yper - ypre12);$
$QSAypreyper13 = (yper - ypre13)' * (yper - ypre13);$
$QSAypreyper14 = (yper - ypre14)' * (yper - ypre14);$
$QSAypreyper15 = (yper - ypre15)' * (yper - ypre15);$

format short g %Beste von fixed oder floating point mit 4 Dezimalen

%Berechne für die neun Kurven jeweils den Abstand zur Wahrheit im Sinne Forsters und Sobers:

$Ab1 = QSAypreyper1 + 2*2*sigma^2;$
$Ab2 = QSAypreyper2 + 2*3*sigma^2;$
$Ab3 = QSAypreyper3 + 2*4*sigma^2;$
$Ab4 = QSAypreyper4 + 2*5*sigma^2;$
$Ab5 = QSAypreyper5 + 2*6*sigma^2;$
$Ab6 = QSAypreyper6 + 2*7*sigma^2;$
$Ab7 = QSAypreyper7 + 2*8*sigma^2;$
$Ab8 = QSAypreyper8 + 2*9*sigma^2;$
$Ab9 = QSAypreyper9 + 2*10*sigma^2;$
$Ab10 = QSAypreyper10 + 2*11*sigma^2;$
$Ab11 = QSAypreyper11 + 2*12*sigma^2;$
$Ab12 = QSAypreyper12 + 2*13*sigma^2;$
$Ab13 = QSAypreyper13 + 2*14*sigma^2;$
$Ab14 = QSAypreyper14 + 2*15*sigma^2;$
$Ab15 = QSAypreyper15 + 2*16*sigma^2;$

$table = [Ab1\ Ab2\ Ab3\ Ab4\ Ab5\ Ab6\ Ab7\ Ab8\ Ab9\ Ab10\ Ab11\ Ab12\ Ab13\ Ab14\ Ab15];\ table2 = [table2;table];$

end;

%Im Folgenden wird der Wert der Größe zaehler bestimmt, die zählt, wie oft die angepasste Kurve vom Grade des wahren Kurventyps NICHT den geringsten Abstand zur Wahrheit im Sinne Forsters und Sobers hat.

table2
$zaehler = 0;$
for $i = 1 : w$
if $table2(i, length(koeffwahr2) - 1) = min(table2(i, 1 : 15))$
$zaehler = zaehler + 1;$
end;
end;

zaehler

xlswrite('test.xls', table2) %Ausgabe der Tabelle in eine Excel-Datei

F.3. Schätzung der Voraussagegenauigkeit mit wahrer Streuung

$function[] = test2()$

%Dieses Programm berechnet für den Fall der wahren Funktion $f(x) = -4x^3 + x^2 + 2x + 3$, dem Perturbationskoeffizienen σ und anzupassende Polynome der Grade Eins bis Neun über dem Daten-x-Werte-Intervall $[xu; xo]$ die jeweilige geschätzte Voraussagegenauigkeit im Sinne Forsters und Sobers.

%Eingabe der Wiederholungen
$w = input('$Geben Sie die Anzahl der gewünschten Wiederholungen ein! :$')$;

%Perturbationskoeffizient:
$sigma = 1$;

%untere x-Werte-Grenze xu:
$xu = -10$;

%obere x-Werte-Grenze xo:
$xo = 10$;

%Schrittweite s vom unteren x-Wert zum oberen x-Wert:
$s = 0.1$;

%Koeffizienten des wahren Polynoms:
$koeffwahr2 = [-4\ 1\ 2\ 3]$;

%Generieren der wahren Datenmenge in Form der Daten-Vektoren x und ywahr
$x = (xu : s : xo)'$;
$ywahr = polyval(koeffwahr2, x)$;

$table = []$;
$table2 = table$;

for $j = 1 : w$
j %Zeigt an, in welcher Wiederholung der aktullen Simulation man sich gerade befindet.

%Generiere die perturbierte Datenmenge in Form des perturbierten y-Vektors yper:

$r = randn(1, length(ywahr))'$; %r ist ein Vektor mit Länge-von-ywahr-vielen standardnormalverteilten Zufallszahlen.

$yper = ywahr + sigma * r$; %Signal-Rauschen-Modell

%Berechne die angepassten polynomiellen Kurven der Grade 1 bis 9:

$koeffang1 = polyfit(x, yper, 1)$;
$koeffang2 = polyfit(x, yper, 2)$;
$koeffang3 = polyfit(x, yper, 3)$;
$koeffang4 = polyfit(x, yper, 4)$;
$koeffang5 = polyfit(x, yper, 5)$;
$koeffang6 = polyfit(x, yper, 6)$;
$koeffang7 = polyfit(x, yper, 7)$;
$koeffang8 = polyfit(x, yper, 8)$;
$koeffang9 = polyfit(x, yper, 9)$;
$koeffang10 = polyfit(x, yper, 10)$;
$koeffang11 = polyfit(x, yper, 11)$;
$koeffang12 = polyfit(x, yper, 12)$;
$koeffang13 = polyfit(x, yper, 13)$;
$koeffang14 = polyfit(x, yper, 14)$;
$koeffang15 = polyfit(x, yper, 15)$;

%Berechne die von den angepassten Kurven vorausgesagten y-Werte:

$ypre1 = polyval(koeffang1, x)$;
$ypre2 = polyval(koeffang2, x)$;
$ypre3 = polyval(koeffang3, x)$;
$ypre4 = polyval(koeffang4, x)$;
$ypre5 = polyval(koeffang5, x)$;
$ypre6 = polyval(koeffang6, x)$;
$ypre7 = polyval(koeffang7, x)$;
$ypre8 = polyval(koeffang8, x)$;
$ypre9 = polyval(koeffang9, x)$;
$ypre10 = polyval(koeffang10, x)$;
$ypre11 = polyval(koeffang11, x)$;
$ypre12 = polyval(koeffang12, x)$;
$ypre13 = polyval(koeffang13, x)$;
$ypre14 = polyval(koeffang14, x)$;

$ypre15 = polyval(koeffang15,x);$

%Berechne die gewichteten Quadratsummenabstände:

$gQSAypreyper1 = 1/(2*sigma^2)*(yper-ypre1)'*(yper-ypre1);$
$gQSAypreyper2 = 1/(2*sigma^2)*(yper-ypre2)'*(yper-ypre2);$
$gQSAypreyper3 = 1/(2*sigma^2)*(yper-ypre3)'*(yper-ypre3);$
$gQSAypreyper4 = 1/(2*sigma^2)*(yper-ypre4)'*(yper-ypre4);$
$gQSAypreyper5 = 1/(2*sigma^2)*(yper-ypre5)'*(yper-ypre5);$
$gQSAypreyper6 = 1/(2*sigma^2)*(yper-ypre6)'*(yper-ypre6);$
$gQSAypreyper7 = 1/(2*sigma^2)*(yper-ypre7)'*(yper-ypre7);$
$gQSAypreyper8 = 1/(2*sigma^2)*(yper-ypre8)'*(yper-ypre8);$
$gQSAypreyper9 = 1/(2*sigma^2)*(yper-ypre9)'*(yper-ypre9);$
$gQSAypreyper10 = 1/(2*sigma^2)*(yper-ypre10)'*(yper-ypre10);$
$gQSAypreyper11 = 1/(2*sigma^2)*(yper-ypre11)'*(yper-ypre11);$
$gQSAypreyper12 = 1/(2*sigma^2)*(yper-ypre12)'*(yper-ypre12);$
$gQSAypreyper13 = 1/(2*sigma^2)*(yper-ypre13)'*(yper-ypre13);$
$gQSAypreyper14 = 1/(2*sigma^2)*(yper-ypre14)'*(yper-ypre14);$
$gQSAypreyper15 = 1/(2*sigma^2)*(yper-ypre15)'*(yper-ypre15);$

format short g %Beste von fixed oder floating point mit 4 Dezimalen

$const = -length(x)*(0.5*log(2*pi)+log(sigma));$

%Berechne für die Kurven jeweils die Voraussagegenauigkeit im Sinne Forsters und Sobers:

$VG1 = 1/length(x)*(const-gQSAypreyper1-length(koeffang1));$
$VG2 = 1/length(x)*(const-gQSAypreyper2-length(koeffang2));$
$VG3 = 1/length(x)*(const-gQSAypreyper3-length(koeffang3));$
$VG4 = 1/length(x)*(const-gQSAypreyper4-length(koeffang4));$
$VG5 = 1/length(x)*(const-gQSAypreyper5-length(koeffang5));$
$VG6 = 1/length(x)*(const-gQSAypreyper6-length(koeffang6));$
$VG7 = 1/length(x)*(const-gQSAypreyper7-length(koeffang7));$
$VG8 = 1/length(x)*(const-gQSAypreyper8-length(koeffang8));$
$VG9 = 1/length(x)*(const-gQSAypreyper9-length(koeffang9));$
$VG10 = 1/length(x)*(const-gQSAypreyper10-length(koeffang10));$
$VG11 = 1/length(x)*(const-gQSAypreyper11-length(koeffang11));$
$VG12 = 1/length(x)*(const-gQSAypreyper12-length(koeffang12));$
$VG13 = 1/length(x)*(const-gQSAypreyper13-length(koeffang13));$

$VG14 = 1/length(x) * (const - gQSAypreyper14 - length(koeffang14));$
$VG15 = 1/length(x) * (const - gQSAypreyper15 - length(koeffang15));$

$table = [VG1\ VG2\ VG3 \ldots VG13\ VG14\ VG15];$
$table2 = [table2;table];$

end;

%Im Folgenden wird der Wert der Größe zaehler bestimmt, die zählt, wie oft die angepasste Kurve vierten Grade NICHT den größten AIC-Wert hat.
table2
$zaehler = 0;$
for $i = 1 : w$
if $table2(i, length(koeffwahr2) - 1) = max(table2(i, 1 : 15))$
$zaehler = zaehler + 1;$
end;
end;

zaehler

xlswrite('test.xls', table2) %Ausgabe der Tabelle in eine Excel-Datei

F.4. Schätzung der Voraussagegenauigkeit mit Fehlerschätzung

$function[] = test2()$

%Dieses Programm berechnet für den Fall der wahren Funktion $f(x) = -4x^3 + x^2 + 2x + 3$, dem Perturbationskoeffizienen σ und anzupassende Polynome der Grade Eins bis Neun über dem Daten-x-Werte-Intervall $[xu;xo]$ die jeweilige geschätzte Voraussagegenauigkeit im Sinne Forsters und Sobers unter der Verwendung der geschätzten Fehlerstreuung, so wie es McQuarrie in seinem Buch ausführt.

$w = input('\text{Geben Sie die Anzahl der gewünschten Wiederholungen ein! :'});$

format long

%Perturbationskoeffizient:
$sigma = 0$;

%untere x-Werte-Grenze xu:
$xu = -10$;

%obere x-Werte-Grenze xo:
$xo = 10$;

%Schrittweite s vom unteren x-Wert zum oberen x-Wert:
$s = 1$;

%Koeffizienten des wahren Polynoms:
$koeffwahr2 = [-4\ 1\ 2\ 3]$

%Generieren der wahren Datenmenge in Form der Daten-Vektoren x und ywahr
$x = (xu : s : xo)'$;
$ywahr = polyval(koeffwahr2, x)$;

$table = []$;
$table2 = table$;

for $j = 1 : w$
j %Zeigt an, in welcher Wiederholung der aktullen Simulation man sich gerade befindet.
%Generiere die perturbierte Datenmenge in Form des perturbierten y-Vektors yper:
$r = randn(1, length(ywahr))'$; %r ist ein Vektor mit Länge-von-ywahr-vielen standardnormalverteilten Zufallszahlen.
$yper = ywahr + sigma * r$; %Signal-Rauschen-Modell

%Berechne die angepassten polynomiellen Kurven der Grade 1 bis 9:
$koeffang1 = polyfit(x, yper, 1)$;
$koeffang2 = polyfit(x, yper, 2)$;
$koeffang3 = polyfit(x, yper, 3)$;
$koeffang4 = polyfit(x, yper, 4)$;
$koeffang5 = polyfit(x, yper, 5)$;

$koeffang6 = polyfit(x, yper, 6);$
$koeffang7 = polyfit(x, yper, 7);$
$koeffang8 = polyfit(x, yper, 8);$
$koeffang9 = polyfit(x, yper, 9);$
$koeffang10 = polyfit(x, yper, 10);$
$koeffang11 = polyfit(x, yper, 11);$
$koeffang12 = polyfit(x, yper, 12);$
$koeffang13 = polyfit(x, yper, 13);$
$koeffang14 = polyfit(x, yper, 14);$
$koeffang15 = polyfit(x, yper, 15);$

%Berechne die von den angepassten Kurven vorausgesagten y-Werte und die jeweilige korrigierte emp. Varianz:

$ypre1 = polyval(koeffang1, x);$
$sigmaquadratemp1 = 1/(length(x) - 1) * (yper - ypre1)' * (yper - ypre1);$
$ypre2 = polyval(koeffang2, x);$
$sigmaquadratemp2 = 1/(length(x) - 1) * (yper - ypre2)' * (yper - ypre2);$
$ypre3 = polyval(koeffang3, x);$
$sigmaquadratemp3 = 1/(length(x) - 1) * (yper - ypre3)' * (yper - ypre3);$
$ypre4 = polyval(koeffang4, x);$
$sigmaquadratemp4 = 1/(length(x) - 1) * (yper - ypre4)' * (yper - ypre4);$
$ypre5 = polyval(koeffang5, x);$
$sigmaquadratemp5 = 1/(length(x) - 1) * (yper - ypre5)' * (yper - ypre5);$
$ypre6 = polyval(koeffang6, x);$
$sigmaquadratemp6 = 1/(length(x) - 1) * (yper - ypre6)' * (yper - ypre6);$
$ypre7 = polyval(koeffang7, x);$
$sigmaquadratemp7 = 1/(length(x) - 1) * (yper - ypre7)' * (yper - ypre7);$
$ypre8 = polyval(koeffang8, x);$
$sigmaquadratemp8 = 1/(length(x) - 1) * (yper - ypre8)' * (yper - ypre8);$
$ypre9 = polyval(koeffang9, x);$
$sigmaquadratemp9 = 1/(length(x) - 1) * (yper - ypre9)' * (yper - ypre9);$
$ypre10 = polyval(koeffang10, x);$
$sigmaquadratemp10 = 1/(length(x) - 1) * (yper - ypre10)' * (yper - ypre10);$
$ypre11 = polyval(koeffang11, x);$
$sigmaquadratemp11 = 1/(length(x) - 1) * (yper - ypre11)' * (yper - ypre11);$
$ypre12 = polyval(koeffang12, x);$
$sigmaquadratemp12 = 1/(length(x) - 1) * (yper - ypre12)' * (yper - ypre12);$
$ypre13 = polyval(koeffang13, x);$
$sigmaquadratemp13 = 1/(length(x) - 1) * (yper - ypre13)' * (yper - ypre13);$

$ypre14 = polyval(koeffang14,x);$
$sigmaquadratemp14 = 1/(length(x) - 1) * (yper - ypre14)' * (yper - ypre14);$
$ypre15 = polyval(koeffang15,x);$
$sigmaquadratemp15 = 1/(length(x) - 1) * (yper - ypre15)' * (yper - ypre15);$

%Berechne für die Kurven jeweils die Voraussagegenauigkeit im Sinne McQuarries:

$VG1 = -0.5 * (log(sigmaquadratemp1) + (2 * length(koeffang1) + 2)/length(x));$

$VG2 = -0.5 * (log(sigmaquadratemp2) + (2 * length(koeffang2) + 2)/length(x));$

$VG3 = -0.5 * (log(sigmaquadratemp3) + (2 * length(koeffang3) + 2)/length(x));$

$VG4 = -0.5 * (log(sigmaquadratemp4) + (2 * length(koeffang4) + 2)/length(x));$

$VG5 = -0.5 * (log(sigmaquadratemp5) + (2 * length(koeffang5) + 2)/length(x));$

$VG6 = -0.5 * (log(sigmaquadratemp6) + (2 * length(koeffang6) + 2)/length(x));$

$VG7 = -0.5 * (log(sigmaquadratemp7) + (2 * length(koeffang7) + 2)/length(x));$

$VG8 = -0.5 * (log(sigmaquadratemp8) + (2 * length(koeffang8) + 2)/length(x));$

$VG9 = -0.5 * (log(sigmaquadratemp9) + (2 * length(koeffang9) + 2)/length(x));$

$VG10 = -0.5 * (log(sigmaquadratemp10) + (2 * length(koeffang10) + 2)/length(x));$

$VG11 = -0.5 * (log(sigmaquadratemp11) + (2 * length(koeffang11) + 2)/length(x));$

$VG12 = -0.5 * (log(sigmaquadratemp12) + (2 * length(koeffang12) + 2)/length(x));$

$VG13 = -0.5 * (log(sigmaquadratemp13) + (2 * length(koeffang13) + 2)/length(x));$

$VG14 = -0.5 * (log(sigmaquadratemp14) + (2 * length(koeffang14) + 2)/length(x));$

$VG15 = -0.5 * (log(sigmaquadratemp15) + (2 * length(koeffang15) + 2)/length(x));$

$table = [VG1\ VG2\ VG3\ \ldots\ VG13\ VG14\ VG15];$
$table2 = [table2; table]$

end;

%Im Folgenden wird der Wert der Größe zaehler bestimmt, die zählt, wie oft die angepasste Kurve vierten Grade NICHT den größten AIC-Wert hat.
$table2$
$zaehler = 0;$
for $i = 1 : w$
if $table2(i, length(koeffwahr2) - 1)\ = max(table2(i, 1 : 15))$
$zaehler = zaehler + 1;$
end;
end;

$zaehler$

%Ausgabe in csv-Datei zur weiteren Verarbeitung dlmwrite('test.csv', table2, 'delimiter', ';', 'precision', 15)

F.5. BAYES Information Criterion mit wahrer Fehlerstreuung

$function[] = bic2()$
%Dieses Programm berechnet für den Fall der wahren Funktion $f(x) = -4x^3 + x^2 + 2x + 3$, dem Perturbationskoeffizienen σ und anzupassende Polynome der Grade Eins bis Neun über dem Daten-x-Werte-Intervall $[xu; xo]$ den jeweiligen BIC-Wert.

%Eingabe der Wiederholungen
$w = input('$Geben Sie die Anzahl der gewünschten Wiederholungen ein! $:');$

%Perturbationskoeffizient:
$sigma = 1;$

%untere x-Werte-Grenze xu:
$xu = -100;$

%obere x-Werte-Grenze xo:
$xo = 100;$

%Schrittweite s vom unteren x-Wert zum oberen x-Wert:
$s = 0.001;$
%Koeffizienten des wahren Polynoms: $koeffwahr2 = [-4\ 1\ 2\ 3]$

%Generieren der wahren Datenmenge in Form der Daten-Vektoren x und ywahr
$x = (xu : s : xo)';$
$ywahr = polyval(koeffwahr2, x);$

$table = [];$
$table2 = table;$

for $j = 1 : w$
j %Zeigt an, in welcher Wiederholung der aktullen Simulation man sich gerade befindet.

%Generiere die perturbierte Datenmenge in Form des perturbierten y-Vektors yper:
$r = randn(1, length(ywahr))';$ %r ist ein Vektor mit Länge-von-ywahr-vielen standardnormalverteilten Zufallszahlen.
$yper = ywahr + sigma * r;$ %Signal-Rauschen-Modell

%Berechne die angepassten polynomiellen Kurven der Grade 1 bis 9:
$koeffang1 = polyfit(x, yper, 1);$
$koeffang2 = polyfit(x, yper, 2);$
$koeffang3 = polyfit(x, yper, 3);$
$koeffang4 = polyfit(x, yper, 4);$
$koeffang5 = polyfit(x, yper, 5);$
$koeffang6 = polyfit(x, yper, 6);$
$koeffang7 = polyfit(x, yper, 7);$
$koeffang8 = polyfit(x, yper, 8);$
$koeffang9 = polyfit(x, yper, 9);$
$koeffang10 = polyfit(x, yper, 10);$
$koeffang11 = polyfit(x, yper, 11);$
$koeffang12 = polyfit(x, yper, 12);$
$koeffang13 = polyfit(x, yper, 13);$
$koeffang14 = polyfit(x, yper, 14);$

$koeffang15 = polyfit(x, yper, 15);$

%Berechne die von den angepassten Kurven vorausgesagten y-Werte:
$ypre1 = polyval(koeffang1, x);$
$ypre2 = polyval(koeffang2, x);$
$ypre3 = polyval(koeffang3, x);$
$ypre4 = polyval(koeffang4, x);$
$ypre5 = polyval(koeffang5, x);$
$ypre6 = polyval(koeffang6, x);$
$ypre7 = polyval(koeffang7, x);$
$ypre8 = polyval(koeffang8, x);$
$ypre9 = polyval(koeffang9, x);$
$ypre10 = polyval(koeffang10, x);$
$ypre11 = polyval(koeffang11, x);$
$ypre12 = polyval(koeffang12, x);$
$ypre13 = polyval(koeffang13, x);$
$ypre14 = polyval(koeffang14, x);$
$ypre15 = polyval(koeffang15, x);$

%Berechne die gewichteten Quadratsummenabstände:
$gQSAypreyper1 = 1/(2*sigma^2)*(yper-ypre1)'*(yper-ypre1);$
$gQSAypreyper2 = 1/(2*sigma^2)*(yper-ypre2)'*(yper-ypre2);$
$gQSAypreyper3 = 1/(2*sigma^2)*(yper-ypre3)'*(yper-ypre3);$
$gQSAypreyper4 = 1/(2*sigma^2)*(yper-ypre4)'*(yper-ypre4);$
$gQSAypreyper5 = 1/(2*sigma^2)*(yper-ypre5)'*(yper-ypre5);$
$gQSAypreyper6 = 1/(2*sigma^2)*(yper-ypre6)'*(yper-ypre6);$
$gQSAypreyper7 = 1/(2*sigma^2)*(yper-ypre7)'*(yper-ypre7);$
$gQSAypreyper8 = 1/(2*sigma^2)*(yper-ypre8)'*(yper-ypre8);$
$gQSAypreyper9 = 1/(2*sigma^2)*(yper-ypre9)'*(yper-ypre9);$
$gQSAypreyper10 = 1/(2*sigma^2)*(yper-ypre10)'*(yper-ypre10);$
$gQSAypreyper11 = 1/(2*sigma^2)*(yper-ypre11)'*(yper-ypre11);$
$gQSAypreyper12 = 1/(2*sigma^2)*(yper-ypre12)'*(yper-ypre12);$
$gQSAypreyper13 = 1/(2*sigma^2)*(yper-ypre13)'*(yper-ypre13);$
$gQSAypreyper14 = 1/(2*sigma^2)*(yper-ypre14)'*(yper-ypre14);$
$gQSAypreyper15 = 1/(2*sigma^2)*(yper-ypre15)'*(yper-ypre15);$

format short g %Beste von fixed oder floating point mit 4 Dezimalen

$$const = -length(x) * (0.5 * log(2 * pi) + log(sigma));$$

%Berechne für die Kurven jeweils den BIC-Wert
$$VG1 = 1/length(x) * (const - gQSAypreyper1 - 0.5 * log(length(x))$$
$$* length(koeffang1));$$
$$VG2 = 1/length(x) * (const - gQSAypreyper2 - 0.5 * log(length(x))$$
$$* length(koeffang2));$$
$$VG3 = 1/length(x) * (const - gQSAypreyper3 - 0.5 * log(length(x))$$
$$* length(koeffang3));$$
$$VG4 = 1/length(x) * (const - gQSAypreyper4 - 0.5 * log(length(x))$$
$$* length(koeffang4));$$
$$VG5 = 1/length(x) * (const - gQSAypreyper5 - 0.5 * log(length(x))$$
$$* length(koeffang5));$$
$$VG6 = 1/length(x) * (const - gQSAypreyper6 - 0.5 * log(length(x))$$
$$* length(koeffang6));$$
$$VG7 = 1/length(x) * (const - gQSAypreyper7 - 0.5 * log(length(x))$$
$$* length(koeffang7));$$
$$VG8 = 1/length(x) * (const - gQSAypreyper8 - 0.5 * log(length(x))$$
$$* length(koeffang8));$$
$$VG9 = 1/length(x) * (const - gQSAypreyper9 - 0.5 * log(length(x))$$
$$* length(koeffang9));$$
$$VG10 = 1/length(x) * (const - gQSAypreyper10 - 0.5 * log(length(x))$$
$$* length(koeffang10));$$
$$VG11 = 1/length(x) * (const - gQSAypreyper11 - 0.5 * log(length(x))$$
$$* length(koeffang11));$$
$$VG12 = 1/length(x) * (const - gQSAypreyper12 - 0.5 * log(length(x))$$
$$* length(koeffang12));$$
$$VG13 = 1/length(x) * (const - gQSAypreyper13 - 0.5 * log(length(x))$$
$$* length(koeffang13));$$
$$VG14 = 1/length(x) * (const - gQSAypreyper14 - 0.5 * log(length(x))$$
$$* length(koeffang14));$$
$$VG15 = 1/length(x) * (const - gQSAypreyper15 - 0.5 * log(length(x))$$
$$* length(koeffang15));$$

$$table = [VG1\ VG2\ VG3\ \ldots\ VG13\ VG14\ VG15];$$
$$table2 = [table2; table];$$

end;

%Im Folgenden wird der Wert der Größe zaehler bestimmt, die zählt, wie oft die angepasste Kurve vom Grade des wahren Kurventyps NICHT den größten BIC-Wert hat.

```
table2
zaehler = 0;
for i = 1 : w
if table2(i, length(koeffwahr2) − 1) = max(table2(i, 1 : 15))
zaehler = zaehler + 1;
end;
end;


zaehler


xlswrite('test.xls', table2) %Ausgabe der Tabelle in eine Excel-Datei
```

F.6. BAYES Information Criterion mit Fehlersschätzung

$function[\,] = test2()$
%Dieses Programm berechnet für den Fall der wahren Funktion $f(x) = -4x^3 + x^2 + 2x + 3$, dem Perturbationskoeffizienen σ und anzupassende Polynome der Grade Eins bis Neun über dem Daten-x-Werte-Intervall $[xu; xo]$ den jeweiligen BIC-Wert unter Verwendung der geschätzten Fehlerstreuung, so wie es McQuarrie in seinem Buch ausführt.

%Eingabe der Wiederholungen
$w = input('$Geben Sie die Anzahl der gewünschten Wiederholungen ein$! :')$;

format long

%Perturbationskoeffizient:
$sigma = 1;$

%untere x-Werte-Grenze xu:
$xu = -10;$

%obere x-Werte-Grenze xo:

$xo = 10$;

%Schrittweite s vom unteren x-Wert zum oberen x-Wert:
$s = 1$;

%Koeffizienten des wahren Polynoms:
$koeffwahr2 = [-4\ 1\ 2\ 3]$

%Generieren der wahren Datenmenge in Form der Daten-Vektoren x und ywahr
$x = (xu : s : xo)'$;
$ywahr = polyval(koeffwahr2, x)$;

$table = []$;
$table2 = table$;

for $j = 1 : w$
j %Zeigt an, in welcher Wiederholung der aktullen Simulation man sich gerade befindet.
    %Generiere die perturbierte Datenmenge in Form des perturbierten y-Vektors yper:
$r = randn(1, length(ywahr))'$; %r ist ein Vektor mit Länge-von-ywahr-vielen standardnormalverteilten Zufallszahlen.
$yper = ywahr + sigma * r$; %Signal-Rauschen-Modell

%Berechne die angepassten polynomiellen Kurven der Grade 1 bis 9:
$koeffang1 = polyfit(x, yper, 1)$;
$koeffang2 = polyfit(x, yper, 2)$;
$koeffang3 = polyfit(x, yper, 3)$;
$koeffang4 = polyfit(x, yper, 4)$;
$koeffang5 = polyfit(x, yper, 5)$;
$koeffang6 = polyfit(x, yper, 6)$;
$koeffang7 = polyfit(x, yper, 7)$;
$koeffang8 = polyfit(x, yper, 8)$;
$koeffang9 = polyfit(x, yper, 9)$;
$koeffang10 = polyfit(x, yper, 10)$;
$koeffang11 = polyfit(x, yper, 11)$;
$koeffang12 = polyfit(x, yper, 12)$;
$koeffang13 = polyfit(x, yper, 13)$;
$koeffang14 = polyfit(x, yper, 14)$;

$koeffang15 = polyfit(x, yper, 15);$

%Berechne die von den angepassten Kurven vorausgesagten y-Werte und die jeweilige korrigierte emp. Varianz:

$ypre1 = polyval(koeffang1, x);$
$sigmaquadratemp1 = 1/(length(x) - 1) * (yper - ypre1)' * (yper - ypre1);$
$ypre2 = polyval(koeffang2, x);$
$sigmaquadratemp2 = 1/(length(x) - 1) * (yper - ypre2)' * (yper - ypre2);$
$ypre3 = polyval(koeffang3, x);$
$sigmaquadratemp3 = 1/(length(x) - 1) * (yper - ypre3)' * (yper - ypre3);$
$ypre4 = polyval(koeffang4, x);$
$sigmaquadratemp4 = 1/(length(x) - 1) * (yper - ypre4)' * (yper - ypre4);$
$ypre5 = polyval(koeffang5, x);$
$sigmaquadratemp5 = 1/(length(x) - 1) * (yper - ypre5)' * (yper - ypre5);$
$ypre6 = polyval(koeffang6, x);$
$sigmaquadratemp6 = 1/(length(x) - 1) * (yper - ypre6)' * (yper - ypre6);$
$ypre7 = polyval(koeffang7, x);$
$sigmaquadratemp7 = 1/(length(x) - 1) * (yper - ypre7)' * (yper - ypre7);$
$ypre8 = polyval(koeffang8, x);$
$sigmaquadratemp8 = 1/(length(x) - 1) * (yper - ypre8)' * (yper - ypre8);$
$ypre9 = polyval(koeffang9, x);$
$sigmaquadratemp9 = 1/(length(x) - 1) * (yper - ypre9)' * (yper - ypre9);$
$ypre10 = polyval(koeffang10, x);$
$sigmaquadratemp10 = 1/(length(x) - 1) * (yper - ypre10)' * (yper - ypre10);$
$ypre11 = polyval(koeffang11, x);$
$sigmaquadratemp11 = 1/(length(x) - 1) * (yper - ypre11)' * (yper - ypre11);$
$ypre12 = polyval(koeffang12, x);$
$sigmaquadratemp12 = 1/(length(x) - 1) * (yper - ypre12)' * (yper - ypre12);$
$ypre13 = polyval(koeffang13, x);$
$sigmaquadratemp13 = 1/(length(x) - 1) * (yper - ypre13)' * (yper - ypre13);$
$ypre14 = polyval(koeffang14, x);$
$sigmaquadratemp14 = 1/(length(x) - 1) * (yper - ypre14)' * (yper - ypre14);$
$ypre15 = polyval(koeffang15, x);$
$sigmaquadratemp15 = 1/(length(x) - 1) * (yper - ypre15)' * (yper - ypre15);$

%Berechne für die Kurven jeweils dem BIC-Wert im Sinne McQuarries:
$VG1 = -0.5 * (log(sigmaquadratemp1) + (length(koeffang1)$
$* log(length(x)))/length(x));$

$VG2 = -0.5 * (log(sigmaquadratemp2) + (length(koeffang2)$
$* log(length(x)))/length(x));$
$VG3 = -0.5 * (log(sigmaquadratemp3) + (length(koeffang3)$
$* log(length(x)))/length(x));$
$VG4 = -0.5 * (log(sigmaquadratemp4) + (length(koeffang4)$
$* log(length(x)))/length(x));$
$VG5 = -0.5 * (log(sigmaquadratemp5) + (length(koeffang5)$
$* log(length(x)))/length(x));$
$VG6 = -0.5 * (log(sigmaquadratemp6) + (length(koeffang6)$
$* log(length(x)))/length(x));$
$VG7 = -0.5 * (log(sigmaquadratemp7) + (length(koeffang7)$
$* log(length(x)))/length(x));$
$VG8 = -0.5 * (log(sigmaquadratemp8) + (length(koeffang8)$
$* log(length(x)))/length(x));$
$VG9 = -0.5 * (log(sigmaquadratemp9) + (length(koeffang9)$
$* log(length(x)))/length(x));$
$VG10 = -0.5 * (log(sigmaquadratemp10) + (length(koeffang10)$
$* log(length(x)))/length(x));$
$VG11 = -0.5 * (log(sigmaquadratemp11) + (length(koeffang11)$
$* log(length(x)))/length(x));$
$VG12 = -0.5 * (log(sigmaquadratemp12) + (length(koeffang12)$
$* log(length(x)))/length(x));$
$VG13 = -0.5 * (log(sigmaquadratemp13) + (length(koeffang13)$
$* log(length(x))/length(x));$
$VG14 = -0.5 * (log(sigmaquadratemp14) + (length(koeffang14)$
$* log(length(x)))/length(x));$
$VG15 = -0.5 * (log(sigmaquadratemp15) + (length(koeffang15)$
$* log(length(x)))/length(x));$

$table = [VG1\ VG2\ VG3\ \ldots\ VG13\ VG14\ VG15];$
$table2 = [table2; table];$

end;

%Im Folgenden wird der Wert der Größe zaehler bestimmt, die zählt, wie oft die angepasste Kurve vierten Grade NICHT den größtem BIC-Wert hat.
$table2$
$zaehler = 0;$
for $i = 1 : w$

if $table2(i, length(koeffwahr2)-1) = max(table2(i, 1:15))$
$zaehler = zaehler + 1;$
end;

if $table2(i, length(koeffwahr2)-1) = max(table2(i, 1:15))$
i
end;

end;

zaehler

%Ausgabe der Tabelle in eine Datei zur weiteren Verarbeitung
dlmwrite('test.csv', table2, 'delimiter', ';', 'precision', 15)

F.7. Asymptotische Äquivalenz: Kreuzvalidierung und BIC

$function[] = BICvsCV()$

%Dieses Programm überprüft, wie oft die Delete-d-Kreuzvalidierung und das BIC zu verschiedenen Ergebnissen führen. Dazu wird der von der Kreuzvalidierung nahegelegte Kurventyp mit dem vom BIC (nach McQuarrie) nahegelegten Kurventyp verglichen. Es wird ausgegeben, wie oft die beiden Kriterien, die für gegen unendlich strebenden Umfang der Datenmenge nach Shao (1997) asymptotisch äquivalent sind, nicht zum gleichen Kurventyp führen.

format long

%Perturbationskoeffizient:
$sigma = 1;$

%untere x-Werte-Grenze xu:
$xu = -10;$

%obere x-Werte-Grenze xo:
$xo = 10;$

%Schrittweite s vom unteren x-Wert zum oberen x-Wert:
$s = 1$;

%Koeffizienten des wahren Polynoms:
$koeffwahr2 = [-4\ 1\ 2\ 3]$;

%Generieren der wahren Datenmenge in Form der Daten-Vektoren x und ywahr:
$x = (xu : s : xo)'$;
$ywahr = polyval(koeffwahr2, x)$;

$d = length(x) - (length(x)/(log(length(x)) - 1))$; %Berechne die Zahl d für die delete-d-Cross-Validation
$d1 = 0$; %Berechnen der unteren Gaußklammer von d, da es ja eine natürlich Zahl sein muss.
while $d1 + 1 <= d$
$d1 = d1 + 1$; %d1 ist die Anzahl für die delete-d1-Cross-Validation.
end;

%Eingabe der Gesamtwiederholungen für den Vergleich von BIC und Delete-d-Kreuzvalidierung:
$ww = input('$Bitte geben Sie die Anzahl der Gesamtwiederholungen für die Simulation der asymptotischen Äquivalenz ein! $:')$;

%Eingabe der Wiederholungen der Neupartitionierungen:
'Die maximale Anzahl der gewünschten Wiederholungen für die Partitionierung beträgt:'
$nchoosek(length(x), d1)$

$w = input('$Geben Sie die Anzahl der gewünschten Wiederholungen für die Partitionierung innerhalb der Kreuzvalidierung ein! $:')$;

%Beginn der Hauptschleife für die Ermittlung der Anzahl der Fälle, in denen BIC und Kreuzvalidierung nicht zum gleichen Kurventyp führen; l wird während der Simulation ausgegeben, um abschätzen zu können, in welchem Durchgang man sich befindet.
$forl = 1 : ww$

%Es gibt n über d viele Möglichkeiten, d-elementige Teilmengen aus einer n-elementigen Grundmenge zu ziehen. Somit ist diese Anzahl an Möglichkeiten das

Maximum einer sinnvollen Eingabe für die Anzahl der Wiederholungen. Die folgende Schleife überprüft die Eingabe der Anzahl der Wiederholungen auf genau diese Eigenschaft:

if $w >= nchoosek(length(x), d1)$
'Die Anzahl der gewünschten Wiederholungen ist zu groß! Sie ist größer als "N über d!"
end;

$table = []$;
$table2 = table$;

%Generiere die perturbierte Datenmenge in Form des perturbierten y-Vektors yper:
$r = randn(1, length(ywahr))'$; %r ist ein Vektor mit Länge-von-ywahr-vielen standardnormalverteilten Zufallszahlen.
$yper = ywahr + sigma * r$; %Signal-Rauschen-Modell

for $j = 1 : w$ %Beginn einer Schleife für die einzelnen Durchläufe der CV-Partionierungen.
j %Zeigt an, in welcher Wiederholung der Neupatitionierung man sich gerade befindet.
l %zeigt an, in welcher Gesamt-Wiederholung man sich gerade befindet.

$c = cvpartition(yper,' holdout', d1)$; %Partitioniert yper gemäß delete-d1-CV in eine Test- und eine Trainingsmenge.

%Berechne die angepassten polynomiellen Kurven der Grade 1 bis 9 an die Trainingsmenge der CV:
$koeffang1 = polyfit(x(training(c)), yper(training(c)), 1)$;
$koeffang2 = polyfit(x(training(c)), yper(training(c)), 2)$;
$koeffang3 = polyfit(x(training(c)), yper(training(c)), 3)$;
$koeffang4 = polyfit(x(training(c)), yper(training(c)), 4)$;
$koeffang5 = polyfit(x(training(c)), yper(training(c)), 5)$;
$koeffang6 = polyfit(x(training(c)), yper(training(c)), 6)$;
$koeffang7 = polyfit(x(training(c)), yper(training(c)), 7)$;
$koeffang8 = polyfit(x(training(c)), yper(training(c)), 8)$;
$koeffang9 = polyfit(x(training(c)), yper(training(c)), 9)$;
$koeffang10 = polyfit(x(training(c)), yper(training(c)), 10)$;
$koeffang11 = polyfit(x(training(c)), yper(training(c)), 11)$;
$koeffang12 = polyfit(x(training(c)), yper(training(c)), 12)$;

$koeffang13 = polyfit(x(training(c)), yper(training(c)), 13);$
$koeffang14 = polyfit(x(training(c)), yper(training(c)), 14);$
$koeffang15 = polyfit(x(training(c)), yper(training(c)), 15);$

%Berechne die y-Werte der agepassten Kurven für die x-Werte der Testmenge:
$ypre1 = polyval(koeffang1, x(test(c)));$
$ypre2 = polyval(koeffang2, x(test(c)));$
$ypre3 = polyval(koeffang3, x(test(c)));$
$ypre4 = polyval(koeffang4, x(test(c)));$
$ypre5 = polyval(koeffang5, x(test(c)));$
$ypre6 = polyval(koeffang6, x(test(c)));$
$ypre7 = polyval(koeffang7, x(test(c)));$
$ypre8 = polyval(koeffang8, x(test(c)));$
$ypre9 = polyval(koeffang9, x(test(c)));$
$ypre10 = polyval(koeffang10, x(test(c)));$
$ypre11 = polyval(koeffang11, x(test(c)));$
$ypre12 = polyval(koeffang12, x(test(c)));$
$ypre13 = polyval(koeffang13, x(test(c)));$
$ypre14 = polyval(koeffang14, x(test(c)));$
$ypre15 = polyval(koeffang15, x(test(c)));$

%Berechne die Approximationsgüten der angepassten Kurven bezüglich der Testmenge
$AQ1 = (yper(test(c)) - ypre1)' * (yper(test(c)) - ypre1);$
$AQ2 = (yper(test(c)) - ypre2)' * (yper(test(c)) - ypre2);$
$AQ3 = (yper(test(c)) - ypre3)' * (yper(test(c)) - ypre3);$
$AQ4 = (yper(test(c)) - ypre4)' * (yper(test(c)) - ypre4);$
$AQ5 = (yper(test(c)) - ypre5)' * (yper(test(c)) - ypre5);$
$AQ6 = (yper(test(c)) - ypre6)' * (yper(test(c)) - ypre6);$
$AQ7 = (yper(test(c)) - ypre7)' * (yper(test(c)) - ypre7);$
$AQ8 = (yper(test(c)) - ypre8)' * (yper(test(c)) - ypre8);$
$AQ9 = (yper(test(c)) - ypre9)' * (yper(test(c)) - ypre9);$
$AQ10 = (yper(test(c)) - ypre10)' * (yper(test(c)) - ypre10);$
$AQ11 = (yper(test(c)) - ypre11)' * (yper(test(c)) - ypre11);$
$AQ12 = (yper(test(c)) - ypre12)' * (yper(test(c)) - ypre12);$
$AQ13 = (yper(test(c)) - ypre13)' * (yper(test(c)) - ypre13);$
$AQ14 = (yper(test(c)) - ypre14)' * (yper(test(c)) - ypre14);$
$AQ15 = (yper(test(c)) - ypre15)' * (yper(test(c)) - ypre15);$

%Schreibe alle Abweichungsquadratsummen in eine Tabelle:
$table = [AQ1\ AQ2\ AQ3\ \ldots\ AQ13\ AQ14\ AQ15]$;
$table2 = [table2; table]$;

end;

%Berechne die Gesamtabweichungsquadratsumme eines jeden Kurventyps, also die jeweiligen Spaltensummen:
$AQsum1 = (1/w) * sum(table2(1 : w, 1))$;
$AQsum2 = (1/w) * sum(table2(1 : w, 2))$;
$AQsum3 = (1/w) * sum(table2(1 : w, 3))$;
$AQsum4 = (1/w) * sum(table2(1 : w, 4))$;
$AQsum5 = (1/w) * sum(table2(1 : w, 5))$;
$AQsum6 = (1/w) * sum(table2(1 : w, 6))$;
$AQsum7 = (1/w) * sum(table2(1 : w, 7))$;
$AQsum8 = (1/w) * sum(table2(1 : w, 8))$;
$AQsum9 = (1/w) * sum(table2(1 : w, 9))$;
$AQsum10 = (1/w) * sum(table2(1 : w, 10))$;
$AQsum11 = (1/w) * sum(table2(1 : w, 11))$;
$AQsum12 = (1/w) * sum(table2(1 : w, 12))$;
$AQsum13 = (1/w) * sum(table2(1 : w, 13))$;
$AQsum14 = (1/w) * sum(table2(1 : w, 14))$;
$AQsum15 = (1/w) * sum(table2(1 : w, 15))$;

%Trage die einzelnen Gesamtabweichungsquadratsummen in eine Tabelle ein, um ihr Minimum zu ermitteln.
$tablesum = [AQsum1\ AQsum2\ AQsum3\ \ldots\ AQsum13\ AQsum14$
$AQsum15]$;
$mintablesum = min(tablesum(1, 1 : 15))$; %Dies ist das Minimum.

%Schleife, die statt des Wertes des Minimums den Kurventyp mit minimaler Gesamtabweichungsquadratsumme ausgibt:
for $i = 1 : 15$
if $tablesum(i) == mintablesum$
$minkurventyp = i$;
end;
end;

%Es folgt nun eine Auswertung des BIC (nach McQuarrie) unter den gleichen

Gegebenheiten wie zuvor bei der Delete-*d*-Kreuzvalidierung.

%Zunächst die Berechnung der angepassten Kurven:
$koeffang1 = polyfit(x, yper, 1);$
$koeffang2 = polyfit(x, yper, 2);$
$koeffang3 = polyfit(x, yper, 3);$
$koeffang4 = polyfit(x, yper, 4);$
$koeffang5 = polyfit(x, yper, 5);$
$koeffang6 = polyfit(x, yper, 6);$
$koeffang7 = polyfit(x, yper, 7);$
$koeffang8 = polyfit(x, yper, 8);$
$koeffang9 = polyfit(x, yper, 9);$
$koeffang10 = polyfit(x, yper, 10);$
$koeffang11 = polyfit(x, yper, 11);$
$koeffang12 = polyfit(x, yper, 12);$
$koeffang13 = polyfit(x, yper, 13);$
$koeffang14 = polyfit(x, yper, 14);$
$koeffang15 = polyfit(x, yper, 15);$

%Dann werden die vom betrachteten Modell abhängigen Varianzen berechnet. Die vorausgesagten Werte ypre müssen natürlich anders als bei der Kreuzvalidierung über alle Daten-x-Werte berechnet werden.
$yprebic1 = polyval(koeffang1, x);$
$sigmaquadratemp1 = 1/(length(x) - 1) * (yper - yprebic1)' * (yper - yprebic1);$
$yprebic2 = polyval(koeffang2, x);$
$sigmaquadratemp2 = 1/(length(x) - 1) * (yper - yprebic2)' * (yper - yprebic2);$
$yprebic3 = polyval(koeffang3, x);$
$sigmaquadratemp3 = 1/(length(x) - 1) * (yper - yprebic3)' * (yper - yprebic3);$
$yprebic4 = polyval(koeffang4, x);$
$sigmaquadratemp4 = 1/(length(x) - 1) * (yper - yprebic4)' * (yper - yprebic4);$
$yprebic5 = polyval(koeffang5, x);$
$sigmaquadratemp5 = 1/(length(x) - 1) * (yper - yprebic5)' * (yper - yprebic5);$
$yprebic6 = polyval(koeffang6, x);$
$sigmaquadratemp6 = 1/(length(x) - 1) * (yper - yprebic6)' * (yper - yprebic6);$
$yprebic7 = polyval(koeffang7, x);$
$sigmaquadratemp7 = 1/(length(x) - 1) * (yper - yprebic7)' * (yper - yprebic7);$
$yprebic8 = polyval(koeffang8, x);$
$sigmaquadratemp8 = 1/(length(x) - 1) * (yper - yprebic8)' * (yper - yprebic8);$
$yprebic9 = polyval(koeffang9, x);$
$sigmaquadratemp9 = 1/(length(x) - 1) * (yper - yprebic9)' * (yper - yprebic9);$

$yprebic10 = polyval(koeffang10, x);$

$sigmaquadratemp10 = 1/(length(x) - 1) * (yper - yprebic10)' * (yper - yprebic10);$

$yprebic11 = polyval(koeffang11, x);$

$sigmaquadratemp11 = 1/(length(x) - 1) * (yper - yprebic11)' * (yper - yprebic11);$

$yprebic12 = polyval(koeffang12, x);$

$sigmaquadratemp12 = 1/(length(x) - 1) * (yper - yprebic12)' * (yper - yprebic12);$

$yprebic13 = polyval(koeffang13, x);$

$sigmaquadratemp13 = 1/(length(x) - 1) * (yper - yprebic13)' * (yper - yprebic13);$

$yprebic14 = polyval(koeffang14, x);$

$sigmaquadratemp14 = 1/(length(x) - 1) * (yper - yprebic14)' * (yper - yprebic14);$

$yprebic15 = polyval(koeffang15, x);$

$sigmaquadratemp15 = 1/(length(x) - 1) * (yper - yprebic15)' * (yper - yprebic15);$

$VG1 = -0.5 * (log(sigmaquadratemp1)$
$+ (length(koeffang1) * log(length(x)))/length(x));$
$VG2 = -0.5 * (log(sigmaquadratemp2)$
$+ (length(koeffang2) * log(length(x)))/length(x));$
$VG3 = -0.5 * (log(sigmaquadratemp3)$
$+ (length(koeffang3) * log(length(x)))/length(x));$
$VG4 = -0.5 * (log(sigmaquadratemp4)$
$+ (length(koeffang4) * log(length(x)))/length(x));$
$VG5 = -0.5 * (log(sigmaquadratemp5)$
$+ (length(koeffang5) * log(length(x)))/length(x));$
$VG6 = -0.5 * (log(sigmaquadratemp6)$
$+ (length(koeffang6) * log(length(x)))/length(x));$
$VG7 = -0.5 * (log(sigmaquadratemp7)$
$+ (length(koeffang7) * log(length(x)))/length(x));$
$VG8 = -0.5 * (log(sigmaquadratemp8)$
$+ (length(koeffang8) * log(length(x)))/length(x));$
$VG9 = -0.5 * (log(sigmaquadratemp9)$
$+ (length(koeffang9) * log(length(x)))/length(x));$
$VG10 = -0.5 * (log(sigmaquadratemp10)$
$+ (length(koeffang10) * log(length(x)))/length(x));$

$VG11 = -0.5 * (log(sigmaquadratemp11)$
$+ (length(koeffang11) * log(length(x)))/length(x));$
$VG12 = -0.5 * (log(sigmaquadratemp12)$
$+ (length(koeffang12) * log(length(x)))/length(x));$
$VG13 = -0.5 * (log(sigmaquadratemp13)$
$+ (length(koeffang13) * log(length(x)))/length(x));$
$VG14 = -0.5 * (log(sigmaquadratemp14)$
$+ (length(koeffang14) * log(length(x)))/length(x));$
$VG15 = -0.5 * (log(sigmaquadratemp15)$
$+ (length(koeffang15) * log(length(x)))/length(x));$

$tablebic = [VG1\ VG2\ VG3\ ...\ VG13\ VG14\ VG15];$
$maxtable = max(tablebic(1:15));$ %Dies ist der maximale BIC-Wert (McQuarrie) unter allen betrachteten Kurventypen.

%Schleife, die statt des Wertes des Maximums den Kurventyp mit maximalem BIC-Wert ausgibt:
for $m = 1 : 15$
if $tablebic(m) == maxtable$
$maxbickurventyp = m;$
end;
end;

%Die Größe zaehler zählt, wie oft BIC und Delete-d-Kreuzvalidierung nicht zum gleichen Kurventyp führen.
$zaehler = 0;$
for $i = 1 : ww$
if $minkurventyp\ = maxbickurventyp$
$zaehler = zaehler + 1;$
end;
end;

end;

%Ausgabe der Anzahl der Fälle, in denen BIC und Kreuzvalidierung zu verschiedenen Kurventypen führen:
zaehler

F.8. Die Delete-d-Kreuzvalidierung

function [] = kv()

%Dieses Programm bestimmt die Fehlerquote der Delete-d-KV für die Beispiel-funktion $f(x) = x^3 + x^2 + x + 1$. Die Partitionierung wird dabei nicht-stratifiziert durchgeführt.

format long

%Perturbationskoeffizient:
$sigma = 1$;

%untere x-Werte-Grenze xu:
$xu = -5$;

%obere x-Werte-Grenze xo:
$xo = 5$;

%Schrittweite s vom unteren x-Wert zum oberen x-Wert:
$s = 1$;

%Koeffizienten des wahren Polynoms:
$koeffwahr2 = [1\ 1\ 1\ 1]$;

%Generieren der wahren Datenmenge in Form der Daten-Vektoren x und ywahr:
$x = (xu : s : xo)'$;
$ywahr = polyval(koeffwahr2, x)$;

$d = length(x) - (length(x)/(log(length(x)) - 1))$; %Berechne die Zahl d für die delete-d-Cross-Validation
$d1 = 0$; %Berechnen der unteren Gaußklammer von d, da es ja eine natürlich Zahl sein muss.
while d1+1 <= d
$d1 = d1 + 1$; %d1 ist die Anzahl für die delete-d1-Cross-Validation.
end;

%Eingabe der Wiederholungen
'Die maximale Anzahl der gewünschten Wiederholungen für die Partitionierung beträgt:'
$nchoosek(length(x), d1)$

ww = *input*('Geben Sie die Anzahl der gewünschten Wiederholungen für die Partitionierung innerhalb der Kreuzvalidierung ein! :');

w = *input*('Geben Sie die Anzahl der gewünschten Wiederholungen für die Berechnung der Fehlerquote ein! :');

%Es gibt n über d viele Möglichkeiten, d-elementige Teilmengen aus einer n-elementigen Grundmenge zu ziehen. Somit ist diese Anzahl an Möglichkeiten das Maximum einer sinnvollen Eingabe für die Anzahl der Wiederholungen. Die folgende Schleife überprüft die Eingabe der Anzahl der Wiederholungen auf genau diese Eigenschaft:

if ww>nchoosek(length(x),d1)
'Die Anzahl der gewünschten Wiederholungen ist zu groß! Sie ist größer als NN-über d!"
end;

fehler = 0; %Dies ist die die Fehler zählende Größe (siehe Ende)

for *p* = 1 : *w*

table = [];
*table*2 = *table*;

%Generiere die perturbierte Datenmenge in Form des perturbierten y-Vektors yper:

r = *randn*(1, *length*(*ywahr*))'; %r ist ein Vektor mit Länge-von-ywahr-vielen standardnormalverteilten Zufallszahlen.
yper = *ywahr* + *sigma* * *r*; %Signal-Rauschen-Modell

for *j* = 1 : *ww* %Beginn einer Schleife für die einzelnen Durchläufe der CV-Partionierungen.
j %Zeigt an, in welcher Partionierungs-Wiederholung der aktullen Simulation man sich gerade befindet.
p %Zeigt an, in welcher Gesamt-Wiederholung der aktullen Simulation man sich gerade befindet.
    c = *cvpartition*(*length*(*x*),'*holdout*', *d*1); %Erstellt die Partitions-Indezes gemäß der delete-d1-KV (nicht stratifiziert!).

%Berechne die angepassten polynomiellen Kurven der Grade 1 bis 9 an die Trainingsmenge der CV:

$koeffang1 = polyfit(x(training(c)), yper(training(c)), 1);$
$koeffang2 = polyfit(x(training(c)), yper(training(c)), 2);$
$koeffang3 = polyfit(x(training(c)), yper(training(c)), 3);$
$koeffang4 = polyfit(x(training(c)), yper(training(c)), 4);$
$koeffang5 = polyfit(x(training(c)), yper(training(c)), 5);$
$koeffang6 = polyfit(x(training(c)), yper(training(c)), 6);$
$koeffang7 = polyfit(x(training(c)), yper(training(c)), 7);$
$koeffang8 = polyfit(x(training(c)), yper(training(c)), 8);$
$koeffang9 = polyfit(x(training(c)), yper(training(c)), 9);$
$koeffang10 = polyfit(x(training(c)), yper(training(c)), 10);$
$koeffang11 = polyfit(x(training(c)), yper(training(c)), 11);$
$koeffang12 = polyfit(x(training(c)), yper(training(c)), 12);$
$koeffang13 = polyfit(x(training(c)), yper(training(c)), 13);$
$koeffang14 = polyfit(x(training(c)), yper(training(c)), 14);$
$koeffang15 = polyfit(x(training(c)), yper(training(c)), 15);$

%Berechne die y-Werte der agepassten Kurven für die x-Werte der Testmenge:

$ypre1 = polyval(koeffang1, x(test(c)));$
$ypre2 = polyval(koeffang2, x(test(c)));$
$ypre3 = polyval(koeffang3, x(test(c)));$
$ypre4 = polyval(koeffang4, x(test(c)));$
$ypre5 = polyval(koeffang5, x(test(c)));$
$ypre6 = polyval(koeffang6, x(test(c)));$
$ypre7 = polyval(koeffang7, x(test(c)));$
$ypre8 = polyval(koeffang8, x(test(c)));$
$ypre9 = polyval(koeffang9, x(test(c)));$
$ypre10 = polyval(koeffang10, x(test(c)));$
$ypre11 = polyval(koeffang11, x(test(c)));$
$ypre12 = polyval(koeffang12, x(test(c)));$
$ypre13 = polyval(koeffang13, x(test(c)));$
$ypre14 = polyval(koeffang14, x(test(c)));$
$ypre15 = polyval(koeffang15, x(test(c)));$

%Berechne die Approximationsgüten der angepassten Kurven bezüglich der Testmenge

$AQ1 = (yper(test(c)) - ypre1)' * (yper(test(c)) - ypre1);$

$AQ2 = (yper(test(c)) - ypre2)' * (yper(test(c)) - ypre2);$
$AQ3 = (yper(test(c)) - ypre3)' * (yper(test(c)) - ypre3);$
$AQ4 = (yper(test(c)) - ypre4)' * (yper(test(c)) - ypre4);$
$AQ5 = (yper(test(c)) - ypre5)' * (yper(test(c)) - ypre5);$
$AQ6 = (yper(test(c)) - ypre6)' * (yper(test(c)) - ypre6);$
$AQ7 = (yper(test(c)) - ypre7)' * (yper(test(c)) - ypre7);$
$AQ8 = (yper(test(c)) - ypre8)' * (yper(test(c)) - ypre8);$
$AQ9 = (yper(test(c)) - ypre9)' * (yper(test(c)) - ypre9);$
$AQ10 = (yper(test(c)) - ypre10)' * (yper(test(c)) - ypre10);$
$AQ11 = (yper(test(c)) - ypre11)' * (yper(test(c)) - ypre11);$
$AQ12 = (yper(test(c)) - ypre12)' * (yper(test(c)) - ypre12);$
$AQ13 = (yper(test(c)) - ypre13)' * (yper(test(c)) - ypre13);$
$AQ14 = (yper(test(c)) - ypre14)' * (yper(test(c)) - ypre14);$
$AQ15 = (yper(test(c)) - ypre15)' * (yper(test(c)) - ypre15);$

%Schreibe alle Abweichungsquadratsummen in eine Tabelle:
$table = [AQ1\ AQ2\ AQ3\ \dots\ AQ13\ AQ14\ AQ15];$
$table2 = [table2; table];$

end;

%Berechne die Gesamtabweichungsquadratsumme eines jeden Kurventyps, also die jeweiligen Spaltensummen:

$AQsum1 = (1/ww) * sum(table2(1 : ww, 1));$
$AQsum2 = (1/ww) * sum(table2(1 : ww, 2));$
$AQsum3 = (1/ww) * sum(table2(1 : ww, 3));$
$AQsum4 = (1/ww) * sum(table2(1 : ww, 4));$
$AQsum5 = (1/ww) * sum(table2(1 : ww, 5));$
$AQsum6 = (1/ww) * sum(table2(1 : ww, 6));$
$AQsum7 = (1/ww) * sum(table2(1 : ww, 7));$
$AQsum8 = (1/ww) * sum(table2(1 : ww, 8));$
$AQsum9 = (1/ww) * sum(table2(1 : ww, 9));$
$AQsum10 = (1/ww) * sum(table2(1 : ww, 10));$
$AQsum11 = (1/ww) * sum(table2(1 : ww, 11));$
$AQsum12 = (1/ww) * sum(table2(1 : ww, 12));$
$AQsum13 = (1/ww) * sum(table2(1 : ww, 13));$
$AQsum14 = (1/ww) * sum(table2(1 : ww, 14));$
$AQsum15 = (1/ww) * sum(table2(1 : ww, 15));$

%Trage die einzelnen Gesamtabweichungsquadratsummen in eine Tabelle ein, um ihr Minimum zu ermitteln.

$tablesum = [AQsum1\ AQsum2\ AQsum3 \dots AQsum13\ AQsum14\ AQsum15]$;
$mintablesum = min(tablesum(1, 1 : 15))$; %Dies ist das Minimum.

%Schleife, die statt des Wertes des Minimums den Kurventyp mit minimaler Gesamtabweichungsquadratsumme ausgibt:
for $i = 1 : 15$
if $tablesum(i) == mintablesum$
$minkurventyp = i$;
end;
end;

if $minkurventyp = length(koeffwahr2) - 1$
$fehler = fehler + 1$;
end;

end;

%Ausgabe wesentlicher Simulationsparameter und der Fehleranzahl
'Anzahl der gewünschten Wiederholungen für die Partitionierung innerhalb der Kreuzvalidierung:'
ww

'Anzahl der gewünschten Wiederholungen für die Berechnung der Fehlerquote:'
w

'Fehler:'
fehler

Literaturverzeichnis

[1] Akaike, H. (1969): Fitting autoregressive models for prediction. Annals of the Institute of Statistical Mathematics, Volume 21, Number 1, S. 243-247

[2] Akaike, H. (1973): Information Theory and an Extension of the Maximum Likelihood principle. 2nd International Symposium of Information Theory, S. 267-281.

[3] Benedix, Roland (2006): Bauchemie - Eine Einführung in die Chemie für Bauingenieure. (3. durchges. und akt. Auflage, Januar 2006), B. G. Teubner Verlag, Wiesbaden

[4] Bickel, P.J.; Freedman, D.A. (1981): Some Asymptotic Theory for the Bootstrap. The Annals of Statistics, 9, 1981, S. 1196-1217

[5] Bierens, Herman J. (2006): Information Criteria and Model Selection. http://econ.la.psu.edu/ hbierens/INFORMATIONCRIT.PDF

[6] Bortz, Jürgen (1993): Statistik. Für Sozialwissenschaftler. Springer, Berlin (4., neu bearbeitete Auflage)

[7] Braitenberg, Valentin; Hosp, Inga (Hg.) (1995): Simulation - Computer zwischen Experiment und Theorie. Rowohlt, Reinbek bei Hamburg

[8] Bronstein, I. N.; Semendjajew, K. A.; Musiol, G.; Mühlig, H. (1999): Taschenbuch der Mathematik. Verlag: Harri Deutsch, Frankfurt am Main

[9] Burnham, Kenneth P.; Anderson, David R. (2004): Multimodel Inference: Understanding AIC and BIC in Model Selection. Sociological Methods Research, **33**, S. 261-304

[10] de Boor, Carl (1990): Splinefunktionen. Birkhäuser Verlag, Basel

[11] Draper, N. R.; Smith, H. (1966): Applied regression analysis. John Wiley and Sons, Inc., New York

[12] Efron, B. (1979): Bootstrap Methods: Another Look at the Jackknife. The Annals of Statistics, Vol. 7, No. 1, 1979, S. 1-26

[13] Efron, B.; Tibshirani, R. (1993): An introduction to the bootstrap. Chapman and Hall, New York

[14] Fahrmeier, Ludwig; Künstler, Rita; Pigeot, Iris; Tutz, Gerhard (1997): Statistik - Der Weg zur Datenanalyse. Springer, Berlin (6., überbearbeitete Auflage)

[15] Forster, Malcolm; Sober, Elliott (1994): How to tell when simpler, more unified, or less ad hoc theories will provide more accurate predictions. British Journal for the philosophy of science, **45**, S. 1-35

[16] Geisser, Seymour (1993): Predictive inference: an introduction. Chapman and Hall, New York

[17] Glymour, Clark (1980): Theory and evidence, Princeton University Press, Princeton, New Jersey, S. 322-340

[18] Good, Phillip I. (2006): Resampling methods: a practical guide to data analysis. Birkhäuser, Boston (3rd edition)

[19] Hitchcock, Christopher; Sober, Elliott (2004): Prediction Versus Accommodation and the Risk of Overfitting. British Journal for the philosophy of science, **55**, S. 1-34

[20] Kiefer, Jack Karl (1987): Introduction to Statistical Inference. Springer-Verlag, New York

[21] Kieseppä, I.A. (1997): Akaike Information Criterion, Curve-fitting, and the Philosophical Problem of Simplicity. British Journal for the philosophy of science, **48(1)**, S. 21-48

[22] Kullback, S.; Leibler, R. A. (1951): On information and sufficiency. Annals of Mathematical Statistics **22** (1), S. 79-86

[23] Kurtz, A. K. (1948). A Research Test of the Rohrschach Test. Personnel Psychology, **I**, S. 41-53.

[24] Lütkepohl, Helmut (1993): Introduction to multiple time series analysis. Springer-Verlag, Berlin

[25] Mann, Michael E.; Bradley, Raymond S.; Hughes, Malcolm K. (1999): Northern Hemisphere Temperatures During the Past Millennium: Inferences, Uncertainties, and Limitations, Geophysical Research Letters, Vol. 26, Nr. 6, S. 759 - 762

[26] McIntyre, Stephen (2008): How do we "know" that 1998 was the warmest year of the millennium? http://www.climateaudit.org/pdf/ohio.pdf

[27] McQuarrie, Allan D. R.; Tsai, Chih-Ling (1998): Regression and Time Series Model Selection. World Scientific Publishing, Singapore

[28] Mielke, Paul W. Jr.; Berry, Kenneth J. (2001): Permutation methods: a distance function approach. Springer-Verlag, New-York

[29] Mooney, C.; Duval, R.D. (1993): Bootstrapping: A Nonparametric Approach to Statistical Inference. Newbury Park, Califonia

[30] Mosier, Charles I. (1951): I. Problems and Designs of Cross-Validation 1. Educational and Psychological Measurement, **11**, 5. Sage Publications

[31] Nelles, Oliver (2001): Nonlinear system identification: from classical approaches to neural networks an fuzzy models. Springer-Verlag, Berlin, Heidelberg, New York

[32] Nishii, Ryuei (1984): Asymptotic Properties of Criteria for Selection of Variables in multiple Regression. The Annals of Statistics, Vol. 12, No. 2, S. 758-765

[33] Popper, Karl (1989): Logik der Forschung. 9. verb. Auflage. Verlag: J.C.B. Mohr (Paul Siebeck), Tübingen

[34] Schlesinger, George (1974): Induction and other minds. Australasian Journal of Philosophy, Vol. 52, Issue 1, S. 3-21

[35] Schlittgen, Rainer (2000): Einführung in die Statistik: Analyse und Modellierung von Daten. Oldenbourg Wissenschaftsverlag, München

[36] Schurz, Gerhard (2006): Einführung in die Wissenschaftstheorie. Wissenschaftliche Buchgesellschaft, Darmstadt

[37] Schwarz, Gideon (1978): Estimating the dimension of a model. The Annals of Statistics, Vol. 6, No. 2, S. 461-464

[38] Shannon, Claude Elwood (1948): A Mathematical Theory of Communication. Reprinted with corrections from The Bell System Technical Journal, The Bell System Technical Journal, **27**, S. 379-423, 623-656. http://cm.bell-labs.com/cm/ms/what/shannonday/shannon1948.pdf

[39] Shao, Jun (1997): An Asymptotic Theory for Linear Model Selection. Statistica Sinica, **7**, S. 221-264

[40] Sober, Elliott (1975): Simplicity. Clarendon library of logic and philosophy.

[41] Sober, Elliott (2002): Instrumentalism, Parsimony, and the Akaike Frameworf. Philosophy of Science, **69**, S. 112-123

[42] Sober, Elliott (2002): What is the Problem of Simplicity? in: Keuzenkamp, H.; McAleer, M.; Zellner, A. (eds.), Simplicity, Inference, and Econometric Modelling, Cambridge University Press, 2002, Seite 13-32.

[43] Sober, Elliott (2008): Evidence and Evolution. The logic behind the science. Cambridge University Press, Cambridge

[44] Stephan, Klaas Enno; Penny, Will D.; Daunizeau, Jean; Moran, Rosalyn, J.; Friston, Karl J. (2009): Bayesian model selection for group studies. NeuroImage, **46**, S. 1004-1017

[45] Stone, M. (1976): An Asymptotic Equivalence of Choice of Model by Cross-validation and Akaike's Criterion. Journal of the Royal Statistical Society, Ser. B 39 (1977) S. 44-47.

[46] Turney, Peter (1990): The curve fitting problem: a solution. British Journal for the philosophy of science, **41**, S. 509-530

Philosophische Grundlagen der Wissenschaften und ihrer Anwendungen
Philosophical Foundations of the Sciences and Their Applications

Herausgegeben von / Edited by Gerhard Schurz

www.peterlang.de

Zeitfracht Medien GmbH
Ferdinand-Jühlke-Straße 7
99095 Erfurt, Deutschland
produktsicherheit@kolibri360.de